動畫圖解資料庫程式設計

使用 SQL Server 實作

李春雄　著

U0068987

全華圖書股份有限公司　印行

〔前言〕

　　由於資訊化時代的到來，使得各行各業對資訊人才的需求急速增加，因此，目前全國大專院校已有超過一百多所學校都有設立「資訊系所」，其中包括：資訊管理與資訊工程及相關系所。而如此多所學校，每年產出上萬個資訊人員，如何在這麼競爭的環境中取得競爭優勢，那就必須要將在學校時所學的「理論」加以「實務化」，如此，才能與外界的企業環境整合。因此，在本書中將帶領各位同學從「理論派」轉換為「理論派＋實務派」，如此，才能在畢業之後，在工作職場上百戰百勝。

　　但是，一般的初學者在設計資料庫時，以為用一個資料表就可以儲存全部的資料，或憑著自己的直覺而沒有經過完整的正規化來分割成許多更小的資料表，這種設計方法，不但浪費儲存空間，更嚴重影響到資料庫內容不一致，以致於DBA（資料庫管理師）維護困難。

　　目前，一般程式設計師在設計系統時，常忽略掉資料庫中資料表與資料表的關聯性及整體欄位的規劃，一邊撰寫程式，一邊設計資料庫，當系統愈寫愈龐大，才發現與原先規劃不符，常採取的作法通常有兩種：

‡ **第一種作法**：程式設計師必須要回頭來修改原先資料庫的關聯性及欄位（很少人會採用此種作法，畢竟修正資料庫的關聯性及欄位是一項浩大工程，且表格（Table）和表格間有密切關係，牽一髮而動全身，使得關聯程式需重新撰寫）。

‡ **第二種作法**：遷就現有資料庫欄位型態，但此種作法將造成日後系統維護的困難。

　　為了避免以上的問題產生，唯一的方法，就是要設計關聯式資料庫之前，一定要完成資料的正規化（Normalization）。

{一、資料庫之學習順序}

☑學習路徑圖：

基礎概念篇	・第 一 章 資料庫概論 ・第 二 章 關聯式資料庫
SQL入門與實作篇	・第 三 章 結構化查詢語言 SQL ・第 四 章 SQL 的查詢語言 ・第 五 章 合併理論與實作

大學部 資料庫 基礎篇

SQL進階與實作篇	・第 六 章 Transact-SQL 程式設計 ・第 七 章 交易管理 ・第 八 章 並行控制 ・第 九 章 回復技術 ・第 十 章 檢視表 (View) ・第十一章 預存程序 ・第十二章 觸發程序 ・第十三章 資料庫安全
SQL應用與專題篇	・第十四章 資料庫與程式語言整合 ・第十五章 資訊系統之專題製作

大學部 資料庫程式設計篇

{二、為什麼要學習資料庫呢？}

(一) 目的

1. 升學——資訊科系必選課程

    (1) 高普考（資訊技師）

    (2) 插大（或轉學考）

    (3) 研究所

2. 就業——資訊系統的幕後工程

    開發資訊系統所需學會的三大巨頭：

    (1) 程式設計（一年級的基礎課程）

    ✖ VB 6.0（高職）、VB 20010（大專）、C語言、C++、C#、Java……

    ✖ ASP、ASP.NET、JSP、PHP……

    (2) 資料庫系統——本學期的主題

    ✖ SQL Server（企業使用）

    ✖ Access（個人使用）

    ✖ MySQL（免費）……

    (3) 系統分析與設計——二年級下學期

    ✖ 結構化系統分析

    ✖ 物件導向系統分析

（二）資訊部門（MIS）任務

身為一位資管系畢業的學生，到企業的資訊部門（MIS）時，其最主要的任務就是利用資訊科技（IT）來開發資訊系統（IS），提供使用者（User）有用的資訊（Information）來達成目標（Target）。如下圖所示：

（三）IT資訊科技

1. 程式語言

    ✖ VB 6.0（高職）、VB 20010（大專）、C語言、C++、C#、Java……

    ✖ ASP、ASP.NET、JSP、PHP……

2. 資料庫系統──本學期的主題

    ✖ SQL Server（企業使用）

    ✖ Access（個人使用）

    ✖ MySQL（免費）……

3. 電腦網路

4. 相關的軟、硬體……

(四) IS資訊系統

校務行政系統	服務業
選課管理系統	美髮院資訊系統
排課管理系統	電子商務系統
圖書館管理系統	超市購物系統
線上測驗系統	影帶出租系統
電腦輔助教學系統（數位學習系統；網路教學系統；遠距教學系統）	旅遊諮詢系統
電子公文系統	語言購票系統
知識管理系統	房屋仲介系統
人力資源管理系統	生產管理系統
學生網頁系統	旅館管理系統
人事薪資管理	線上網拍系統
會計系統	租車管理系統
電腦報修系統	決策支援系統
線上諮詢預約系統	選擇投票系統
多媒體題庫系統	餐廳管理系統
財產保管系統	自動轉帳出納系統
庫存管理系統	醫院管理系統
智慧型概念診斷系統	e-mail帳號管理及自動發送系統

(五) Information資訊——以「數位學習系統為例」

　　「資管部門（MIS）」利用「ASP.NET＋資料庫」來實際開發一套「數位學習系系統」，來讓學習者（User）進行線上學習，系統會自動將學習者的學習歷程（Information）提供給老師參考。

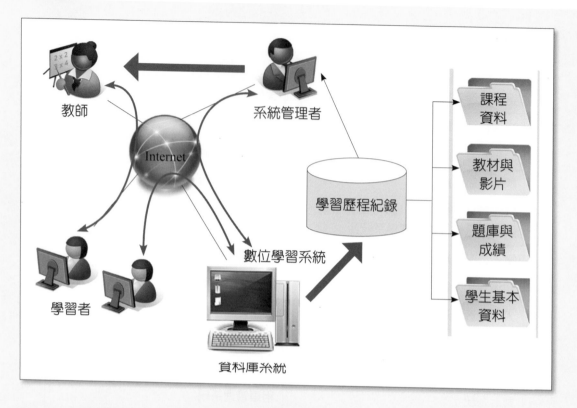

{三、本書使用的相關軟體工具}

SQL Server 2008 R2資料庫管理系統

詳細內容，請參見附錄一「SQL Server2008 R2的基本操作」。

在此特別感謝各位讀者對本著作的支持與愛戴，筆者才疏學淺，有誤之處，尚請各位資訊先進不吝指教。

李春雄 謹誌

Leech@csu.edu.tw
2012.12.22
於 正修科技大學 資管系

《基礎概念篇》

第 1 章　資料庫導論

第 2 章　關聯式資料庫

《SQL入門與實作篇》

第 3 章　結構化查詢語言SQL—異動處理

第 4 章　SQL的查詢語言

第 5 章　合併理論與實作

《SQL進階與實作篇》

第 6 章　Transact-SQL程式設計

第 **11** 章 **預存程序**

第 **12** 章 **觸發程序**

第 **13** 章 **資料庫安全**

《SQL應用與專題篇》

第14章 資料庫與程式語言整合

第15章 資訊系統之專題製作

Appendix 附錄

CHAPTER 1

SQL Server 資料庫導論

1-1 認識資料、資料庫及資訊的關係

　　在學習「資料庫」之前，我們必須先了解兩個重要的名詞：「資料」與「資訊」之間的關係。在電腦科學領域中，「資料（Data）」是指未經過資料處理的原始紀錄，亦即沒有經過加工的素材，例如：學生考試的原始成績；而「資訊（Information）」就是經過「資料處理」的結果，例如：全班同學成績之排名及分佈圖。其中，「資料處理（Data Processing）」則是將「資料」轉換成「資訊」的一連串處理過程，而這一連串的處理過程就是先輸入原始資料到「資料庫」中；再透過「程式」來處理，最後產生有用的資訊，例如：成績處理系統。如圖1-1所示。

　輸入　　　　　　　　　處理　　　　　　　　　輸出

| 資料(Data) | 資料處理(DP) | 資訊(Information) |
| (原始成績) | (資料庫＋程式) | (成績單) |

❖ 圖1-1　資料、資料庫及資訊關係圖

　　接下來，我們更詳細地介紹資料與資訊的意義：

1. 資料（Data）

　(1) 是客觀存在的、具體的、事實的紀錄。

　(2) 簡單來說，日常生活中所記錄的事實資料（姓名、生日、電話及地址）或學生在期中考的各科原始成績，這些都是未經過資料處理的資料。如表1-1「學生的各科原始成績」所示。

❖表1-1　學生的各科原始成績

科目＼學生	國文	英文	數學	計概
李安安	75	55	100	90
王靜靜	66	81	73	60
李雄雄	90	55	65	80

2. 資訊（Information）

　(1) 經過「資料處理」之後的結果即為資訊。而「資料」與「資訊」的特性比較，如表1-2「資料與資訊的特性對照表」所示。

❖ 表1-2 **資料與資訊的特性對照表**

資料	資訊
潛在的資訊	有用的資料
靜態的	動態的
過去的歷史	未來的預測
由行動產生	輔助決策
儲存只是成本	運用才有效益

(2) 「資料處理」會將原始資料加以整理、計算及分析之後，變成有用的資訊（含總成績、平均及排名）。如表1-3「學生完整成績表」所示。

❖ 表1-3 **學生完整成績表**

科目＼學生	國文	英文	數學	計概	總和	平均	排名
李安安	75	55	100	90	320	80	1
王靜靜	66	81	73	60	280	70	3
李雄雄	90	55	65	100	310	77.5	2

(3) 有用的資訊是決策者在思考某一個問題時所需用到的資料，它是主觀認定的。例如：班導師（決策者）在學生考完期中考之後，想依學生考試成績來獎勵。

1-2 資料庫的意義

　　隨著資訊科技的進步，資料庫系統帶給我們極大的便利。例如：我們要借閱某一本書，想知道該本書是否正放在某一圖書館中，並且尚未被預約借出。此時，我們只要透過網路就可以立即查詢到這本書的相關訊息。而這種便利性最主要的幕後功臣就是圖書館中有一部功能強大的資料庫。如圖1-2所示。

❖ 圖1-2 圖書館管理系統幕後功臣—資料庫

1-2-1 何謂資料庫（Database）

簡單來說，資料庫就是儲存資料的地方，這是比較不正式的定義方式。比較正式的定義是：資料庫是一群相關資料的集合體。就像是一本電子書，資料以不重複的方式來儲存許多有用的資訊，讓使用者可以方便及有效率地管理所需要的資訊。

▶ 常見的資料庫應用

範 例 1 個人通訊錄上的運用

1. 尚未建立資料庫的情況

如果我們平時沒有將親朋好友的通訊錄數位化，並儲存到資料庫中，需要查詢某一同學的電話時，可能會翻箱倒篋，無法即刻找到。如圖1-3所示。

❖ 圖1-3 沒有建立資料庫的情況

2. 建立資料庫的情況

如果我們平時就有數位化的習慣，並且儲存到資料庫中，需要查詢某一同學的電話時，只要透過「應用程式」就可以輕鬆查詢。如圖1-4所示。

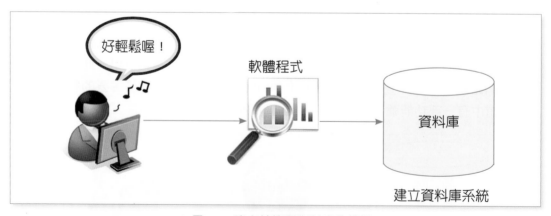

❖ 圖1-4 建立並使用資料庫的情況

範 例 2 行動通訊錄的運用

各位同學手機中的聯絡電話，可以依照不同的群組來儲存通訊錄，以方便我們查詢、聯絡，這些都是利用到資料庫的功能。其示意圖如圖1-5。

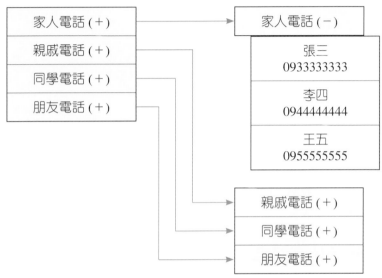

❖圖1-5 手機通訊錄資料庫示意圖

範 例 3 校務行政系統中的資料庫－學生「成績處理系統」之運用

❖圖1-6(a) 學生成績處理系統之輸入畫面

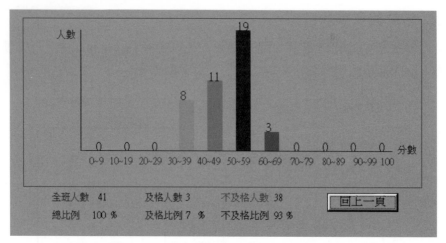

❖圖1-6(b)　學生成績處理系統之成績統計圖

以上畫面是利用「程式語言」＋「資料庫系統」所完成的統計圖，並不是利用Excel統計套裝軟體所完成。

1-2-2　資料庫有什麼好處

資料庫除了可以讓我們依照群組來儲存資料，方便爾後的查詢之外，其最主要的好處非常多，我們可以歸納以下七項：

1. 降低資料的重複性（Redundancy）
2. 達成資料的一致性（Consistency）
3. 達成資料的共享性（Data Sharing）
4. 達成資料的獨立性（Data Independence）
5. 達成資料的完整性（Integrity）
6. 避免紙張與空間浪費（Reduce Paper）
7. 達成資料的安全性（Security）

一、降低資料的重複（Redundancy）

資料庫最主要的精神就是：在「相同的資料」情況下，只需儲存一次。其作法為：透過資料集中化（Data Centralized）來減少資料的重複性。

我們利用關聯式資料庫中的正規化（Normalization）來將資料集中化管理，以減少資料的重複性問題。

1. 資料尚未集中化

以學校的「教務處」與「學務處」為例，如果都使用各自獨立的學籍資料，將會導致大量資料的重複性。例如：教務處的「學號與姓名」與學務處的「學號與姓名」重複儲存。如圖1-7所示。

重複儲存

教務處資料表

學號	姓名	學業成績
S0001	張三	60
S0002	李四	70
S0003	王五	80
S0004	李安	90

學務處資料表

學號	姓名	操行成績
S0001	張三	80
S0002	李四	93
S0003	王五	75
S0004	李安	60

❖ 圖1-7 資料未集中化

2. 資料集中化

　　將「教務處」與「學務處」相同的資料項，抽出來組成一個新的資料表（學籍資料表）。如圖1-8所示。

資料庫名稱：ch1_DB.mdf

教務處資料表

學號	姓名	學業成績
S0001	張三	60
S0002	李四	70
S0003	王五	80
S0004	李安	90

學務處資料表

學號	姓名	操行成績
S0001	張三	80
S0002	李四	93
S0003	王五	75
S0004	李安	60

重複項取出，保留關聯必要欄位

教務處資料表

序號	學號	學業成績
1	S0001	60
2	S0002	70
3	S0003	80
4	S0004	90

學籍資料表(學生資料表)

學號	姓名	系碼
S0001	張三	D001
S0002	李四	D001
S0003	王五	D002
S0004	李安	D003

學務處資料表

序號	學號	操行成績
1	S0001	80
2	S0002	93
3	S0003	75
4	S0004	60

外鍵　　　　　　主鍵　　　　　　外鍵

❖ 圖1-8 資料集中化

正規化 ▶▶　將兩個表格切成三個資料表。

說明 ▶▶　在正規化之後，「學籍資料表」的主鍵與「學務處資料表」的外鍵及「教務處資料表」的外鍵進行關聯，以產生關聯式資料庫。

註：關於「正規化」的介紹，請參考「資料庫系統理論－使用SQL Server實作」，全華出版。

二、達成資料的一致性（Consistency）

定義 ▶▶　是指某一個資料值改變時，則相關的欄位值也會隨之改變。

作法 ▶▶　1. 利用資料分享機制

定義 ▶▶　將共用項取出，再利用「主鍵」連接「外鍵」來建立關聯性，即可達到資料的一致性。

　　　　由於相同的資料（如學籍資料）在資料庫中是大家共用的（提供給教務處與學務處），如果有某一項資料更新（如姓名），則其他相關單位的資料也必須要同時都是最新的資料，如此，才不會發生不一致的現象。

範例 ▶▶　當學生的姓名由「李安」改為「李碩安」時，「學務處」與「教務處」兩處的相關姓名全部都會被修改。

教務處資料表

序號	學號	學業成績
1	S0001	60
2	S0002	70
3	S0003	80
4	S0004	90

學籍資料表(學生資料表)

學號	姓名	系碼
S0001	張三	D001
S0002	李四	D001
S0003	王五	D002
S0004	李安	D003

學務處資料表

序號	學號	操行成績
1	S0001	80
2	S0002	93
3	S0003	75
4	S0004	60

子關聯表　　　　　　　　　　　　　父關聯表　　　　　　　　　　子關聯表
　　外鍵　　　　　　　　　　　　主鍵　　　　　　　　　　　外鍵

❖圖1-9　利用資料分享機制，達成資料的一致性

　　　資料分享機制就是利用關聯式資料庫中「子關聯表」的外鍵（Foreign Key；F.K.）參考到「父關聯表」的主鍵(Primary Key；P.K.)，因此，當「父關聯表」中的某一項資料更新（如姓名），則「子關聯表」也會同步更新，以達到資料一致性。

何謂「外鍵」？

　　外鍵是指「父關聯表嵌入的鍵」，並且，外鍵在父關聯表中扮演「主鍵」的角色。

外鍵的特性

1. 必須對應「父關聯表」主鍵的值。
2. 用來建立與「父關聯表」的連結關係。

問題 ▶▶　尚未正規化前

假設在修改之前，學生的姓名由「李安」改為「李碩安」，則「學務處」與「教務處」兩處的相關姓名全部都必須要被修改。如圖1-10所示：

教務處資料表

學號	姓名	學業成績
S0001	張三	60
S0002	李四	70
S0003	王五	80
S0004	李安 李碩安	90

學務處資料表

學號	姓名	操行成績
S0001	張三	80
S0002	李四	93
S0003	王五	75
S0004	李安 李碩安	60

兩個資料表的「姓名」內容都要修改

❖圖1-10　尚未正規化前，只要有一筆資料要修改，必須分別修改兩處的資料

實作 ▶▶　正規化之後

只要在「學籍資料表」中，將學生的姓名由「李安」改為「李碩安」即可。如圖1-11所示。

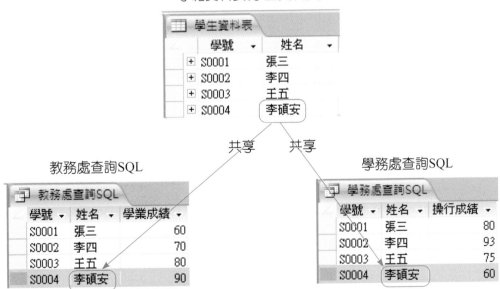

❖圖1-11　資料經正規化後，只要修改一個資料表，相關資料表中的資料會同步修改(1)

以上的查詢指令如下（註：其原理在第3章會詳細介紹）。另外，針對非主鍵（姓名）進行修改，必須要撰寫SQL指令：

教務處查詢SQL	學務處查詢SQL
USE CH1_DB SELECT 教務處資料表.學號, 姓名, 學業成績 FROM 教務處資料表, 學生資料表 WHERE 教務處資料表.學號=學生資料表.學號;	USE CH1_DB SELECT 學務處資料表.學號, 姓名, 操行成績 FROM 學務處資料表, 學生資料表 WHERE 學務處資料表.學號=學生資料表.學號;

	學號	姓名	學業成績
1	S0001	張三	60
2	S0002	李四	70
3	S0003	王五	80
4	S0004	李碩安	90

	學號	姓名	操行成績
1	S0001	張三	80
2	S0002	李四	93
3	S0003	王五	75
4	S0004	李碩安	60

❖圖1-12

註： 關於如何在SQL Server 2008中撰寫SQL語法，請參考附件二「利用SQL Server 2008撰寫T-SQL」。

2. 存取介面標準化

定義▶▶ 是指利用「圖形使用者介面（GUI）」來設計標準化的存取介面，其目的就是強制使用者的輸入格式。

範例▶▶ 我們可以利用表單，讓使用者用點選的方式，而不要使用輸入填寫的方式輸入資料。如圖1-13所示。

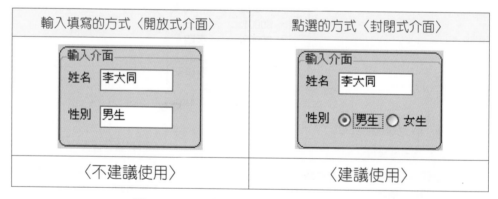

❖圖1-13 利用表單輸入、點選資料

如果輸入介面讓使用者自行填入性別，可能會產生多種不同的情況。

例如：在性別欄中填入：男、男生、Man，此時將會產生資料不一致現象。

三、達成資料共享（Data Sharing）

定義 ▸▸ 指同一份資料在同一時間可以提供給多位使用者同時來存取。

範例 ▸▸ 在圖1-14中，「學籍資料表」中的「姓名」資料，可以同時提供給「學務處」查詢學生的操行成績，以及提供給「教務處」查詢學生的學業成績。

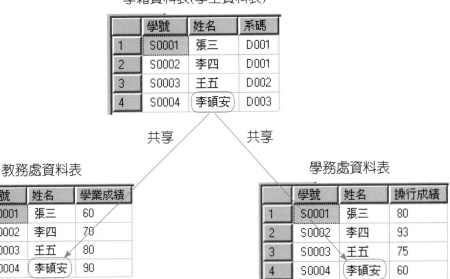

❖ 圖1-14　資料庫的資料共享，讓不同處室可同時存取同一份資料

四、資料的獨立性（Data Independence）

定義 ▸▸ 是指「資料」與「應用程式」之間無關或獨立。也就是說，當使用者對使用介面有不同需求時，去修改外部層的應用程式，並不影響內部層的儲存結構。亦即應用程式不需遷就資料結構而做大幅度的修改。反之，即為「資料相依（Data Dependence）」。

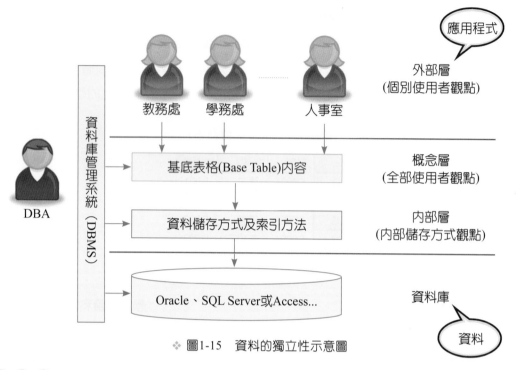

❖ 圖1-15　資料的獨立性示意圖

範例 1　資料的獨立性（Data Independence）

　　假設使用者本來依「學號」來排序全班成績，現在修改應用程式為可以依照「資料庫」成績來排序全班成績，這將不會影響內部層的儲存結構。

➔ 資料庫系統具有「資料獨立性」的優點。

依「學號」來排序						依「資料庫」來排序					
	學號	姓名	資料庫	資料結構	程式設計		學號	姓名	資料庫	資料結構	程式設計
1	S0001	一心	100	85	80	1	S0001	一心	100	85	80
2	S0002	二聖	70	75	90	2	S0004	四維	95	100	100
3	S0003	三多	85	75	80	3	S0003	三多	85	75	80
4	S0004	四維	95	100	100	4	S0005	五福	80	65	70
5	S0005	五福	80	65	70	5	S0002	二聖	70	75	90
6	S0006	六合	60	55	80	6	S0009	九如	70	65	70
7	S0007	七賢	45	45	70	7	S0010	十全	60	55	80
8	S0008	八德	55	30	50	8	S0006	六合	60	55	80
9	S0009	九如	70	65	70	9	S0008	八德	55	30	50
10	S0010	十全	60	55	80	10	S0007	七賢	45	45	70

use CH1_DB SELECT * FROM 學生成績表 ORDER BY 學號	use CH1_DB SELECT * FROM 學生成績表 ORDER BY 資料庫 DESC

範例 2　資料的相依性（Data Dependence）

假設使用者本來依「學號」來查詢全班成績，現在修改應用程式為可以依照「資料庫成績」來為全班排名次，這將會影響內部層的儲存結構。

→ 檔案系統會有「資料相依性」的問題。

五、資料的完整性（Integrated）

定義 ▸▸　是指用以確保資料的一致性與完整性，以避免資料在經過新增、修改及刪除等運算之後，而產生異常現象。

範例 ▸▸　學生的成績為101分時，顯然是一種錯誤性的資料。我們可以利用資料完整性的「值域完整性規則」，來檢查使用者是否將錯誤及不合法的資料值存入資料庫中。

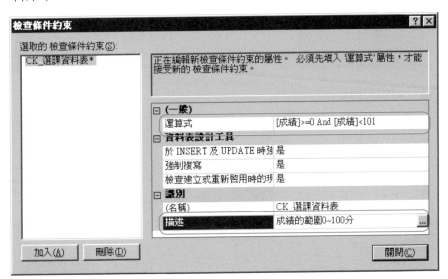

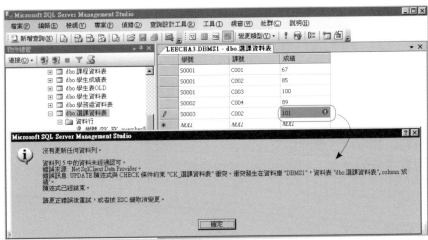

❖圖1-16　利用「值域完整性規則」維護資料的完整性

六、無紙作業，有效利用空間（Reduce Paper）

　　醫院病歷資料表規模大一點的話，沒有特別蓋個檔案室來存放還真不行。若是利用「資料庫」來儲存，需要時只要利用「電腦」來觀看，如此，每年節省的「紙張」與「存放的空間」是非常驚人的。

解決方法▶▶　　利用資料庫來儲存。

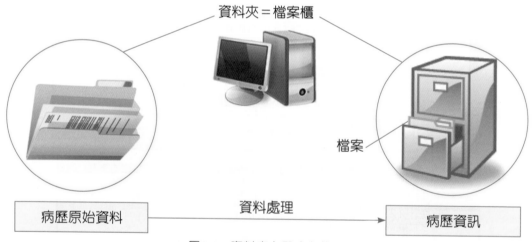

❖ 圖1-17 資料庫在醫療上的運用

　　除此之外，學校行政電腦化之後，學生的「學籍資料」、「成績單」及「選課表」等等資料，都可以透過網路來查詢自己想要的資訊，這將會減少學校行政人員每學期都必須將學生的選課表列印出來，其中包括紙張成本及每一次月考學生成績單的列印成本。

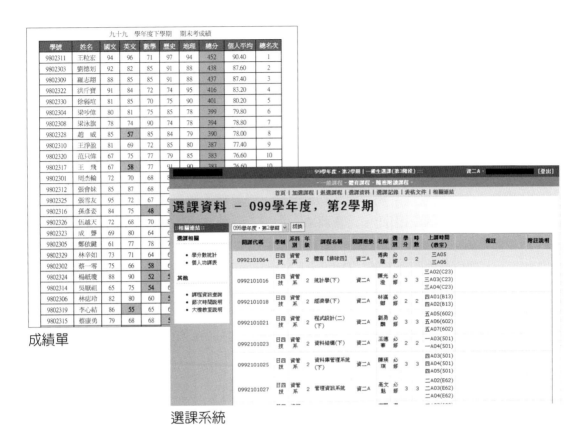

❖圖1-18　學生可利用網路檢視學籍資料，減少列印成本

七、資料的安全性（Security）

　　由於資料庫內的資料是屬於企業組織中最重要的資產，因此，除了要防止非法入侵者的破壞，或是因機器故障而導致資料庫毀損之外，還有一項重要的工作，就是要隨時做好「備份（Back-up）」，以保障資料的安全性。

策略▶▶　1. 每天下班之前備份（人工備份）

　　　　 2. 每天晚上12:00備份（系統自動備份）

　　　　 3. 每週備份一次

　　　　 4. 每月備份一次

1-3 資料庫與資料庫管理系統

　　我們都知道，資料庫是儲存資料的地方，但是如果資料只是儲存到電腦的檔案中，其效用並不大。因此，我們還需要有一套能夠讓我們很方便地管理這些資料庫檔案的軟體，這軟體就是所謂的「資料庫管理系統」。

　　什麼是「資料庫管理系統」呢？其實就是一套管理「資料庫」的軟體，並且它可以同時管理數個資料庫。因此，「資料庫」加上「資料庫管理系統」，就是一個完整的「資料庫系統」了。換句話說，一個資料庫系統（Database System）可分為資料庫（Database）與資料庫管理系統（Database Management System；DBMS）兩個部分。如圖1-19「資料庫、資料庫管理系統及資料庫系統關係圖」所示。

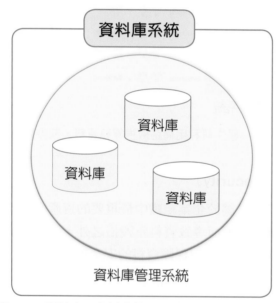

❖圖1-19　資料庫、資料庫管理系統及資料庫系統關係圖

↘ 重 要 觀 念

1. 資料庫（Database；DB）：是一群相關資料的集合體。

2. 資料庫管理系統（Database Management System；DBMS）：管理資料庫檔案的軟體（如：Access、SQL Server）。

3. 資料庫系統（Database System；DBS）＝資料庫（DB）＋資料庫管理系統（DBMS）。

1-3-1　資料庫系統的組成

嚴格來說，一個資料庫系統主要組成包括：資料、硬體、軟體及使用者。

一、資料：即資料庫；它是由許多相關聯的表格所組合而成。

二、硬體：即軟碟、硬碟等輔助儲存設備；或稱一切的周邊設備。

三、軟體：即資料庫管理系統（Database Management System；DBMS）。

　　1. 是指用來管理「使用者資料」的軟體。

　　2. 作為「使用者」與「資料庫」之間的介面。

　　3. 目前常見的有：Access、MS SQL Server、Oracle、Sybase、IBM DB2等。

四、使用者：一般使用者、程式設計師及資料庫管理師。

　　1. 一般使用者（End User）：直接與資料庫溝通的使用者（如：使用SQL語言）。

　　2. 程式設計師（Programmer）：負責撰寫使用者操作介面的應用程式，讓使用者能以較方便簡單的介面來使用資料庫。

　　3. 資料庫管理師（Database Administrator；DBA）的主要職責如下：

　　（1）定義資料庫的屬性結構及限制條件。

　　（2）協助使用者使用資料庫，並授權不同使用者存取資料。

　　（3）維護資料安全及資料完整性。

　　（4）資料庫備份（Backup）、回復（Recovery）及並行控制（Concurrency control）作業處理。

　　（5）提高資料庫執行效率，並滿足使用者資訊需求。

　　綜合上述，我們可以從圖1-20中來說明「資料庫系統」。一般使用者在前端（Client）的介面中，操作應用程式及查詢系統，必須要透過DBMS才能存取「資料庫」中的資料。而要如何才能管理後端（Server）之資料庫管理系統（DBMS）與資料庫（Database）的資料存取及安全性，則必須要有資料庫管理師（DBA）來維護之。

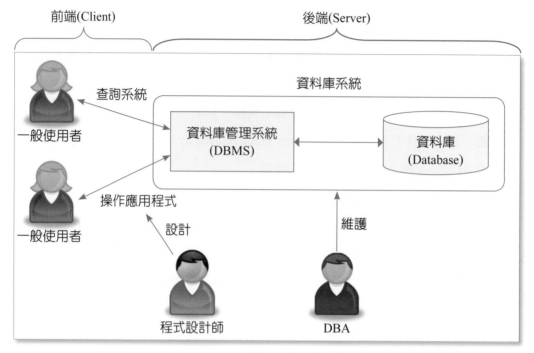

❖ 圖1-20　資料庫系統的組成

1-3-2　資料庫管理系統的功能

在上面的章節中，我們已經瞭解資料庫管理系統（DBMS）是用來管理「資料庫」的軟體，以作為「使用者」與「資料庫」之間溝通的介面。因此，在本單元中，將介紹DBMS是透過哪些功能來管理「資料庫」。其主要的功能如下：

1. 資料的定義（Data Define）

2. 資料的操作（Data Manipulation）

3. 重複性的控制（Redundancy Control）

4. 表示資料之間的複雜關係（Multi-Relationship）

5. 實施完整性限制（Integrity Constraint）

6. 提供「備份」與「回復」的能力（Backup and Restore）

一、資料的定義（Data Define）

定義▶▶　它是建立資料庫的第一個步驟。

是指提供DBA建立資料格式及儲存格式的能力。亦即設定資料「欄位名稱」、「資料類型」及相關的「限制條件」。其「資料類型」的種類非常多。

範例▶▶　文字、數字或日期等等，此功能類似在「程式設計」中宣告「變數」的「資料型態」。如圖1-21所示。

❖圖1-21　定義資料類型

二、資料的操作（Data Manipulation）

在定義完成資料庫的格式（亦即建立資料表）之後，接下來，就可以讓我們儲存資料，並且必須能夠讓使用者方便地存取資料。

定義▶▶　是針對「資料庫執行」四項功能：

1. 新增（INSERT）
2. 修改（UPDATE）
3. 刪除（DELETE）
4. 查詢（SELECT）

範例▶▶　新增「學號」為S0004，「姓名」為李安同學的紀錄到「學生資料表」中。

SQL指令
INSERT INTO 學生資料表 VALUES('S0004', '李安')

學生資料表

	學號	姓名
#1	S0001	張三
#2	S0002	李四
#3	S0003	王五
#4	S0004	李安

三、重複性的控制（Redundancy Control）

功能▶▶　主要是為了達成「資料的一致性」及「節省儲存空間」。

作法▶▶　設定「主鍵」來控制。如圖1-22所示。

設定主鍵

❖圖1-22　為資料庫設定主鍵

❖圖1-23　重複性的控制

說明：當「學號」設定為主鍵時，如果再輸入相同的學號，就會產生錯誤。

四、表示資料之間的複雜關係（Multi-Relationship）

定義▶▶ 是指DBMS必須要有能力來表示資料之間的複雜關係。基本上，有三種不同的關係，分別為：1.一對一；2.一對多；3.多對多。

範例▶▶ 學生校務資料庫關聯圖。

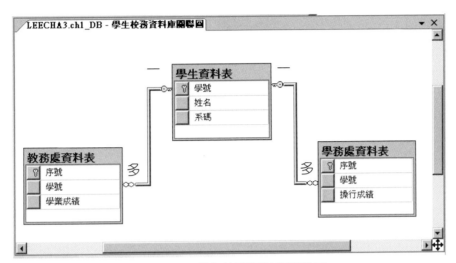

❖圖1-24　學生校務資料庫關聯圖

隨堂實作▶▶ 學生借書資料庫關聯圖。

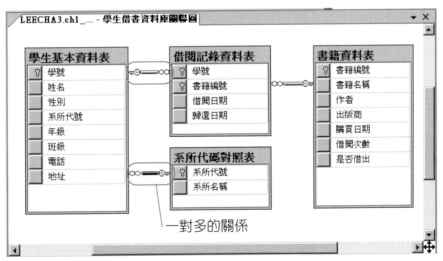

❖圖1-25　學生借書資料庫關聯圖

五、實施完整性限制（Integrity Constraint）

定義 ▶▶ 是指用來規範關聯表中的資料在經過新增、修改及刪除之後，將錯誤或不合法的資料值存入「資料庫」中。如圖1-26所示。

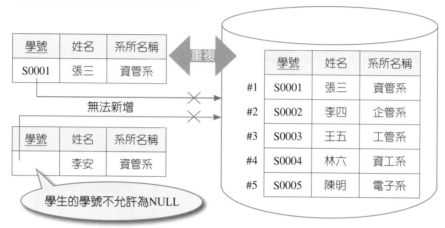

❖圖1-26　DBMS檢查資料的完整性規則

六、提供「備份」與「回復」的能力（Backup and Restore）

定義 ▶▶ 是指讓使用者能方便的「備份」或轉移資料庫內的資料，以備在系統毀損時，還能將資料「還原」回去，減少損失。如圖1-27所示。

❖圖1-27　SQL Server都有提供備份資料庫功能

1-3-3　常見的資料庫管理系統

目前市面上常見的資料庫管理系統，大部分都是以「關聯式資料庫管理系統」為主。

一、常見的商業資料庫系統

1. SQL Server（企業使用）：微軟公司（Microsoft）所開發。

   【使用對象】企業的資訊部門。

2. Access（個人使用）：微軟公司（Microsoft）所開發。

   【使用對象】學校的教學上及個人使用，它屬於微軟Office系列中的一員。

3. DB2：是由IBM公司所開發。

4. Oracle：是由甲骨文公司（Oracle Corporation）所開發。

5. Sybase：是由賽貝斯公司所開發。

6. Informix：是由Informix公司所開發。

二、常見的免費資料庫系統

1. MySQL

2. MySQL MaxDB

3. PostgreSQL

1-4　檔案系統與資料庫系統比較 ●●●●●

目前有兩種常見的資料處理系統：

第一種：檔案系統

以「檔案為導向」的方法，一次只能處理一個檔案，無法同時處理多個檔案。

適用時機 ►► 在「不複雜」的場合使用。

缺點 ►► 每一個應用系統都有自己所屬的檔案，那麼資料便有重複存放、不一致的問題發生。

第二種：資料庫系統➜解決「檔案系統」的缺點

1-4-1 檔案系統

在以往，電腦皆採用「檔案處理系統（File Processing System）」的方法來處理資料。其處理方式是依據每一個企業組織各部門的需求來設計程式，再根據所寫的程式去設計所需要的檔案結構，而不考慮企業組織整體的需求。

所以，在此種發展模式下，每一套程式和檔案皆自成一個系統，因此，同一個子系統中，「檔案」與「程式」之間的相依性高；而子系統與子系統之間是相依性低（亦即相互獨立）。

範例▶▶| 「教務處」有自己的「檔案系統」與「程式」。並且，「檔案」與「程式」之間的相依性高；而「學務處」也有自己的「檔案系統」與「程式」，並且，「教務處」與「學務處」的「檔案系統」是相互獨立，無法共用的（亦即子系統之間的「檔案」都是相互獨立的）。

所以，往往會造成資料重複與資料不一致的問題。因此，「檔案系統」逐漸被「資料庫系統」所取代。在傳統校務系統中，各處室都有自己部門的「程式」與「檔案」。同時，由於各「檔案處理系統」彼此間互不相關，所以，各系統所使用的「程式語言」與「檔案結構」可能會不同，也增加了系統維護的困難度。如圖1-28所示。

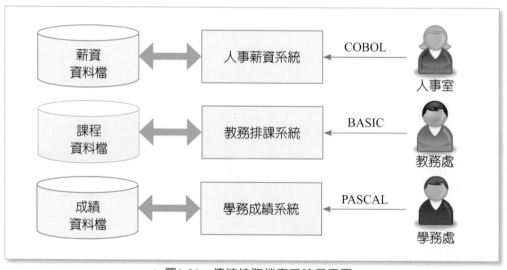

❖ 圖1-28　傳統校務檔案系統示意圖

作法▶▶| 檔案系統必須很小心地計算哪一個字元要存在哪一個位置。

範例▶▶| 欲建立學生基本資料（假設有三個欄位）

　　　1. 學號（No）：1-5個字元

　　　2. 姓名（Name）：7-9個字元

　　　3. 電話（Tel）：11-20個字元

```
學號 姓名  電話
S0001,張三,0912345678
S0002,李四,0987654321
S0003,王五,0912348756
……
…
……
```

優點 ▶▶ 1. 程式的設計方式相當單純。（因為不需考慮各部門整合上的問題）。

2. 檔案系統較容易滿足各部門或應用系統之要求。（因為只需考慮單一部門需求）。

缺點 ▶▶ 1. 資料之重複性高──各部門檔案各自獨立。

例如：「教務處」與「學務處」會重複儲存學生的基本資料。

2. 導致資料不一致性

當某一位學生的姓名更改時，必須要同時到「教務處」與「學務處」更改資料。

3. 資料無法整合及共享

當學生要「查詢成績單」時，必須要查詢兩個處室：一次要到「教務處」查詢智育成績；另一次則要到「學務處」查詢德育成績。

4. 資料保密性和安全性非常低

在檔案系統中沒有安全機制；而資料庫系統則有（因為可以設定資料庫的帳號與密碼）。

5. 資料與程式之間的相依性高

每一個「程式」有它們使用的每個檔案維護metadata（資料的資料）。

6. 漫長的開發時間

程式設計師必須設計他們自己的檔案格式。

7. 大量的程式維護工作

佔據資訊系統預算的80%。

1-4-2　資料庫系統

由於傳統的檔案系統缺點實在太多（1-4-1節中所討論的七個缺點）而不容易解決，於是資料庫及資料庫管理系統乃應運而生。因此，現在我們是採用「資料庫系統」來處理資料。

以「大學校務行政電腦化系統」為例，當我們由傳統的「檔案系統」改為採用「資料庫系統」來發展一個系統時，我們必須要依據大學校務組織的整體需求做分析考量，將大學各單位所有相關的資料以相同的「資料結構」來建置資料庫，讓不同單位的資訊系統之使用者也可以利用現有的資料庫來發展所需的應用程式。

在此種發展模式下，如果其他單位又有新的需求產生，則只需要將原先資料庫直接提供給所需要的使用者來開發新的系統，而不需要另外再建立新的資料庫。

在「資料庫系統」中主要強調資料的「集中化」管理，因此，可以讓來自不同處室的多位合法使用者透過「資料庫管理系統」來存取資料庫中的資料。

範例 ▶▶　現在學校中，各處室透過「資料庫管理系統」來加以整合。　如圖1-29所示。

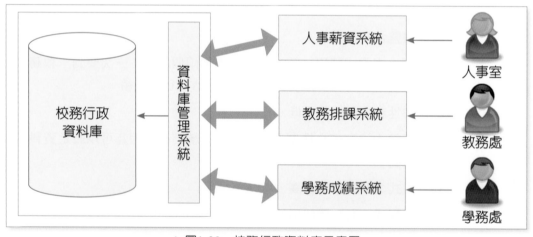

❖ 圖1-29　校務行政資料庫示意圖

優點 ▶▶　1. 降低資料的重複性（Redundancy）

2. 達成資料的一致性（Consistency）

3. 達成資料的共享性（Data Sharing）

4. 達成資料的獨立性（Data Independence）

5. 達成資料的完整性（Integrity）

6. 避免紙張與空間浪費（Reduce Paper）

7. 達成資料的安全性（Security）

缺點 ▶▶　1. 資料庫管理系統的成本較高。

2. 資料庫管理師專業人員較少。

3. 當DBMS發生故障時，比較難復原（集中控制）。

4. 提供安全性、同步控制、復原機制與整合性，比較花費大量資源。

1-5 資料庫的階層

資料庫的階層具有循序的關係，也就是由小到大的排列，其最小的單位是Bit（位元）；而最大的單位則是Database（資料庫）。

資料依其單位的大小與相互關係分為幾個層次，說明如下：

Bit（位元）→Byte（位元組）→Field（資料欄）→Record（資料紀錄）→Table（資料表）→Database（資料庫）。如圖1-30所示：

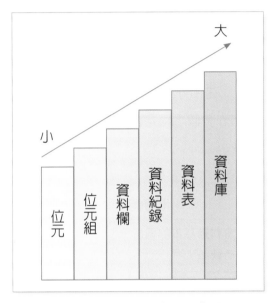

❖ 圖1-30　資料庫階層示意圖

資料庫是由許多資料表所組成；每一個資料表則由許多筆紀錄所組成；每一筆紀錄又由許多欄位組合而成；每一個欄位則存放著一筆資料。

資料庫中的每一個欄位，皆只能存放一筆資料，這些資料必須遵守著一定的結構標準來記錄各種訊息。

例如：文字、數字或日期等格式，而在資料表中的欄位值也可能是空值（Null）。

除了從資料庫階層的觀點之外，我們可以從資料庫剖析圖來詳細說明。如圖1-31所示。

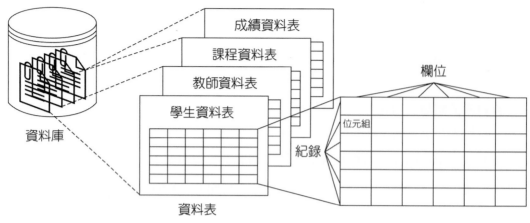

❖圖1-31　資料庫剖析圖

1. 「資料庫（Database）」是由許多個「資料表」所組成。

2. 「資料表（Table）」則是由許多個「資料紀錄」所組成。

3. 「資料紀錄（Record）」是由好幾個「欄位」所組成。

4. 「欄位（Field）」是由許多個「位元組」組成。

綜合上述，如表1-4所示。

❖表1-4　資料庫階層表

資料庫階層	階層描述	資料範例
位元 (Bit)	1. 數位資料最基本的組成單位 2. 二進位數值	0或1
位元組 (Byte)	1. 由8個位元所組成 2. 透過不同位元組合方式，可代表數字、英文字母、符號等，又稱為字元（character） 3. 一個中文字元是由兩個位元組所組成	10100100
欄位 (Field)	1. 由數個位元組所組成 2. 一個資料欄位可能由中文字元、英文字元、數字或符號字元組合而成	學號
資料紀錄 (Record)	1. 描述一個實體（Entity）相關欄位的集合 2. 數個欄位組合形成一筆紀錄	個人學籍資料
資料表 (Table)	由相同格式定義之紀錄所組成	全班學籍資料

資料庫階層	階層描述	資料範例
資料庫(Database)	由多個相關資料表所組成	校務行政資料庫,包括:成績資料表、學籍資料表、選課資料表…等
資料倉儲 (Data Warehouse)	1. 整合性的資料儲存體 2. 內含各種與主題相關的大量資料來源 3. 可提供企業決策性資訊	教育部的全國校務行政資料倉儲,可進行彙整分析,提供決策資訊

1-6 資料庫系統的ANSI/SPARC架構

　　資料庫管理系統的主要目的,是提供使用者一個有效率和方便的工作環境去操作和查詢資料。為了達到此目的,美國國家標準協會綜合規畫委員會(ANSI/SPARC)的資料庫管理小組,在1970年訂定了一個資料庫系統的組織架構,此架構被稱之為ANSI/SPARC架構。

　　此架構最主要的目的除了將使用者的「應用程式」與「資料庫」的實體分開之外,同時將資料庫中一些複雜的資料結構隱藏起來,以方便資料庫系統的使用者使用。其ANSI/SPARC架構如圖1-32所示。

　　在圖1-32中,整個ANSI/SPARC架構可分為三大層次:

一、外部層(External Level)

1. 個別使用者觀點,是指依不同的使用者提供不同的資料庫之資料。

2. 使用者大多以「查詢」動作為主。

範例▶▶　學校中的「教務處」與「學務處」所查詢的資料。

　　　　教務處:學號、姓名、電話、地址、「學業成績」及「名次」。

　　　　學務處:學號、姓名、電話、地址、「操行成績」及「曠課時數」。

二、概念層（Conceptual Level）

1. 全部使用者觀點。

2. 表示資料庫中全部的基底表格內容。但不用考量資料實際的儲存結構。

範例 ▶▶　在基底表格內容只存一份資料表（關聯）。

　　　　學生資料表（學號、姓名、電話、地址、學業成績、名次、操行成績及曠課時數）。

三、內部層（Internal Level）

1. 內部儲存方式觀點，亦即實際儲存在磁碟等儲存裝置的資料。

2. 資料庫的實體架構。

範例 ▶▶　每一個欄位在表格中的位置、學號索引。

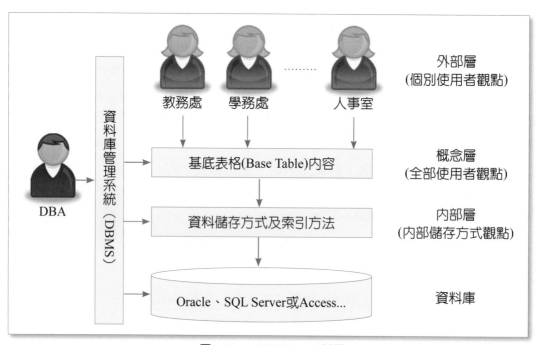

❖ 圖1-32　ANSI/SPARC架構

1-7 資料處理模式的演進 ● ● ● ●

在早期的資料處理模式是利用人工作業方式；但是，隨著企業組織逐漸擴展，許多企業已經無法負荷龐大的資料量。例如：無法提供足夠的空間放置數量龐大的客戶歷史資料（交易紀錄），導致查詢時間過長的問題，以致於工作效率下降。因此，如何有效的提升內部資料處理能力，就必須要透過目前的資訊科技協助，進而提升企業的競爭力。

資料處理模式所使用的方式可以分成以下幾個演進階段：

第一階段—「人工作業」方式

第二階段—以電腦化「循序檔」系統方式

第三階段—以電腦化「直接檔」系統方式

第四階段—以「紀錄」為處理單元的「資料庫管理系統」方式

第五階段—以「物件」為處理單元的「資料庫管理系統」方式

第六階段—資料倉儲與資料探勘

1-7-1 第一階段—「人工作業」方式

定義 ▶▶ 是指最早期的資料處理方式，主要是透過人工記錄在紙張的方式。

範例 ▶▶ 戶政、病歷、圖書館藏書資料等等。

1-7-2 第二階段—以電腦化「循序檔」系統方式

定義 ▶▶ 是指利用卡片、磁帶等循序媒體來記錄資料，透過電腦來讀出及寫入的處理方式。

範例 ▶▶ 錄音帶及唱帶。

1-7-3 第三階段—以電腦化「直接檔」系統方式

定義 ▶▶ 在此階段中，磁碟漸漸地取代了磁帶，使得電腦得以直接存取檔案，成為直接存取式檔案系統（Direct Access File System），但仍是以「檔案」為處理對象，與現今應用上常常存取的對象是以「紀錄」或「欄位」來說，仍有一些處理上的差異性。

範例 ▶▶ 硬碟、磁碟片及光碟片。

1-7-4 第四階段—以「紀錄」為主的資料模式

以「紀錄」為主的資料模式有下列三種：

1. 階層式資料模式（Hierarchical Data Model）

2. 網路式資料模式（Network Data Model）

3. 關聯式資料模式（Relational Data Model）

一、階層式資料模式（Hierarchical Data Model）

定義▶▶| 　階層式資料模式是一種「由上而下」（Top-down）的結構，而資料相互之間是一種樹狀的關係，所以又稱為樹狀結構（Tree）。如圖1-33所示：

❖圖1-33　階層式結構示意圖

資料存取方式▶▶|　是由樹根（Root）開始往下存取資料。

適用時機▶▶|　大量資料紀錄和固定查詢的應用系統。

優點▶▶|　1. 存取快速、有效率。

　　　　2. 適於處理大量資料紀錄的應用系統。

缺點▶▶|　1. 資料重複儲存，浪費空間。

　　　　2. 無法表示多對多之關係（只能描述一對一及一對多的關係）。

　　　　3. 無法適用於需要因應突發資料需求的決策支援系統（Decision Support System；DSS），因為資料的關係必須事先設定好。

範例▶▶|　假設欲查詢「校務行政系統」的資料庫，校務檔是根（Root）；而要查詢學生「智育成績」的資料時就必須由此點開始，沿著鏈結向下找。如圖1-34所示。

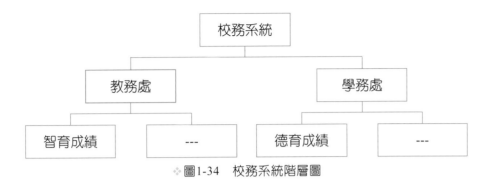

❖圖1-34 校務系統階層圖

二、網路式資料模式（Network Data Model）

定義▶▶ 網路式資料庫的組成結構和階層式資料庫類似，其差異點是提供多對多
（M：N）的關係，就像一張網子一樣，每一個子節點可以有多個父節點相連
結，可以消除階層式模式的資料重複問題。如圖1-35所示。

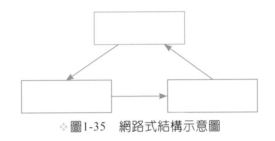

❖圖1-35 網路式結構示意圖

優點▶▶ 1. 符合現實世界中的多對多關係。

2. 存取有效率。

3. 提供實體資料獨立。

缺點▶▶ 較為複雜。

範例▶▶ 例如查詢校務人事系統的資料庫，其中學校成員有分為三種身分，但是，有
些成員又屬於兩種身分，因此，形成多對多的網狀關係。如圖1-36所示。

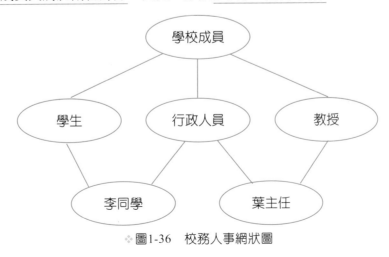

❖圖1-36 校務人事網狀圖

三、關聯式資料模式（Relational Data Model）

定義▶▶ 任二個表格之間，若有相同的資料欄位值，則這二個表格便可以相連，即透過「外鍵」參考「主鍵」來相連結。

範例▶▶ 「學生資料表」的外鍵（系碼）與「科系代碼表」的主鍵（系碼）之間都具有相同的欄位值，因此，就可以建立關聯圖。

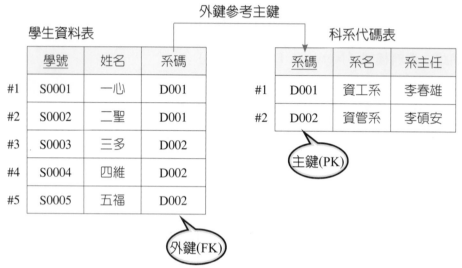

❖圖1-37　關聯式資料模式中，兩資料表以「外鍵」參考「主鍵」相連接

隨堂實作▶▶ 假設我們現在要開發一套「選課系統」，並且完成資料庫的正規化。接下來，請先建立正規化後的五個資料表，再建立資料庫的關聯圖。

資料庫名稱：ch1_DB.mdf

❖圖1-38　選課系統的資料庫關聯圖

【關聯式資料庫的資料結構】

　　使用二維表格來組織資料。每一個關聯表主要包含關聯表綱要（Relation Schema）即表頭（Head），與關聯表實例（Relation Instance）即主體（Body）兩部分。如表1-5所示。

1. 表頭（Head）：由一組屬性（Attributes）或稱為欄位與定義域（Domain）組成的綱目，即{(A1:D1),(A2:D2),…,(An:Dn)}。

2. 主體（Body）：指表格（關聯）中的資料部分，其內容、數字是隨時間變動而變動的，即{(A1:Vi1),(A2:Vi2),…,(An:Vin)}。

❖表1-5　關聯表綱要與實例

學號	姓名	系名	
S0001	張三	資工系	
S0002	李四	資工系	
S0003	王五	資管系	

表頭(Head)
主體(Body)

【表格（關聯）的特性】

　　一個關聯（Relation）是一個二維表格，一般而言，關聯的特性如下：

1. 每一列（Row）代表一個實體（Entity）的資料。

2. 每一欄（Column）記錄一項實體的屬性（Attribute）。

3. 同一欄的項目，其類型相同。

4. 每一欄都有一個唯一的名字，如圖1-39所示。

❖圖1-39　關聯表中的每一欄都有唯一的名字

5. **無重複的Tuple**（值組；Row：列）：指沒有任何兩列的紀錄是完全相同的。因為關聯被定義為值組的集合，依據定義，集合內的所有元素是不同的；因此，在關聯中的所有值組也必須是不同的。

學號	姓名	系名
S0001	張三	資工系
S0002	李四	資工系
S0003	王五	資管系

正確

學號	姓名	系名
S0001	張三	資工系
S0002	李四	資工系
S0001	張三	資工系

重複

不正確

(原因：重複的Tuple)

❖圖1-40　關聯表中無重複的Tuple

6. **Tuple（值組）的次序不重要**：指每一列的紀錄（值組）順序不重要。因為關聯被定義為值組的集合，就數學而言，集合內的元素是沒有順序的；因此，關聯的值組不會有任何的順序關係。

學號	姓名	系名
S0001	張三	資工系
S0003	王五	資管系
S0002	李四	資工系

對調

❖圖1-41　關聯表中的值組次序不重要

7. **Attribute（屬性；Column：行）的次序不重要**：是指每一欄的位置之順序不重要。

學號	姓名	系名
S0001	張三	資工系
S0003	王五	資管系
S0002	李四	資工系

對調

❖圖1-42　關聯表中的屬性次序不重要

8. 屬性中的內含值均為Atomic（基元值）：是指表格中每一格的內容皆為單一值。例如：下列為一組尚未正規化的選課表，如圖1-43所示。

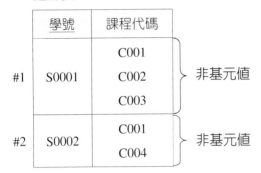

非基元值 (代表有重複的資料項目)
所以必須要正規化

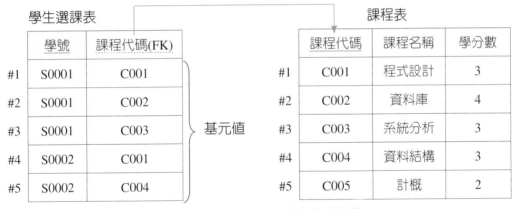

❖圖1-43 屬性中的內含值均為基元值

註：Atomic（基元值）即不可再分割的值。

【關聯式資料模式的優點】

1. 理論優良、簡單。

2. 適合使用者角色（Table（表格）非常直覺化）。

3. 提供高度的資料獨立性。

4. 具有宣告式的查詢方式，最容易使用。

（例如：Select 欄位名稱 From 資料表 Where 條件式）

【關聯式資料模式的缺點】

1. 不適合處理大量資料。

2. 效率最差（因為Join時會花費較多的時間）。

由以上對於資料庫模式的定義、優點及缺點分析之後，我們可以綜合歸納來比較階層式資料模式、網路式資料模式及關聯式資料模式三種資料模式，如表1-6「資料模式的比較表」所示。

❖表1-6　資料模式的比較表

資料模式 適用問題之特性	階層式資料模式	網路式資料模式	關聯式資料模式
資料模式	樹狀	網狀	表格
關係連結	指標	指標	外鍵
資料關係	1:1、1:M	1:1、1:M、M:N	1:1、1:M、M:N
個體檔案	可能重複	避免重複	避免重複
複雜度	中等	最高	最低
交易量	高	低	中上
資料存取彈性	低	低	高
使用容易度	低	低	高
支援非程序性	低	低	高
存取路徑	事先決定	事先決定	關聯表格
優點	1.單純、易用 2.確定性需求 3.效率較高	方便設計多對多關聯	1.單純、使用者導向 2.資料獨立性 3.適合隨機性查詢
缺點	1.不易設計多對多關係 2.隨機性查詢差	1.複雜度高 2.不易做資料重組	1.效率較差 2.須將資料標準化

1-8 資料庫的設計

　　一個功能完整及有效率的資訊系統，它的幕後最大功臣，就是資料庫系統的協助。因此，在設計資料庫時必須經過一連串有系統的規畫及設計。但是，如果設計不良，或設計過程沒有與使用者充份地溝通，最後設計出來的資料庫系統，必定是一個失敗的專案。此時，將無法提供決策者正確的資訊，進而導致無法提昇企業競爭力。

1-8-1　資料庫設計程序

　　在開發資料庫系統時，首要的工作是先做資料庫的分析，在做資料庫分析工作時，需要先與使用者進行需求訪談的作業，藉著訪談的過程來了解使用者對資料庫的需求，以便讓系統設計者來設計企業所需要的資料庫。其資料庫設計程序如圖1-44所示。

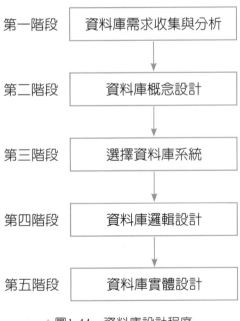

❖ 圖1-44　資料庫設計程序

一、資料庫需求收集與分析

目的 ▶▶ 是指用來收集及分析使用者的各種需求。

方法 ▶▶ 1. 找出應用程式的使用者：是一般使用者還是管理者。

2. 使用者對現有作業之文件進行分析：如人工作業時填寫的「輸入表格」及「輸出報表」。

3. 分析工作環境與作業需求：是否有網路連線的環境，或是否要利用自動輸入的條碼或RFID掃描的方式輸入。

4. 進行問卷調查與訪談：事先上網查詢相關專案的問題，或實地訪談來收集需求。

分析工作 ▶▶ 屬於「系統分析」的範疇。

常見有DFD（Data Flow Diagram）、HIPO（Hierarchical Input Process Output）等工具。

二、資料庫概念設計

目的 ▶▶ 描述資料庫的資料結構與內容。

方法 ▶▶ 概念綱目（Conceptual Schema）設計。

主要在檢查從第一個階段所收集的資料，利用實體關係（Entity-Relationship；ER）模式產生一個與DBMS無關的資料庫綱要。

產出 ▶▶ 概念綱目（Conceptual Schema）即實體關係圖（ERD）。

在需求訪談過程中，資料庫設計者會將使用者對資料的需求製作成規格書，這個規格書可以是用文字或符號來表達。然而，設計者會以雙方較容易了解的圖形符號形式的規格書來呈現，並輔助一些詳盡描述的說明文件。圖形符號的規格書有許多種方法表現，一般最常被使用的就是E-R圖（Entity Relationship Diagram；又稱實體關係圖）。

三、選擇資料庫系統

在此階段中，必須要先評估經濟上及技術上的可行性分析。

1. 經濟上可行性分析：是指針對企業規模方面來分析，如果是大企業在開發資訊系統的經費較高時，我們就可以提供功能完整的資料庫系統。例如：Oracle或SQL Server。但是，對於小企業可能會要求Free的資料庫管理系統。例如：MySQL。

2. 技術上可行性分析：當大企業要使用Oracle資料庫管理系統時，則必須評估是否有DBA人才來設計與維護。

目的 ▶▶ 選擇最符合企業組織所需要的資料庫管理系統。

方法▸▸ 利用可行性分析，包括<u>經濟上</u>及<u>技術上</u>之可行性。

產出▸▸ 可行性報告書。

四、資料庫邏輯設計

在收集及分析使用者的各種需求，並利用收集結果繪製成實體關係圖（ERD；亦即概念資料模型）之後，接下來，就是要選擇用什麼「資料庫模型」來表達這些「概念資料模型」。也就是說，如何去設計資料庫，這個階段一般又稱為「資料庫邏輯設計」階段。

在這個階段中，我們必須要先決定用哪一種資料庫模型來表達我們先前所建立的ERD圖，資料庫模型的種類包括：階層式、網路式、關聯式及物件導向式等。

本章將以目前較普遍的「關聯式資料模型」來作為<u>資料庫設計階段的資料表現</u>。

目的▸▸ 將「實體關聯圖（ERD）」轉換成「關聯式資料模型」。

方法▸▸ 1. 資料庫正規化。

2. ER圖轉換成對應表格的法則。

產出▸▸ 關聯表（DDL）。

說明▸▸ 在邏輯設計階段中，只需考量資料表之間的關聯性（1:1、1:M、M:N）、正規化（第一階到第三階，最多到BCNF），以及相關主鍵、外鍵及屬性等。

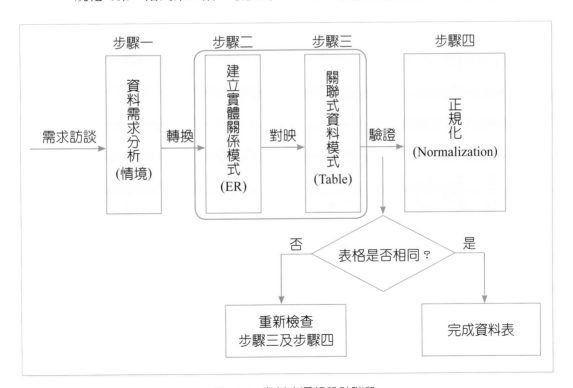

❖圖1-45 資料庫邏輯設計階段

範例 ▶▶ 圖1-46是用來將「客戶」與「訂單」一對多關係的ER圖轉換成關聯式資料模型的表示方式。其中，在多關係一方的「訂單」表中必須再加上「客戶編號」欄位（即所謂Foreign Key；外來鍵）來連接單一關係的「客戶」表。

我們在關聯式資料模型的關聯表中，主鍵欄位會加上底線，而外來鍵欄位會加上虛線的底線。

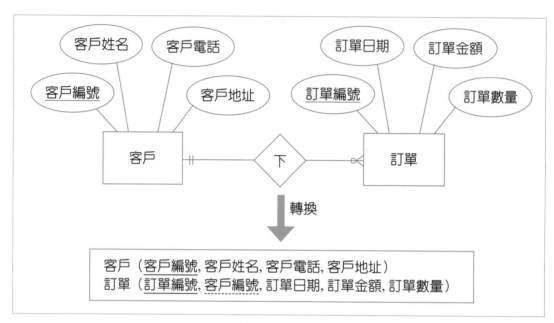

❖圖1-46 將一對多ER圖轉換為關聯式資料模型

五、資料庫實體設計

目的 ▶▶ 描述儲存資料庫的實體規格，以及資料如何有效存取。

方法 ▶▶ SQL與程式語言結合。

產出 ▶▶ 實體綱目（Physical Schema）亦即真正的紀錄。

說明 ▶▶ 資料庫邏輯設計雖然定義了資料結構（DDL），實際上並沒有儲存任何資料。實體設計則必須要考量採用何種儲存檔案結構、存取方法及儲存的輔助記憶體設備。

1-9
資料庫系統的架構

在1-8節中,我們完成「資料庫的設計」之後,接下來,就要決定用哪一種資料庫系統的架構最有效率,亦即讓使用者方便來存取資料庫中的資料。基本上,資料庫系統的架構可分為四種,如下所示:

1. 單機架構(Single)

2. 主從式架構(Client-Server)

3. 三層式架構(3-Tier)

4. 分散式架構(Distributed)

1-9-1 單機架構(Single)

定義 ►► 是指資料庫系統與應用程式同時集中於同一台主機上執行。

適用時機 ►► 沒有網路的環境,或只有一台主機的情況。

架構圖 ►►

應用程式

終端使用者　　　　　資料庫伺服器

❖ 圖1-47　單機架構資料庫

優點 ►► 資料保密性(Data Security)高。

缺點 ►► 1. 資料庫系統不易與組織一起成長,亦即中大型公司無法適用。因為小公司逐漸成長為大公司時,其部門就會增加,而各個部門要使用相同的資料庫。

2. 資料無法分享。

3. 容易造成資料的重複(如:「教務處」與「學務處」的學籍資料要獨立的輸入)。

1-9-2 主從式架構（Client-Server）

定義▶▶ 是指資料庫系統獨立放在一台「資料庫伺服器」中，而使用者利用本機端的應用程式，並透過網路連接到後端的「資料庫伺服器」。

適用時機▶▶ 區域性的網路環境，亦即公司內部的資訊系統的資料庫架構。

架構圖▶▶

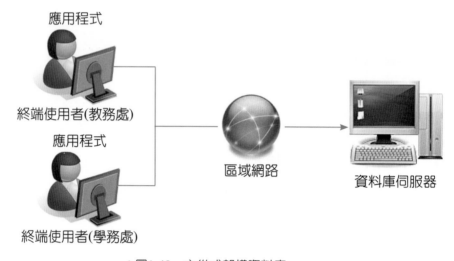

❖圖1-48 主從式架構資料庫

優點▶▶ 1. 避免資料的重複（Redundancy）：亦即相同的資料只要輸入一次即可。例如：學校只要建立「學籍資料」，就可以同時提供給「教務處」與「學務處」使用。

2. 達成資料的一致性（Consistency）：亦即透過資料集中管理來避免資料重複，進而達到資料的一致性。

3. 達成資料共享（Data Sharing）：亦即透過資料集中化的機制來分享給相關部門的使用者。

缺點▶▶ 更新版本或修改時，必須要花費較長時間。因為使用者的本機端應用程式都必須要一一重新安裝。

1-9-3 三層式架構（3-Tier）

定義▸▸ 是指資料庫系統獨立放在一台「資料庫伺服器」，並且應用程式也獨立放在一台「應用程式伺服器」，使用者只要使用瀏覽器就可以透過網際網路連接到「應用程式伺服器」，再透過區域網路連接到後端的「資料庫伺服器」來存取資料。

架構圖▸▸

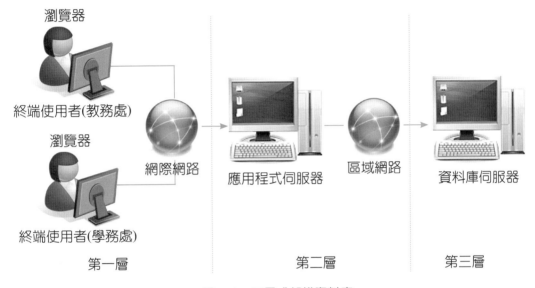

❖ 圖1-49　三層式架構資料庫

適用時機▸▸ 全域性的網路環境（網際網路），亦即公司內部提供給外部使用者來存取的資料庫架構。

優點▸▸ 除了「主從式架構」的優點之外，還具以下優點：

1. 資料分享的範圍為全球性。
2. 更新版本非常快速。因為只需更新「應用程式伺服器」即可。

缺點▸▸ 1. 伺服器的負荷加重。因為服務的對象是全球性的使用者。

2. 安全性問題。因為服務的對象是全球性的使用者，因此，有可能成為網路駭客攻擊的對象。

1-9-4 分散式架構（Distributed）

定義▶▶ 分散式架構是主從式架構的延伸，亦即當公司規模較大時，則各部門分佈於
不同地區，因此，不同部門就會有自己的資料庫系統需求。

適用時機▶▶ 公司規模較大。

架構圖▶▶

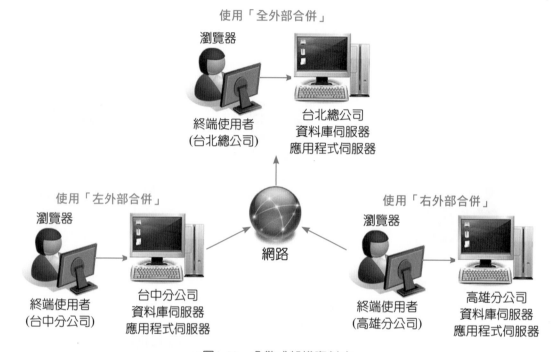

❖圖1-50 分散式架構資料庫

優點▶▶ 1. 資料處理速度快，效率佳。

2. 較不易因使用者增加而效率變慢。

3. 達到資訊分享的目的。

4. 適合分權式組織型態。

5. 整合各種資料庫。

6. 適應組織成長需要。

7. 利用資訊分享來減少溝通成本。

8. 平行處理以增加績效。

9. 整合異質電腦系統（即不同廠牌、不同硬體）。

10.減少主機的負荷。

缺點▶▶ 資料分散存在，容易造成資料不一致的現象。

基本題

1. 何謂資料庫？並舉出日常生活中相關的例子為何。

2. 資料庫、資料庫管理系統及資料庫系統三者之間的關係為何？

3. 試說明使用者、程式設計師、資料庫管理師（DBA）、資料庫、資料庫管理系統及資料庫系統之間的關係？並請畫出它們的關係圖。

4. 傳統的檔案系統也可以處理資料，但是為什麼目前大部分都是使用資料庫系統，其「檔案系統」的缺點為何？

5. 傳統的檔案系統也可以處理資料，但是為什麼目前大部分都是使用資料庫系統，其「資料庫系統」的優點與缺點為何？

6. 在日常生活中，有哪些資訊系統會使用到資料庫？

7. 試說明資料處理模式的演進（前四階段），並說明每一個階段的作業方式與例子。

8. DBMS用以溝通使用者程式與資料庫之間關係的介面，其主要的功能為何？

9. 大部分的DBMS都是非常昂貴的，但是目前有哪一些免費的DBMS呢？

10. 資料庫的儲存資料層次為何？並請說明各層次的組成要素。

11. ANSI/SPARC架構是什麼？並請說明各層次的功能。

進階題

1. 目前大部分的企業資訊系統還是使用「關聯式資料庫」，其關聯式資料庫的結構為何？並舉出5個關聯式資料庫的例子。例如：選課系統、排課系統、預約系統、訂單系統等等。

2. 當我們要解決現行企業的資訊問題時，並非直接設計實體資料庫，而必須要先了解企業組織中的需求。請問，因為身為資料庫設計者，必須要經過哪些設計過程？

CHAPTER 2

SQL Server

關聯式資料庫

2-1

關聯式資料庫（Relational Database） ●●●●●

假設學校行政系統中有一個尚未分割的「學籍資料表」，如表2-1所示。

❖表2-1 尚未分割的學籍資料表

	學號	姓名	系碼	系名	系主任	
#1	S0001	一心	D001	資工系	李春雄	二筆重複
#2	S0002	二聖	D001	資工系	李春雄	
#3	S0003	三多	D002	資管系	李碩安	大量資料
#4	S0004	四維	D002	資管系	李碩安	重複現象
#5	S0005	五福	D002	資管系	李安	三筆重複

由表2-1中，可以清楚看出多筆資料重複現象，如果有某一筆資料輸入錯誤，將會導致資料不一致現象。例如：在表2-1中的第5筆紀錄的系主任，應該是「李碩安」，卻輸入成「李安」。

因此，我們就必須要將原始的「學籍資料表」分割成數個不重複的資料表；再利用「關聯式資料庫」的方法來進行資料表的關聯。

何謂「關聯式資料庫」呢？它是由兩個或兩個以上的資料表組合而成。其目的：

1. 節省重複輸入的時間與儲存空間。

2. 確保異動資料（新增、修改、刪除）時的一致性及完整性。

因此，我們必須將各種資料依照性質的不同（如：學籍資料、選課資料、課程資料、學習歷程資料等），分別存放在幾個不同的表格中，表格與表格之間的關係，則以共同的欄位值（如：「學號」欄位）相互連結。以這種方式來存放資料的資料庫，在電腦術語中，稱為「關聯式資料庫（Relational Database）」。

定義 ▶▶ 1. 是由一群相互關係的正規化關聯表所組成。

2. 關聯表之間是透過相同的欄位值（即「外鍵」參考「主鍵」）來連繫。

3. 關聯表中的所有「屬性內含值」都是基元值（Atomic Value）。

因此，我們可以將表2-1中的「學籍資料表」分割為「學生資料表」與「科系代碼表」。如何產生關聯式資料庫呢？它是透過兩個資料表的相同欄位值（即系碼）來進行連結。如圖2-1所示。

資料庫名稱：ch2_DB.mdf

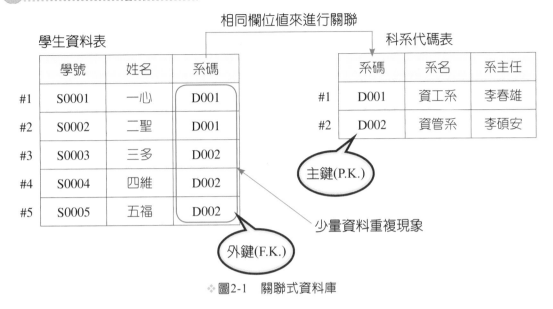

❖ 圖2-1　關聯式資料庫

註：「主鍵」與「外鍵」專有名詞會在第2-2節中詳細介紹。

優點 ▶▶ 1. 節省記憶體空間：相同的資料紀錄不需要再重複輸入。

2. 提高行政效率：因為資料不需再重複輸入，故可以節省行政人員的輸入時間。

3. 達成資料的一致性：因為資料不需再重複輸入，故可以減少多次輸入產生人為的錯誤。

關聯名詞 ▶▶

關聯式資料模型的相關術語通常是用來說明資料庫系統的相關理論，而SQL Server或Access等資料庫管理系統所使用的資料庫相關名詞，是利用另成一套的術語，不過這些名詞或術語都代表相同意義，如表2-2所示。

❖ 表2-2　關聯名詞比較表

關聯式資料模型	SQL Server或Access
關聯（Relation）	表格（Table）
值組（Tuple）	橫列（Row）或紀錄（Record）
屬性（Attribute）	直欄（Column）或欄位（Field）
基數（Cardinality）	紀錄個數（Number of Record）
主鍵（Primary Key）	唯一識別（Unique Identifier）
定義域（Domain）	合法值群（Pool Legal Values）

圖示說明▶▶　如圖2-2。

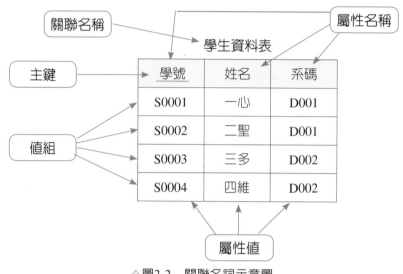

❖圖2-2　關聯名詞示意圖

重要專有名詞▶▶

1. 資料表（Table）：又稱為表格，它是真正儲存資料的地方。它可視為特定主題的資料集合，並且是由「資料行」與「資料列」的二維表格組合而成。 例如：圖2-2中的「學生資料表」。

2. 資料行（Column）：是指資料表中的某些「欄位」，它是以「垂直」方式來呈現。例如：圖2-2中的「學號」、「姓名」等。

3. 資料列（Row）：是指資料表中的某些「紀錄」，它是以「水平」方式來呈現。例如：圖2-2中的第一筆紀錄，#1 S0001，一心，D001。

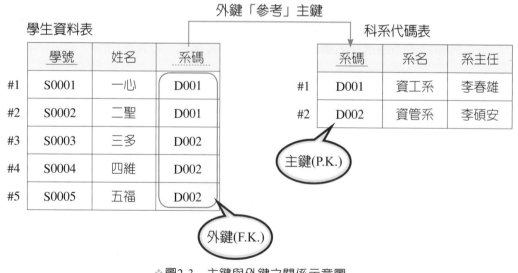

❖圖2-3　主鍵與外鍵之關係示意圖

4. 主鍵（Primary Key；PK）：是指用來識別紀錄的唯一性，它不可以重複，也不可以為空值（Null）。 例如：圖2-3中，學生資料表中的「學號」，以及科系代碼表中的「系碼」。

5. 外鍵（Foreign Key；FK）：是指用來建立資料表之間的關係，其外鍵內含值必須要與另一個資料表的主鍵相同。 例如：圖2-3，學生資料表中的「系碼」。

6. 關聯性（Relationship）：在資料表之間，透過外鍵來參考另一個資料表的主鍵，如果具有相同欄位值，就可以進行關聯。例如：圖2-3中的學生資料表中的「系碼」與科系代碼表中的「系碼」都具有相同欄位值，因此，就可以進行關聯。

2-2 鍵值屬性

在關聯式資料庫中，每一個關聯表會有許多不同的鍵值屬性（Key Attribute），因此，我們可以分成兩個部分來探討：

1. 屬性（Attribute）：是指一般屬性或欄位。如圖2-4所示。

2. 鍵值屬性（Key Attribute）：是指由一個或一個以上的屬性所組成，並且在一個關聯中，必須要由具有「唯一性」的屬性來當作「鍵（Key）」。

例如：在關聯式資料庫中，常見的鍵（Key）可分為：超鍵、候選鍵、主鍵及交替鍵，其各鍵的關係，如圖2-4所示。

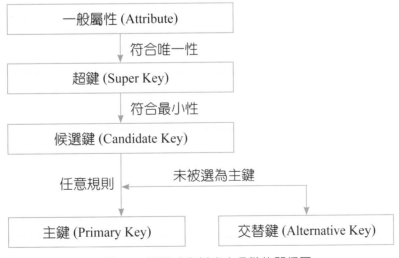

❖ 圖2-4 關聯式資料庫中各鍵的關係圖

2-2-1 屬性（Attribute）

定義 ▶▶┃ 用來描述實體的性質（Property）。

範例 ▶▶┃ 學號、姓名、性別等，都是用來描述學生實體的性質，並且每一個屬性一定要有一個定義域（Domain，亦即資料類型、範圍大小等）。其中，「性別」屬性的內含值，必須是「男生」或「女生」，而不能超出定義域（Domain）的合法值群。

分類 ▶▶┃ 1. 簡單屬性（Simple Attribute）

2. 複合屬性（Composite Attribute）

3. 衍生屬性（Derived Attribute）

以上三類屬性的詳細說明，如下所示。

一、簡單屬性（Simple Attribute）

定義 ▶▶┃ 已經無法再繼續切割成其他有意義的單位，亦即該屬性為基元值（Atomic Value）。

範例 ▶▶┃ 「學號」屬性便是「簡單屬性」。

二、複合屬性（Composite Attribute）

定義 ▶▶┃ 由兩個或兩個以上的其他屬性的值所組成。

範例 ▶▶┃ 「地址」屬性是由區域號碼、縣市、鄉鎮、路、巷、弄、號等各個屬性所組成。

適用時機 ▶▶┃ 戶政事務查詢、房屋仲介網站中，有哪些屬性是屬於「複合屬性」呢？必須要視需求而定。一般使用者在設定客戶資料表或學生資料表時，「地址」屬性是視為「簡單屬性」。

優點 ▶▶┃ 大量查詢時較快速。

```
where 地址 Like  '*苓雅區*'    ➔速度較慢
where 區域   = '苓雅區'       ➔速度較快
```

三、衍生屬性（Derived Attribute）

指可以經由某種方式的計算或推論而獲得。

範例 1 「年齡」屬性便屬於「衍生屬性」

　　以實際的「年齡」為例，可以由「目前的系統時間」減去「生日」屬性的值，便可換算出「年齡」屬性的值。

　　公式：年齡＝目前的系統時間－生日

作法1▶▶ 利用SQL指令

$$\text{SELECT DATEDIFF(YY,'1971/10/9',getdate());}$$

作法2▶▶ 利用VB程式設計

　　　　　　◎ 程式名稱：ch2\ch2-2\ch2-2.sln

表單設計	VB程式設計
| 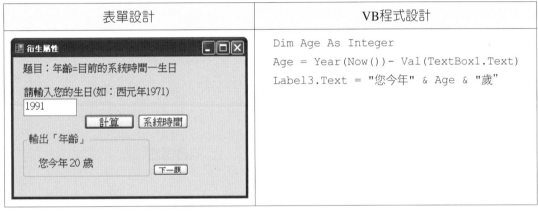 | ```
Dim Age As Integer
Age = Year(Now())- Val(TextBox1.Text)
Label3.Text = "您今年" & Age & "歲"
``` |

註：請讀者先自行安裝VS2010或VB2010軟體。

範例 2 「性別」屬性也可以當作「衍生屬性」

　　假設使用者輸入介面中有「身分證字號」欄位時，則我們可以判斷使用者的「性別」是「男生」或「女生」。

作法▶▶ 　輸入ID，判斷第二位數字，如果是「1」代表「男生」；如果是「2」代表「女生」。

表單設計	VB程式設計
| 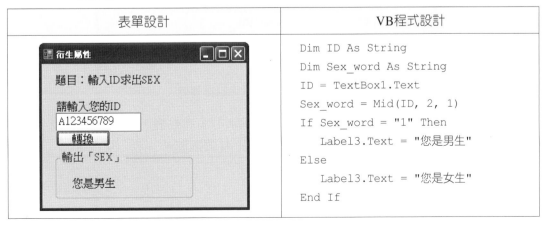 | ```
Dim ID As String
Dim Sex_word As String
ID = TextBox1.Text
Sex_word = Mid(ID, 2, 1)
If Sex_word = "1" Then
    Label3.Text = "您是男生"
Else
    Label3.Text = "您是女生"
End If
``` |

2-2-2 超鍵（Super Key）

　　基本上，我們會在每一個資料表中，選出一個具有唯一性的欄位來當作「主鍵」。但是，在一個資料表中，如果找不到具有唯一性的欄位時，我們也可以選出兩個或兩個以上的欄位組合起來，以作為唯一識別資料的欄位。

定義▶▶ 是指在一個資料表中，選出兩個或兩個以上的欄位組合起來，以作為唯一識別資料的欄位，因此，我們可以稱這種組合出來的欄位為「超鍵」。在一個關聯表中，至少有一個「超鍵」，就是所有屬性的集合。

範例▶▶ 以表格中的「學生資料表」為例，若是全班的學生姓名中，有人同名同姓時（重複），我們可以搭配學生的學號，讓「學生的學號」與「學生的姓名」兩欄位結合起來（亦即「學號＋姓名」）產生新的鍵。所以，｛姓名，學號｝是一個超鍵，因為不可能有兩個學生的姓名與學號皆相同。｛身分證字號｝也是一個超鍵。

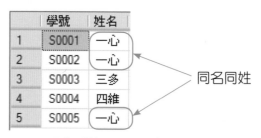

設定｛姓名，學號｝為超鍵

作法

❖圖2-5　在學生資料表中設定超鍵

同理▶▶ ｛姓名，學號，身分證字號，年齡，系別｝，｛姓名，學號，身分證字號，年齡｝也都是超鍵，因為它可以造成唯一性的限制。

分析▶▶ 1. ｛年齡｝或｛姓名｝都不是「超鍵」。

　　　　2. 最大的「超鍵」是所有屬性的集合。

❖圖2-6　最大的超鍵是所有屬性的集合

最小的「超鍵」則是關聯的主鍵。

❖圖2-7　最小的超鍵即為主鍵

2-2-3　主鍵（Primary Key）

　　在關聯式資料庫模型中，將每一個資料表視為一個「實體」，而每一個實體利用「屬性」描述之，而這些屬性就稱為「鍵值」。其中，用來識別資料表中紀錄的唯一值的鍵值，稱為「主鍵」。

定義▸▸ 1. 從候選鍵中選擇一個用來唯一識別值組（紀錄）的鍵，稱為主鍵。

　　　 2. 在關聯綱要裡，我們會在主鍵的屬性名稱加一個底線。

　　　 3. 在一個關聯表中，只有一個主鍵，若候選鍵未被選為主鍵時，則稱為「交替鍵（Alternate Key）」。

　　　 4. 主鍵之鍵值不可為空值（Null Value）。

　　　 5. 在建立資料表時，一般都是以「P.K.」來代表主鍵。

範例▸▸ 學生資料表（學號，姓名，生日，身分證字號，科系）。

　　　 1. 候選鍵：（學號）或（身分證字號）。

　　　 2. 主鍵：學號。

　　　 3. 交替鍵：身分證字號。

如何挑選主鍵

基本上，我們要從多個鍵值中挑選「主鍵」時，會依循以下三個原則：

1. 固定不會再變更的值

在挑選「主鍵」時，必須要找永遠不會被變更的欄位，否則會增加爾後管理和維護資料的困難度與複雜性。

例如：「學號」與「身分證字號」在決定之後，幾乎不會再改變。

2. 單一的屬性

在一個資料表中，最好只選取「單一屬性」的候選鍵作為主鍵，因為可以節省記憶體空間及提高執行效率。

例如：{姓名+學號}與{學號}，雖然二者都具有唯一性，但是後者{學號}是單一屬性。

3. 不可以為空值或重複

依照「關聯式資料完整性規則」，主鍵的鍵值不可以重複，也不可以為空值（NULL）。

例如：{姓名}欄位就不適合當作主鍵欄位，因為可能會重複。

【利用SQL Server 2008建立資料表之主鍵】

以圖2-1關聯式資料庫為例：

步驟1▶▶ 先建立一個「學生資料表」，並且包括「學號」、「姓名」及「系碼」三個欄位名稱，如圖2-8所示。

LEECHA3.ch2_DB - dbo.學生資料表		▼ ×
資料行名稱	資料類型	允許 Null
▶ 學號	nvarchar(5)	☐
姓名	nvarchar(4)	☑
系碼	nvarchar(4)	☑
		☐

❖圖2-8 建立一個學生資料表

步驟2▶▶ 將滑鼠移到欲設定「主鍵」欄位名稱的最左邊，再按功能表中的「設定主索引鍵」圖示即可，如圖2-9。

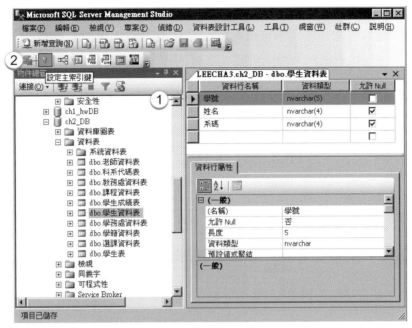

❖圖2-9　點按主鍵並選擇「主索引鍵」功能

設定後的結果如圖2-10所示：

LEECHA3.ch2_DB - dbo.學生資料表		▼ ✕
資料行名稱	資料類型	允許 Null
▶🔑 學號	nvarchar(5)	☐
姓名	nvarchar(4)	☑
系碼	nvarchar(4)	☑
		☐

❖圖2-10　設定主鍵的結果

說明：「學號」欄位名稱的最左邊就會自動出現一支黃色的鑰匙，即代表「學號」
　　　設定為「主鍵」。

上機練習 ▸▸

　　　請在「學生資料表」中先輸入五筆紀錄，如圖2-11所示。

LEECHA3.ch2_DB - dbo.學生資料表		▼ ✕
學號	姓名	系碼
S0001	一心	D001
S0002	二聖	D001
S0003	三多	D002
S0004	四維	D002
S0005	五福	D002

❖圖2-11　在學生資料表中建立三筆紀錄

再新增第六筆紀錄，其學號為S0001的李安，系碼為D001的學生。以證明「主鍵」是具有唯一性，不可以重複的。 因此，SQL Server就會馬上出現錯誤的畫面，即代表第六筆無法新增，如圖2-12所示。

LEECHA3.ch2_DB - dbo.學生資料表		
學號	姓名	系碼
S0001	一心	D001
S0002	二聖	D001
S0003	三多	D002
S0004	四維	D002
S0005	五福	D002
S0001	NULL	NULL	← 第六筆無法新增

Microsoft SQL Server Management Studio

沒有更新任何資料列。

資料列 6 中的資料未經過認可。
錯誤來源：.Net SqlClient Data Provider。
錯誤訊息：違反 PRIMARY KEY 條件約束 'PK_學生資料表'。無法在物件 'dbo.學生資料表' 中插入重複的索引鍵。
陳述式已經結束。

請更正錯誤後重試，或者按 ESC 鍵取消變更。

確定

❖圖2-12　主鍵具有唯一性，無法重複新增學號S0001的資料

2-2-4　複合鍵（Composite Key）

定義▶▶　是指資料表中的主鍵，是由兩個或兩個欄位以上所組成，這種主鍵稱為複合鍵（Composite Key）。

使用時機▶▶　當表格中某一欄位的值無法區分資料紀錄時，可以使用這種方法。

範例▶▶　在圖2-13a中，「縣市」的欄位值有重複，無法區分出每一筆紀錄，所以「縣市」欄位不能當作主鍵欄位。因此，必須要把「縣市」與「區域」兩個欄位組合在一起，當作主鍵欄位。如圖2-13b所示。

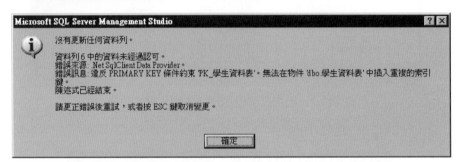

❖圖2-13　複合鍵示意圖

【利用SQL Server 2008建立資料表之複合鍵】

以圖2-13複合鍵示意圖為例：

步驟1▸▸ 先建立一個「城市區域資料表」，包括「縣市」及「區域」兩個欄位名稱，並輸入四筆紀錄。如圖2-14所示。

❖圖2-14　建立城市區域資料表

步驟2▸▸ 將滑鼠移到欲設定「主鍵」欄位名稱的最左邊，按住滑鼠左鍵往下選取「縣市」及「區域」兩個欄位名稱，再按功能表中的「設定主索引鍵」圖示即可。

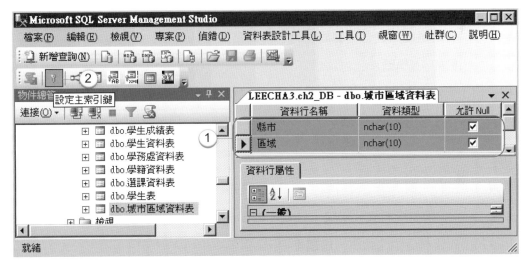

❖圖2-15　建立主鍵

設定後的結果如圖2-16所示：

❖圖2-16　設定複合鍵的結果

說明：「縣市」及「區域」兩個欄位名稱的最左邊就會各出現一支黃色的鑰匙，即代表「縣市」及「區域」設定為「複合鍵」。

2-2-5 候選鍵（Candidate Key）

定義▶▶ 候選鍵就是<u>主鍵的候選人</u>，並且也是由關聯表的屬性子集所組成。

條件▶▶ 一個屬性（欄位）要成為候選鍵，必須同時符合下列<u>兩項條件</u>：

1. 具有唯一性

是指在一個關聯表中，用來唯一識別資料紀錄的欄位。

例如：<u>超鍵（Super Key）</u>。但可以是<u>由多個欄位組合{縣市+區域}而成</u>。

2. 具有最小性

是指除了符合「唯一性」的條件之外，還必須要在該「屬性子集」中移除任一個屬性之後，不再符合唯一性，亦即<u>鍵值欄位個數為最小</u>。

例如：{縣市+區域}組合成符合「唯一性」的條件，並且在移除任一個屬性{區域}之後，{縣市}不再符合唯一性。因此，<u>{縣市+區域}就是候選鍵</u>。

特性▶▶
1. 候選鍵可以唯一識別值組（紀錄），大部分關聯都只有一個候選鍵。
2. 若候選鍵只包含一個屬性時，稱為簡單（Simple）候選鍵。

例如：{學號}

若包含兩個或兩個以上屬性時，稱為複合（Composite）候選鍵。

例如：{縣市+區域}

範例 1

假設現在有一個「學生資料表」，其相關的欄位如下所示：

學生資料表（學號，姓名，生日，身分證字號，科系）

請找出此資料表中的兩個「候選鍵」。

作法▶▶
1. 找第一個候選鍵

(1) 找出「具有唯一性」的欄位

{學號+姓名}共同組成時，<u>滿足唯一性</u>。

(2) 檢查是否「具有最小性」

但是{學號+姓名}<u>不滿足最小性</u>，因為在移去「姓名」屬性之後，「學號」仍然具有唯一性。因此，我們必須要縮減為最小欄位為<u>{學號}</u>，所以找到<u>第一個候選鍵</u>。

2. 第二個候選鍵

(1) 找出「具有唯一性」的欄位

{身分證字號+科系}共同組成時，滿足唯一性。

(2) 檢查是否「具有最小性」

但是{身分證字號+科系}不滿足最小性，因為在移去「科系」屬性之後，「身分證字號」仍然具有唯一性。因此，我們必須要縮減最小欄位為{身分證字號}，才能找到第二個候選鍵。

所以，{學號}或{身分證字號}皆為「候選鍵」。

範 例 2

假設現在有一個「通訊錄資料表」，其相關的欄位如下所示：

通訊錄資料表（姓名，生日，電話，地址）

請找出此資料表中的一個「候選鍵」。

作法▶▶　1. 找出「具有唯一性」的欄位

{姓名+生日}共同組成時，滿足唯一性。

2. 檢查是否「具有最小性」

並且，{姓名+生日}也滿足最小性，因為在移去「生日」屬性之後，「姓名」就不具有唯一性。因此，{姓名+生日}兩個欄位組合，缺一不可，所以這種候選鍵又稱為「複合式候選鍵」。

所以，{姓名+生日}為「複合式候選鍵」。

2-2-6　外來鍵（Foreign Key）

在關聯式資料庫中，任兩個資料表要進行關聯（對應）時，必須要透過「外來鍵」參考「主鍵」才能建立，其中「主鍵」值的所在資料表稱為「父關聯表」；而「外來鍵」值的所在資料表稱為「子關聯表」。

定義▶▶　外來鍵是指「父關聯表嵌入的鍵」，並且，外來鍵在父關聯表中扮演「主鍵」的角色。因此，外來鍵一定會存放另一個資料表的主鍵，主要目的是用來確定資料的參考完整性。所以，當「父關聯表」的「主鍵」值不存在時，則「子關聯表」的「外來鍵」值也不可能存在。

外來鍵的特性▶▶

1. 「子關聯表」的外來鍵必須對應「父關聯表」的主鍵。

2. 外來鍵是用來建立「子關聯表」與「父關聯表」的連結關係。

例如：張三同學可以找到對應的系主任。

對應

學生資料表　　　　　　　　　　　　　　科系代碼表

	學號	姓名	系碼(F.K.)
#1	S0001	張三	D001
#2	S0002	李四	D001
#3	S0003	王五	D002

系碼(P.K.)	系名	系主任
D001	資工系	李春雄
D002	資管系	李碩安

嵌入

父關聯表

子關聯表

❖ 圖2-17　外來鍵示意圖

說明：在SQL語言中，通常是以「主鍵值＝外來鍵值」當作條件式。

　　　例如：在SELECT之WHERE子句中撰寫如下：

　　　　　學生資料表.系碼＝科系代碼表.系碼

說明：以上SQL指令是用來連結「學生資料表」和「科系代碼表」兩個資料表。

　　　3. 外來鍵和「父關聯表」的主鍵欄位必須要具有相同定義域，亦即相同的資
　　　　料型態和欄位長度，但名稱則可以不相同。

範例 1　相同的資料型態和欄位長度

資料庫名稱：ch2_DB.mdf

　　假設現在有一個關聯圖如圖2-18：

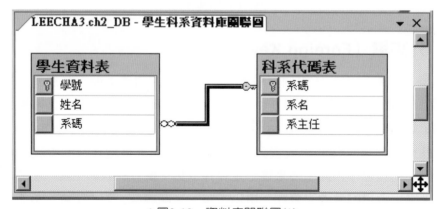

❖ 圖2-18　資料庫關聯圖(1)

　　其中，「科系代碼表」的「系碼」欄位的資料類型為「nvarchar(4)」，現在欲改
為「nchar(10)」的資料類型，則會出現如圖2-19的錯誤訊息：

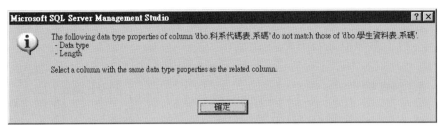

❖圖2-19　主鍵與外來鍵的資料類型必須相同

範 例 2　外來鍵和「父關聯表」的主鍵欄位名稱可以不相同

假設現在有一個關聯圖如圖2-20：

❖圖2-20　資料庫關聯圖(2)

其中,「科系代碼表」的「系碼」欄位名稱,現在欲改為「科系代碼」欄位名稱,則是可以的。如圖2-21所示:

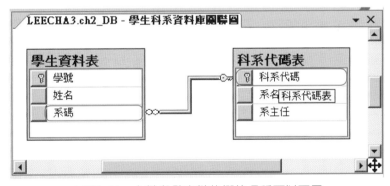

❖圖2-21　主鍵與外來鍵的欄位名稱可以不同

註:因此,我們可以清楚得知,「子關聯表」的外來鍵參考「父關聯表」的主鍵時,是透過「相同的欄位值」,而「非相同的欄位名稱」。

4. 外來鍵的欄位值可以是重複值或空值（NULL）。

　　(1)「重複值」的例子

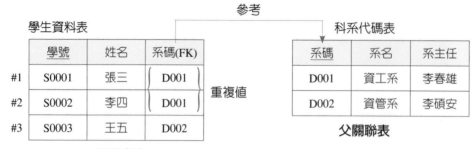

❖圖2-22　外來鍵為重複值

說明：在圖2-22中，代表「張三」與「李四」都是就讀「資工系」。

　　(2) 空值（NULL）的例子

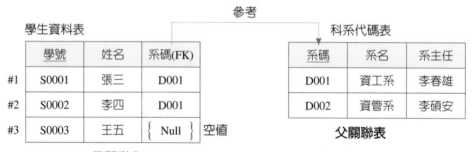

❖圖2-23　外來鍵為空值

說明：在圖2-23中，代表「王五」尚未決定要就讀哪一個科系。

● 單元評量 ●

Q1

假設現在有一位新同學想報考「軟工系」，而本校卻沒有該系所，但是，學校的招生中心也把這位新同學的資料暫時輸入到「學生資料表」中，並且「系碼」輸入D010，請問此時DBMS會產生問題嗎？為什麼？

學生資料表

	學號	姓名	系碼(FK)
#1	S0001	張三	D001
#2	S0002	李四	D001
#3	S0003	王五	D002
#4	S0004	四維	**D010**

科系代碼表

	系碼	系名	系主任
#1	D001	資工系	李春雄
#2	D002	資管系	李碩安

❓ ❓ ❓ ❓ ❓

A

會產生如下的錯誤訊息：

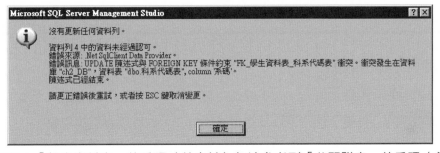

原因：「學生資料表」的系碼（外來鍵）無法參考到「父關聯表」的系碼（主
鍵）。換言之，外來鍵是由「父關聯表嵌入的鍵」；因此，外來鍵欄位值只
是主鍵欄位值的子集合。

●● 單元評量 ●●

Q2 假設現在某一所大學想再增設「軟工系」，其系碼為D003，但是，今年大學聯招卻沒有報考此科系，請問此時DBMS會產生問題嗎？為什麼？

學生資料表

	學號	姓名	系碼(FK)
#1	S0001	張三	D001
#2	S0002	李四	D001
#3	S0003	王五	D002

科系代碼表

	系碼(PK)	系名	系主任
#1	D001	資工系	李春雄
#2	D002	資管系	李碩安
#3	D003	軟工系	Null

❓ ❓ ❓ ❓ ❓

A 不會產生任何的錯誤訊息。

原因：「學生資料表」的系碼（外來鍵）可以參考到「父關聯表」的系碼（主鍵）。換言之，外來鍵是由「父關聯表嵌入的鍵」；因此，外來鍵欄位值只是主鍵欄位值的子集合。

歸納主鍵與外鍵的關係

1. 父關聯表中的「主鍵」值，一定不能為空值（Null），也不能有重複現象。

2. 子關聯表中的「外鍵」值，可以為空值（Null），也可以有重複現象。

【利用SQL Server 2008建立資料表之外來鍵】

以圖2-23為例：

步驟1▶▶ 先建立一個「學生資料表」與「科系代碼表」，如圖2-24所示：

學生資料表	科系代碼表
<table><tr><td></td><td>學號</td><td>姓名</td><td>系碼</td></tr><tr><td>1</td><td>S0001</td><td>一心</td><td>D001</td></tr><tr><td>2</td><td>S0002</td><td>二聖</td><td>D001</td></tr><tr><td>3</td><td>S0003</td><td>三多</td><td>D002</td></tr><tr><td>4</td><td>S0004</td><td>四維</td><td>D002</td></tr><tr><td>5</td><td>S0005</td><td>五福</td><td>D002</td></tr></table>	<table><tr><td></td><td>系碼</td><td>系名</td><td>系主任</td></tr><tr><td>1</td><td>D001</td><td>資工系</td><td>李春雄</td></tr><tr><td>2</td><td>D002</td><td>資管系</td><td>李碩安</td></tr></table>

❖圖2-24 建立學生資料表及科系代碼表

步驟2▸▸ 在「ch2_DB」資料庫中的「資料庫圖表」上,按下「右鍵」之後,再點選「新增資料庫圖表」,如圖2-25所示:

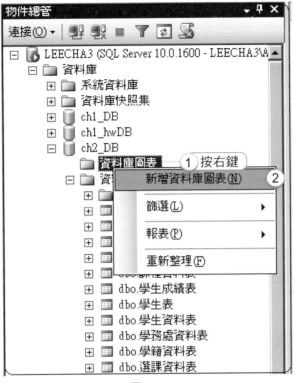

❖圖2-25

步驟3▸▸ 在「加入資料表」對話方塊中,滑鼠先移到「科系代碼表」上,按住「Ctrl」鍵,再點選「學生資料表」之後,再按「加入」鈕,最後再按「關閉」鈕即可。

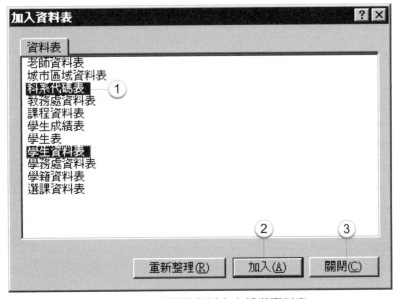

❖圖2-26 在顯示資料表中新增資料表

步驟4▶▶ 顯示兩個資料表準備做關聯圖，而在每一個資料表中都有一個「主鍵」（左邊有一支黃色鑰匙），也就是具有唯一性的欄位。

❖圖2-27　準備為兩個資料表做關聯圖

步驟5▶▶ 在圖2-27中，請將滑鼠移到「科系代碼表」內的「系碼」欄位上（即主鍵），按住滑鼠左鍵拖曳到「學生資料表」內的「系碼」欄位上（即外鍵），此時便會出現「+」之後，放掉滑鼠左鍵，此時，馬上出現一個「資料表和資料行」之編輯關聯對話方塊。

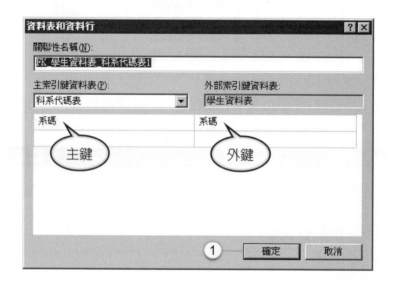

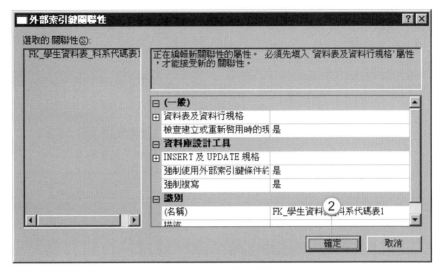

❖圖2-28 編輯關聯對話方塊

在按「確定」鈕之後,即可建立「學生資料表」與「科系代碼表」的資料庫關聯圖了。如圖2-29所示:

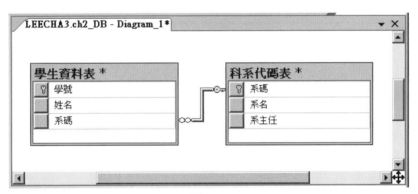

❖圖2-29

步驟6▶▶ 儲存資料庫關聯圖名稱。

在建立完成資料庫關聯圖之後,再按工具列上的「儲存」鈕,會出現「選擇名稱」的對話方塊,此時,請輸入「學生科系資料庫關聯圖」後,再按「確定」鈕即可。

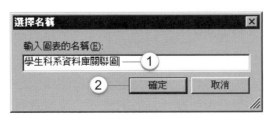

❖圖2-30

❖ 圖2-31

2-3　關聯式資料庫的種類　●●●●●

　　假設現在有甲與乙兩個資料表,其「關聯式資料庫」中資料表的關聯種類可以分為下列三種:

1. 一對一的關聯(1:1)

　　甲資料表中的一筆紀錄,只能對應到乙資料表中的一筆紀錄;並且乙資料表中的一筆紀錄,只能對應到甲資料表中的一筆紀錄。

2. 一對多的關聯(1:M)

　　甲資料表中的一筆紀錄,可以對應到乙資料表中的多筆紀錄;但是乙資料表中的一筆紀錄,卻只能對應到甲資料表中的一筆紀錄。

3. 多對多的關聯(M:N)

　　甲資料表中的一筆紀錄,能夠對應到乙資料表中的多筆紀錄;並且乙資料表中的一筆紀錄,也能夠對應到甲資料表中的多筆紀錄。

2-3-1　一對一關聯(1:1)

定義 ▶▶　假設現在有甲與乙兩個資料表,在一對一關聯中,甲資料表中的一筆紀錄,只能對應到乙資料表中的一筆紀錄;並且乙資料表中的一筆紀錄,只能對應到甲資料表中的一筆紀錄。

範例 ▶▶　以「成績處理系統」為例,當兩個資料表之間做一對一的關聯時,表示「學生資料表」中的每一筆紀錄,只能對應到「成績資料表」的一筆紀錄;而且「成績資料表」的每一筆紀錄,也只能對應到「學生資料表」的一筆紀錄,這就是所謂的一對一關聯。

通常是基於安全上的考量（資料保密因素），將某一部分的欄位分割到另一個資料表中。

一對一關聯架構圖

在圖2-32中，「學生資料表」與「成績資料表」是一對一的關係。因此，「學生資料表」的主鍵必須對應「成績資料表」的主鍵，才能設定為1:1的關聯圖。

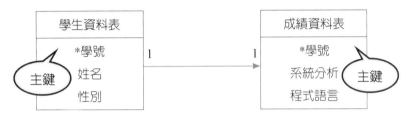

❖圖2-32　一對一關聯架構圖

在圖2-32「一對一關聯架構圖」中有兩個資料表，實際上，我們也可以將這兩個資料表「合併」成一個資料表，其合併結果如圖2-33「一對一關聯合併架構圖」所示。

❖圖2-33　一對一關聯合併架構圖

範例 ▶▶　欲將「學生資料表」與「成績資料表」這兩個資料表合併成一個資料表時，必須要先完成以下兩個條件，否則就無法進行「合併」：

1. 先檢查「學生資料表」中「學號」欄位值是否與「成績資料表」中「學號」欄位值完全相同。

2. 再建立「1:1的資料庫關聯圖」，如圖2-34所示。

一對一

學生資料表			
學號	姓名	性別
#1	S0001	張三	男
#2	S0002	李四	男
#3	S0003	王五	女
#4	S0004	李安	女

成績資料表			
學號	系統分析	程式語言
S0001	85	78
S0002	78	52
S0003	86	86
S0004	95	100

合併

	學號	姓名	性別	系統分析	程式語言
#1	S0001	張三	男	85	78
#2	S0002	李四	男	78	52
#3	S0003	王五	女	86	86
#4	S0004	李安	女	95	100

❖圖2-34　一對一關聯合併實例圖

【利用SQL Server 2008建立一對一資料庫關聯圖】

資料庫名稱：ch2_hwDB.mdf

步驟1▶▶ 在「ch2_hwDB」資料庫中的「資料庫圖表」上按下「右鍵」之後，再點選「新增資料庫圖表」，如圖2-35所示。

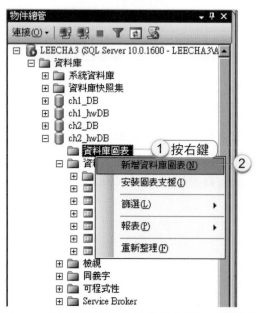

❖圖2-35　在SQL Server 2008的資料庫物件總管中選擇「新增資料庫圖表」功能

步驟2▶▶ 在「加入資料表」對話方塊中，滑鼠先移到「成績表」上，按住「Ctrl」鍵，再點選「學生表」之後，再按「加入」鈕，最後再按「關閉」鈕即可。

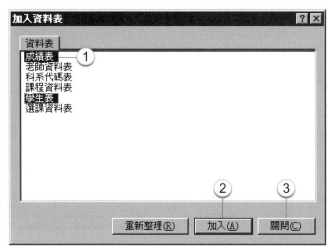

❖圖2-36　操作加入資料表對話方塊

步驟3▶▶ 顯示兩個資料表準備做關聯圖。在每一個資料表中都有一個「主鍵」（左邊有一支黃色鑰匙），也就是具有唯一性的欄位。

❖圖2-37　製作資料庫關聯圖

步驟4▶▶ 在圖2-37中，請將滑鼠移到「學生表」內的「學號」欄位上，按住滑鼠左鍵，拖曳到「成績表」內的「學號」欄位上，此時便會出現一個「+」號的方塊，放掉滑鼠左鍵，此時，馬上出現一個「資料表和資料行」之編輯關聯對話方塊。

> **注意** 如果先從「學生表」的「學號」拖曳時，則「學生表」內的紀錄可以先輸入；但是，如果先從「成績表」的「學號」拖曳時，則「成績表」內的紀錄先輸入。亦即先拖曳的資料表稱為「主表」，而另一個資料表稱為「副表」，兩者間具有主從關係。

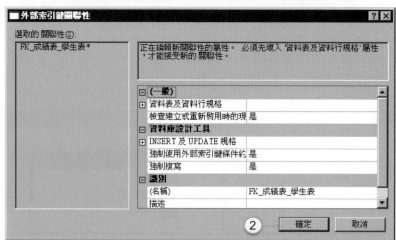

❖圖2-38 操作編輯關聯對話方塊

在按「確定」鈕之後，即可建立「學生表」與「成績表」的資料庫關聯圖
了。如圖2-39所示。

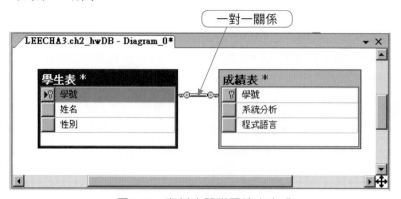

❖圖2-39 資料庫關聯圖建立完成

步驟5▶▶ 儲存資料庫關聯圖名稱。

在建立完成資料庫關聯圖之後,再按工具列上的「儲存」鈕,接著會出現「選擇名稱」的對話方塊,此時,請輸入「學生成績資料庫關聯圖」,然後「確定」鈕,最後再按「是」即可。

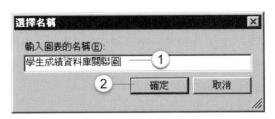

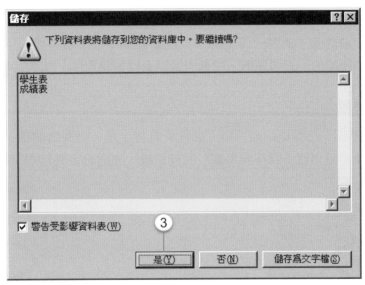

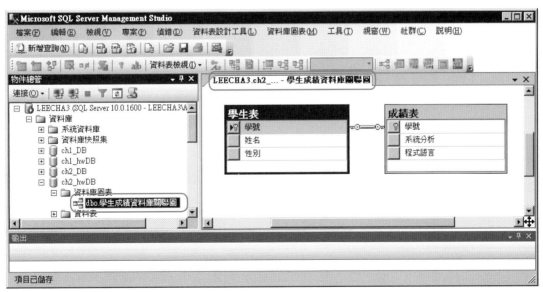

❖圖2-40

> **注意** 在一般的資料庫中,使用「一對一」關聯來設計的人員非常少。因為在二個資料表中,都必須要有一個主鍵,且第一個資料表的每一筆紀錄,都必須一對一的關聯到第二個資料表的紀錄。這種設計方法大大降低資料庫的能力。故筆者不建議使用此種方式。

2-3-2 一對多關聯 (1:M)

定義 ▶▶ 假設現在有甲與乙兩個資料表,在一對多關聯中,甲資料表中的一筆紀錄,可以對應到乙資料表中的多筆紀錄;但是乙資料表中的一筆紀錄,卻只能對應到甲資料表中的一筆紀錄。

範例 ▶▶ 以「數位學習系統」為例,當兩個資料表之間做一對多的關聯時,表示「老師資料表」中的每一筆紀錄,可以對應到「課程資料表」中的多筆紀錄;但「課程資料表」的每一筆紀錄,只能對應到「老師資料表」中的一筆紀錄,這就是所謂的一對多關聯,這種方式是最常被使用的。如圖2-41所示。

一對多的關聯圖

在圖2-41中,「老師資料表」與「課程資料表」是一對多的關係。因此,「老師資料表」的主鍵必須對應「課程資料表」的外來鍵,才能設定為1:M的關聯圖。

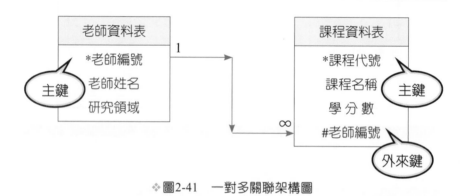

❖圖2-41 一對多關聯架構圖

註:「*」代表該欄位為主鍵,「#」代表該欄位為外來鍵。

一對多的實例

範例 ▶▶ 我們建立兩個資料表，分別為「老師資料表」與「課程資料表」，此時，我們可以了解「老師資料表」中的一筆紀錄（T0001），可以對應到「課程資料表」中的多筆紀錄（C001、C002、C003）；但是「課程資料表」中的一筆紀錄，卻只能對應到「老師資料表」中的一筆紀錄。如圖2-42所示。

資料庫名稱：ch2_hwDB.mdf

老師資料表

	老師編號	老師姓名	研究領域
#1	T0001	張三	數位學習
#2	T0002	李四	資料探勘
#3	T0003	王五	知識管理
#4	T0004	李安	軟體測試

一對多

課程資料表

	課程代號	課程名稱	學分數	老師編號
#1	C001	程式設計	4	T0001
#2	C002	資料庫	4	T0001
#3	C003	資料結構	3	T0001
#4	C004	系統分析	4	T0002
#5	C005	計算機概論	3	T0002
#6	C006	數位學習	3	T0003
#7	C007	知識管理	3	T0004

❖圖2-42 一對多關聯實例圖

【利用SQL Server 2008建立一對多資料庫關聯圖】

💿 資料庫名稱：ch2_hwDB.mdf

步驟1▶▶ 在「ch2_hwDB」資料庫中的「資料庫圖表」上按下「右鍵」，再點選「新增資料庫圖表」，如圖2-43所示。

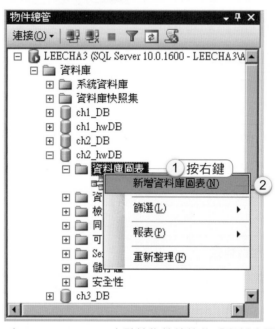

❖圖2-43　在SQL Server 2008中點按物件總管的「資料庫圖表」功能

步驟2▶▶ 在「加入資料表」對話方塊中，滑鼠先移到「老師資料表」上，按住「Ctrl」鍵，再點選「課程資料表」之後，再按「加入」鈕，最後再按「關閉」鈕即可。

❖圖2-44　操作顯示資料表對話方塊

步驟3▶▶ 顯示兩個資料表準備做關聯圖,而在每一個資料表中都有一個「主鍵」(左邊有一支黃色鑰匙),也就是具有唯一性的欄位。

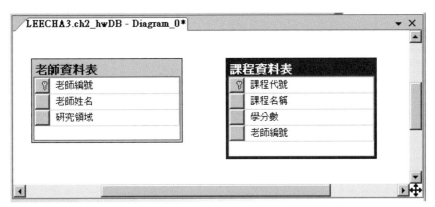

❖圖2-45 製作資料庫關聯圖

步驟4▶▶ 在圖2-46中,請將滑鼠移到「老師資料表」中的主鍵「老師編號」欄位上,按住滑鼠左鍵拖曳到「課程資料表」中的外來鍵「老師編號」欄位上,此時便會出現一個「+」號的方塊,放掉滑鼠左鍵,此時,馬上出現一個「資料表和資料行」之編輯關聯對話方塊。

❖圖2-46

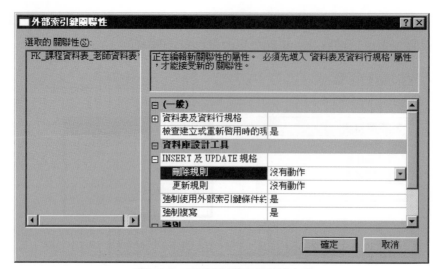

❖圖2-47　操作編輯關聯對話方塊

在按「確定」鈕之後,即可建立「老師資料表」與「課程資料表」的資料庫
關聯圖了。如圖2-48所示。

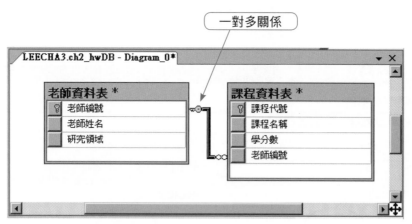

❖圖2-48　一對多資料庫關聯圖

步驟5▶▶ 儲存資料庫關聯圖名稱。

在建立完成資料庫關聯圖之後,再按工具列上的「儲存」鈕,會出現「選擇
名稱」的對話方塊,此時,請輸入「老師課程資料庫關聯圖」,再按「確
定」鈕即可。

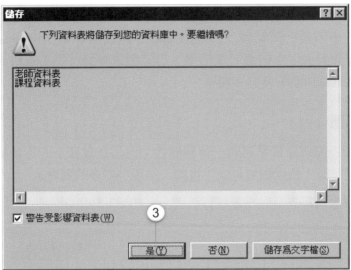

❖圖2-49

2-3-3　多對多關聯（M：N）

定義 ▶▶ 　假設現在有甲與乙兩個資料表，在多對多關聯中，甲資料表中的一筆紀錄，能夠對應到乙資料表中的多筆紀錄；並且乙資料表中的一筆紀錄，也能夠對應到甲資料表中的多筆紀錄。

範例 ▶▶▶ 　以「選課系統」為例，當兩個資料表之間做多對多的關聯時，表示「學生資料表」中的每一筆紀錄，可以對應到「課程資料表」中的多筆紀錄；並且「課程資料表」中的每一筆紀錄，也能夠對應到「學生資料表」中的多筆紀錄，這就是所謂的多對多關聯。

多對多的關聯圖

　　雖然，一對多關聯是最常見的一種關聯性；但是在實務上，「多對多關聯」的情況也不少。也就是說，由兩個資料表（實體）呈現多對多的關聯。

　　例如：「學生資料表」與「課程資料表」。如圖2-50所示。

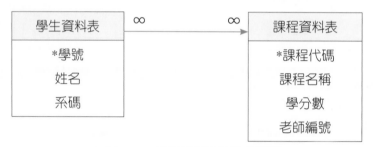

❖ 圖2-50　多對多關聯理論架構圖

　　在圖2-50中，每一位學生可以選修多門課程，並且每一門課程也可以被多位學生來選修。

兩個資料表多對多關聯之問題

　　在實務上，多對多關聯如果只有兩個資料表來建置，<u>難度較高</u>，並且<u>容易出問題</u>。

解決方法 ▶▶

　　利用「三個資料表」來建置「多對多關聯」，也就是說，在原來的兩個資料表之間再加入一個「聯合資料表（Junction Table）」，使它們可以順利處理多對多的關聯。其中，聯合資料表（Junction Table）中的主索引鍵（複合主鍵）是由資料表A（學生資料表）和資料表B（課程資料表）兩者的主鍵所組成。

例如 ▶▶ 在「學生資料表」與「課程資料表」之間再加入第三個資料表——「選課資料表」，如圖2-51所示。

聯合資料表

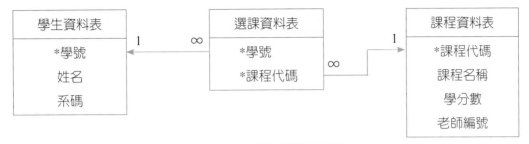

❖圖2-51 多對多關聯架構圖

說明 ▶▶
1. 「學生資料表」與「選課資料表」的關係是以一對多。

2. 「課程資料表」與「選課資料表」的關係是以一對多。

3. 藉由「選課資料表」的使用，使「學生資料表」與「課程資料表」關係變成多對多的關聯式，亦即每一位學生可以選修一門以上的課程。並且，每一門課程也可以被多位同學選修。

4. 以資料表（Table）之方式組成關聯，將這些關聯組合起來，即形成一個關聯式資料庫。

多對多的實例

範例 ▶▶ 我們建立三個資料表，分別為「學生資料表」、「選課資料表」及「課程資料表」。此時，我們可以了解「學生資料表」中的一筆紀錄（S0001）可以對應到「選課資料表」中的多筆紀錄（#1、#4、#5；亦即選了C001、C002、C003三門課程）；並且，「課程資料表」中的一筆紀錄（C002），也能夠對應到「選課資料表」中的多筆紀錄（#3、#4），亦即每一門課程可以被S0001、SC003兩位同學來選。如圖2-52所示。

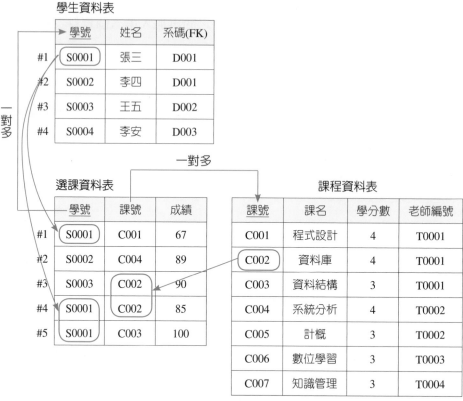

學生資料表

學號	姓名	系碼(FK)
S0001	張三	D001
S0002	李四	D001
S0003	王五	D002
S0004	李安	D003

一對多

選課資料表

學號	課號	成績
S0001	C001	67
S0002	C004	89
S0003	C002	90
S0001	C002	85
S0001	C003	100

一對多

課程資料表

課號	課名	學分數	老師編號
C001	程式設計	4	T0001
C002	資料庫	4	T0001
C003	資料結構	3	T0001
C004	系統分析	4	T0002
C005	計概	3	T0002
C006	數位學習	3	T0003
C007	知識管理	3	T0004

❖圖2-52　多對多關聯實例圖

【利用SQL Server 2008建立多對多資料庫關聯圖】

🔵 資料庫名稱：ch2_hwDB.mdf

步驟1▶▶ 在「ch2_hwDB」資料庫中的「資料庫圖表」上，按下「右鍵」，再點選「新增資料庫圖表」，如圖2-53所示。

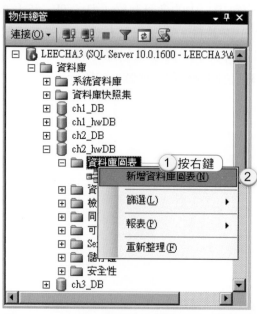

❖圖2-53　在SQL Server 2008中點按物件總管的「資料庫圖表」功能

步驟2▶▶ 在「加入資料表」對話方塊中，滑鼠先移到「課程資料表」上，按住「Ctrl」鍵，再點選「學生資料表」及「選課資料表」之後，再按「加入」鈕，最後再按「關閉」鈕即可。

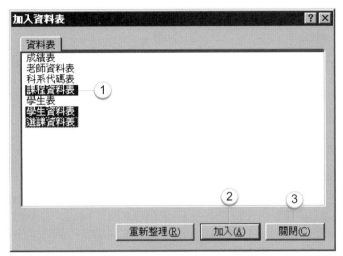

❖圖2-54 操作顯示資料表對話方塊

步驟3▶▶ 顯示三個資料表準備做關聯圖，而「學生資料表」、「選課資料表」及「課程資料表」都有一個「主鍵」欄位。其中，「選課資料表」是「複合主鍵」，亦即是由學生資料表和課程資料表兩者的主鍵所組成。

❖圖2-55 製作資料庫關聯圖

步驟4▶▶ 在圖2-55中，請將滑鼠移到「學生資料表」內的「學號」欄位上，按住滑鼠左鍵拖曳到「選課資料表」內的「學號」欄位上，此時便會出現一個「+」號的方塊，放掉滑鼠左鍵，此時，馬上出現一個「資料表和資料行」之編輯關聯對話方塊。

1. 「編輯關聯」對話方塊<1>（針對學生資料表的學號與選課資料表的學號）。

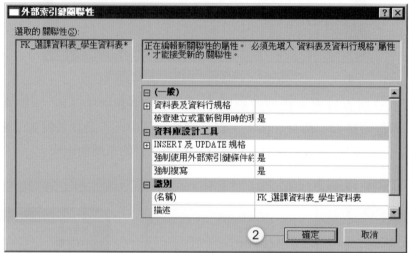

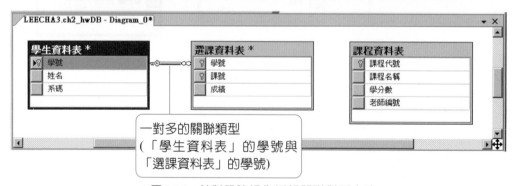

❖ 圖2-56 針對學號操作編輯關聯對話方塊

再將滑鼠移到「課程資料表」內的「課程代號」欄位上，按住滑鼠左鍵，拖曳到「選課資料表」內的「課號」欄位上，此時便會出現一個「＋」號的方塊。放掉滑鼠左鍵，此時，馬上出現一個「資料表和資料行」之編輯關聯對話方塊。

2. 「編輯關聯」對話方塊<2>（針對課程資料表的課號與選課資料表的課號）。

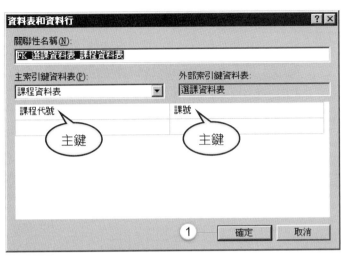

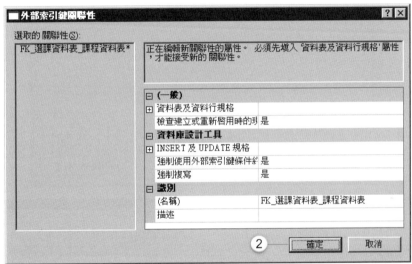

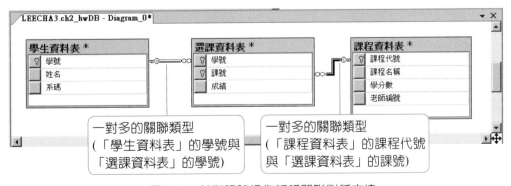

❖圖2-57　針對課號操作編輯關聯對話方塊

說明：在圖2-57的「資料庫關聯圖」中，「黃色鑰匙」代表「主鍵」那一方；而「∞」代表「外鍵」那一方。

步驟5▶▶ 儲存資料庫關聯圖名稱。

在建立完成資料庫關聯圖之後，再按工具列上的「儲存」鈕，會出現「選擇名稱」對話方塊，此時，請輸入「學生選課資料庫關聯圖」後，再按「確定」鈕即可。

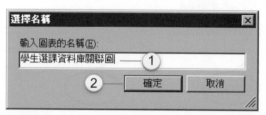

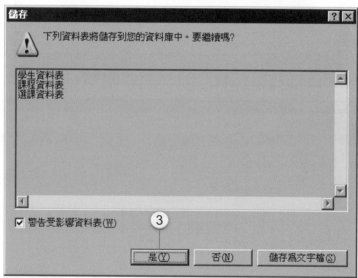

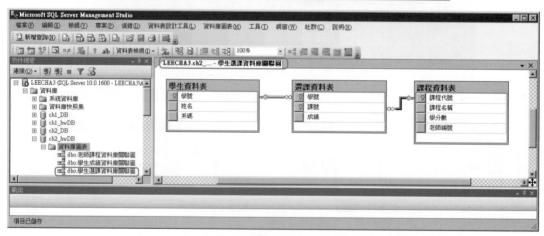

❖ 圖2-58

2-4
關聯式資料完整性規則 ●●●●

完整性規則（Integrity Rules）是用來確保資料的一致性與完整性，以避免資料在經過新增、修改及刪除等運算之後，產生異常現象。亦即避免使用者將錯誤或不合法的資料值存入資料庫中。如圖2-59所示。

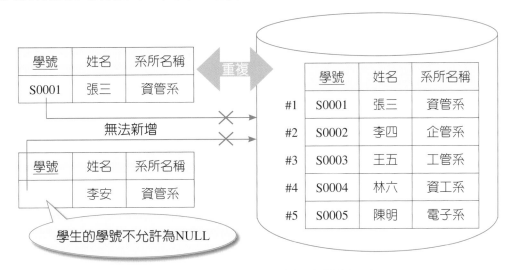

❖圖2-59　DBMS檢查資料的完整性規則

三種完整性規則

關聯式資料模式的「完整性規則」有下列三種：如圖2-60所示。

1. 實體完整性規則（Entity Integrity Rule）
2. 參考完整性規則（Referential Integrity Rule）
3. 值域完整性規則（Domain Integrity Rule）

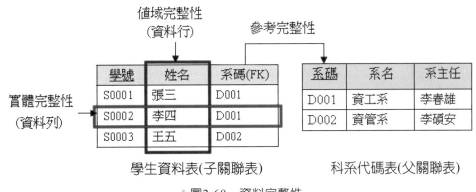

❖圖2-60　資料完整性

註：在關聯式資料庫中，任兩個資料表要進行關聯（參考）時，必須透過「主鍵」對應「外來鍵」才能建立。其中，「主鍵」值的所在資料表稱為「父關聯表」；而「外來鍵」值的所在資料表稱為「子關聯表」。

一、實體完整性規則（Entity Integrity Rule）

指在單一資料表中，主索引鍵必須要具有唯一性，並且也不可以為空值（NULL）。

例如：學生資料表中的學號，不可以重複，也不可以為空值，即符合實體完整性規則。

二、參考完整性規則（Referential Integrity Rule）

指在兩個資料表中，「子關聯表」的外來鍵（FK）資料欄位值，一定要存在於「父關聯表」的主鍵（PK）中的資料欄位值。

例如：學生資料表（子關聯表）的外來鍵（FK）一定要存在於科系代碼表（父關聯表）的主鍵（PK）中。

三、值域完整性規則（Domain Integrity Rule）

指在單一資料表中，同一資料行中的資料屬性必須要相同。

例如 ▸▸

1. 學生資料表中的「系碼」僅能存放文字型態的資料，並且一定只有四個字元，不可以超過四個字元，或使用日期格式等其他型態。

2. 學生成績資料表中的「成績」資料行僅能存放數值型態的資料，不可以有文字或日期等格式。

綜合上述，為了確保資料的完整性、一致性及正確性，基本上，使用者在異動（即新增、修改及刪除）資料時，都會先檢查使用者的「異動操作」是否符合資料庫管理師（DBA）所設定的「限制條件」，如果違反限制條件時，則無法進行異動（亦即異動失敗）；否則，就可以對資料庫中的資料表進行各種異動處理。如圖2-61所示。

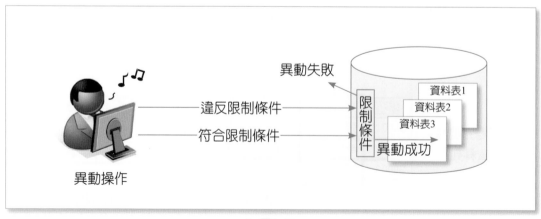

❖ 圖2-61

在圖2-61中，所謂的「限制條件」是指資料庫管理師(DBA)在定義資料庫的資料表結構時，可以設定主鍵（Primary Key）、外鍵（Foreign Key）、唯一鍵（Unique Key）、條件約束檢查（Check）及不能空值（Not Null）等五種不同的限制條件。

完整性的綜合分析

💿 資料庫名稱：ch2_DB.mdf

我們已經學會一對一、一對多及多對多的資料庫關聯圖了。但是，你是否有注意到：當我們拖曳「外鍵」來參考「主鍵」時，除了自動彈出一個「資料表和資料行」之編輯關聯對話方塊之外，在按下「確定」鈕之後，也會隨即自動再彈出「外部索引鍵關聯性」對話方塊，如圖2-62所示。

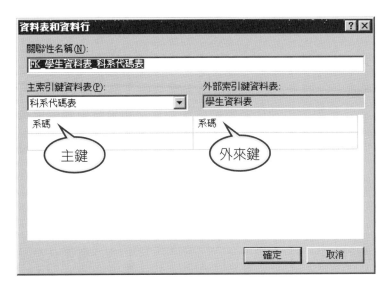

❖圖2-62

在圖2-63中的「外部索引鍵關聯性」對話方塊，主要是用來檢查「參考完整性規則」，也就是在兩個資料表中，「子關聯表」的外來鍵（FK）的資料欄位值，一定要是存在於「父關聯表」的主鍵（PK）中的資料欄位值；否則，會出現錯誤訊息。

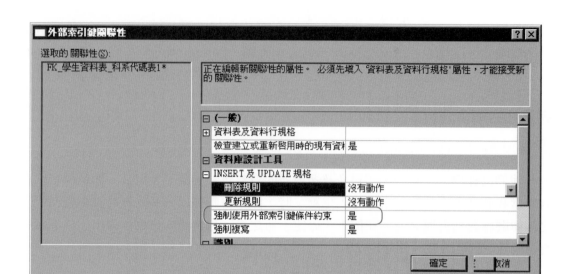

❖圖2-63

以圖2-62的「學生資料表」與「科系代碼表」為例：

「科系代碼表」內的「系碼」欄位為主鍵；而「學生資料表」內的「系碼」為外來鍵。因此，「強制使用外部索引鍵條件約束」如果使用預設值為「是」時，則DBMS會限制使用者輸入資料是否有違反「參考完整性」。否則，表示DBMS允許資料被變更。

何謂「參考完整性」？是指用來確保相關資料表間的資料一致性，避免因一個資料表的紀錄改變時，造成另一個資料表的內容變成無效的值。如圖2-64所示。

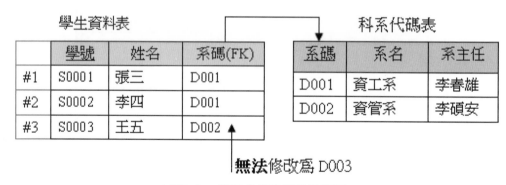

❖圖2-64　強迫參考完整性示意圖

2-4-1　實體完整性規則（Entity Integrity Rule）—針對主鍵

定義▶▶　每一個關聯表中的值組都必須是可以識別的。因此，主鍵必須要具有唯一性，並且主鍵不可重複或為空值（NULL）。否則，就無法唯一識別某一紀錄（值組）。

特性 ▶▶ 1. 實體必須是可區別的（Distinguishable）。

2. 主鍵值未知，代表是一個不確定的實體，不能存放在資料關聯表中。
   如圖2-65所示。

	學號	姓名	系所名稱
#1	S0001	張三	資管系
#2	S0002	李四	企管系
#3	S0003	王五	工管系
#4	S0004	林六	資工系
#5	NULL		

無法新增

#5	NULL	陳生	會計系

❖ 圖2-65　主鍵值未知不能放在資料關聯表中

3. 實體完整性規則只適用於基本關聯（Base Relation），不考慮檢視表（View）。

   (1) 基本關聯（Base Relation）

   真正存放資料的具名關聯，是透過SQL的Create Table敘述來建立。
   基本關聯對應於ANSI/SPARC的「概念層」。

   (2) 檢視表（View）

   是一種具名的衍生關聯、虛擬關聯，定義在某些基本關聯上，本身不含任何資料。檢視表對應於ANSI/SPARC的「外部層」。

4. 在建立資料表時，可以設定某欄位為主鍵，以確保實體唯一性和完整性。

5. 複合主鍵（學號與課號）中的任何屬性值皆不可以是空值（Null）。如圖2-66所示。

	學號	課號	成績
#1	S0001	C001	76
#2	S0002	C002	56
#3	NULL	C003	86
#4	S0004	NULL	70
#5	NULL	NULL	77

無法新增

❖ 圖2-66　複合主鍵的屬性值不得為空值

說明：主鍵是由多個欄位連結而成的組合鍵，因此，每一個欄位值都不可為空值（Null）。

【利用SQL Server 2008實作】

🔘 資料庫名稱：ch2_DB.mdf

步驟1▶▶ 將「選課資料表」中的「學號」與「課號」設定為複合主鍵。
如圖2-67所示：

LEECHA3.ch2_DB - dbo.選課資料表		
資料行名稱	資料類型	允許 Null
⍰️ 學號	nvarchar(5)	☐
⍰ 課號	nvarchar(5)	☐
成績	int	☑
		☐

❖圖2-67　將學號與課號設定為複合主鍵

步驟2▶▶ 學號S0004同學尚未選課，故無法新增到「選課資料表」中。

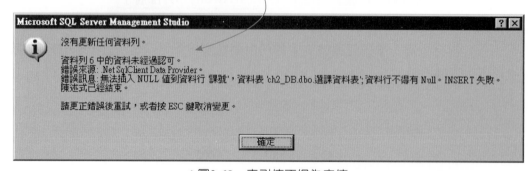

❖圖2-68　索引值不得為空值

2-4-2 參考完整性規則（Referential Integrity Rule）—針對外來鍵

💿 資料庫名稱：ch2_DB.mdf

在完成資料庫及資料表的建立之後，如果沒有把它們整合起來，則「學生資料表」中的外來鍵（系碼）就無法與「科系代碼表」的主鍵（系碼）進行關聯了，這將會導致資料庫不一致的問題。也就是違反了資料庫之「參考完整性規則」。

定義 ▶▶ 是指用來確保兩個資料表之間的資料一致性，避免因一個資料表的紀錄改變時，造成另一個資料表的內容變成無效的值。因此，子關聯表的外來鍵（FK）資料欄位值，一定要是存在於父關聯表的主鍵（PK）中的資料欄位值。

範例 ▶▶ 學生資料表（子關聯表）的系碼（外來鍵；FK）一定要存在於科系代碼表（父關聯表）的系碼（主鍵；PK）中。如圖2-69所示。

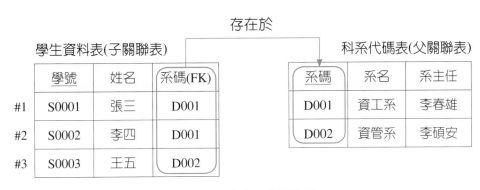

❖ 圖2-69 參考完整性範例

範例 ▶▶ 「強制使用外部索引鍵條件約束」使用預設值為「是」的情況

假設現在有二個資料表，分別為「學生資料表」與「科系代碼表」，其中有一位「五福」同學欲從資工系（D001）轉為資管系（D002），並且，在轉系的過程中，學校的校務行政系統中的「學生資料表」與「科系代碼」之間有建立「強制使用外部索引鍵條件約束」，如圖2-70所示。

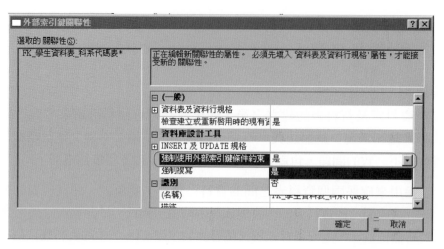

❖ 圖2-70 「強制使用外部索引鍵條件約束」選擇是

因此，行政人員假設在填入「系碼」欄位時，誤填為「D003」，DBMS就可以檢查出來。此時，系碼「D003」就無法修改，因此，<u>不會產生資料不一致現象</u>。

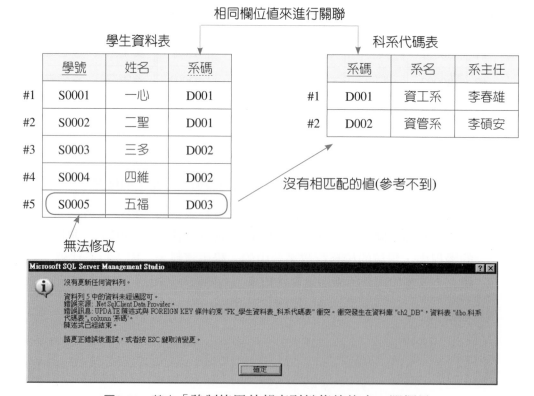

❖ 圖2-71 若未「強制使用外部索引鍵條件約束」選擇是

範例▸▸　「強制使用外部索引鍵條件約束」設定為「否」的情況

假設現有二個資料表，分別為「學生資料表」與「科系代碼表」，其中有一位「五福」同學欲從資工系(D001)轉為資管系(D002)，但是，在轉系的過程中，學校的校務行政系統中的「學生資料表」與「科系代碼表」之間尚未建立「強制使用外部索引鍵條件約束」，如圖2-72所示。

資料庫名稱：ch2_DB.mdf

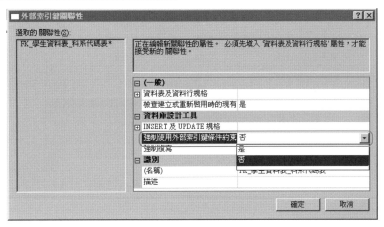

❖圖2-72

因此，行政人員假設在填入「系碼」欄位時，誤填為「D003」，DBMS就無法檢查出來。此時，將會使得系碼「D003」內容變成無效的值，以致於產生資料不一致現象。

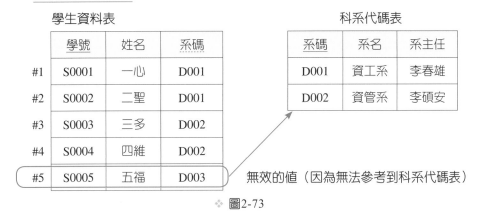

學生資料表

	學號	姓名	系碼
#1	S0001	一心	D001
#2	S0002	二聖	D001
#3	S0003	三多	D002
#4	S0004	四維	D002
#5	S0005	五福	D003

科系代碼表

系碼	系名	系主任
D001	資工系	李春雄
D002	資管系	李碩安

無效的值（因為無法參考到科系代碼表）

❖ 圖2-73

參考完整性規則的特性

1. 至少要有兩個或兩個以上的資料表才能執行「參考完整性規則」。

2. 由父關聯表的「主鍵」與子關聯表的「外來鍵」的關係來建立兩資料表間資料的關聯性。

3. 建立「參考完整性」之後，就可以即時有效檢查使用者的輸入值，以避免無效的值發生。

【利用SQL Server 2008實作】

💿 資料庫名稱：ch2_DB.mdf

步驟1▶▶ 建立「學生資料表」與「科系代碼表」。

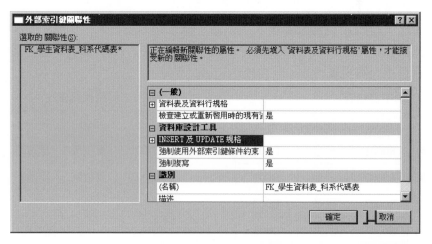

❖圖2-74 建立資料表

步驟2▶▶ 建立資料庫關聯圖。

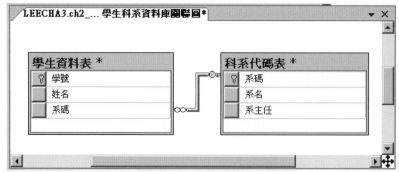

❖圖2-75 建立資料庫關聯圖

步驟3▶▶ 將「學生資料表」中的五福同學的系碼改為「D003」，如圖2-76所示。

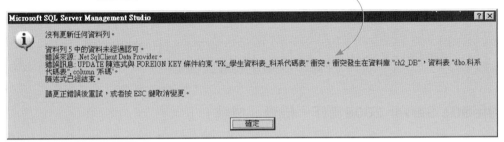

❖ 圖2-76　修改五福同學的系碼時，系統會提醒您發生資料不一致現象

2-4-3　值域完整性規則（Domain Integrity Rule）

定義▶▶ 是指在「單一資料表」中，所有屬性（Attributes）的內含值，必須來自值域（Domain）的合法值群中。亦即是指在「單一資料表」中，同一資料行中的資料屬性（欄位型態）必須要相同。

範例▶▶ 「性別」屬性的內含值，必須是「男生」或「女生」，而不能超出定義域（Domain）的合法值群。

特性▶▶ 1. 作用在「單一資料表」中。

2. 「同一資料行」中的「資料屬性」必須要「相同」。

3. 建立資料表可以「設定條件」來檢查值域是否為合法值群。

範例1▶▶ 「學生資料表」中的「系碼」僅能存放文字型態的資料，並且一定只有四個字元，不可以超過四個字元，或使用「日期格式」等其他型態。

範例2▶▶ 「學生成績資料表」中的「成績」資料行僅能存放「數值型態」的資料，不可以有文字或日期等型態。

範例3▶▶ 當要新增學生的成績時，其「成績」的屬性內含值，必須要自定義域，其範圍為0~100分，如果成績超出範圍，則無法新增。如圖2-77所示。

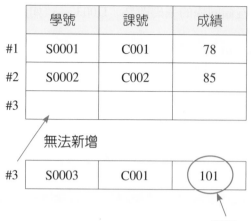

	學號	課號	成績
#1	S0001	C001	78
#2	S0002	C002	85
#3			

無法新增

#3	S0003	C001	101

原因：超出合法的範圍。

❖圖2-77　值域完整性示意圖

【利用SQL Server 2008實作─檢查「成績」】

🔘 資料庫名稱：ch2_DB.mdf

步驟1▶▶ 選擇欲修改的欄位名稱─「成績」欄位。

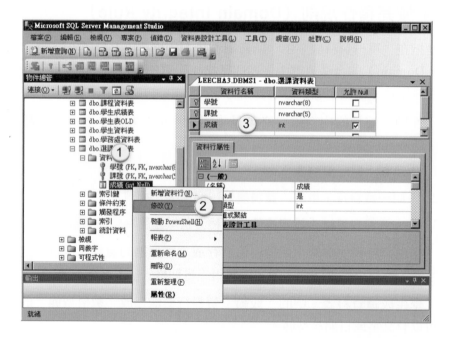

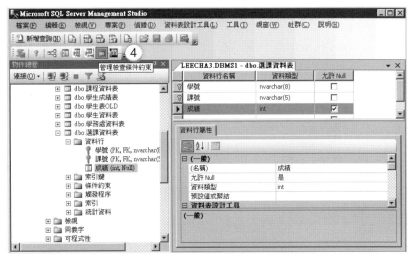

❖圖2-78　建立資料表並設定驗證規則

步驟2▶▶ 填入「條件約束」之「運算式」及「描述」。

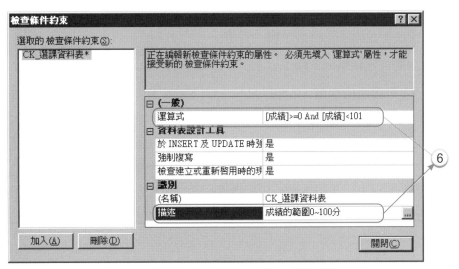

❖圖2-79　當輸入值超過設定條件，跳出警告訊息

【利用SQL Server 2008實作—檢查「性別」】

資料庫名稱：h2_hwDB.mdf

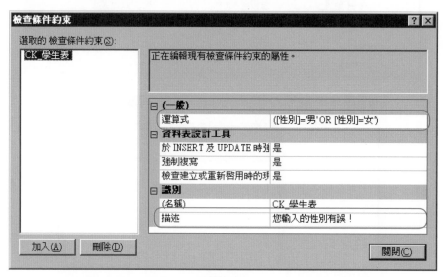

❖圖2-80

2-4-4 空值（Null Value）

定義▶▶　1. 空值是一種特殊記號，用以記錄目前不詳的資料值。

2. 空值不是指「空白格」或「零值」。

3. 空值可分為以下三種：

(1) 可應用的空值（Applicable Null Value）：一般指目前不知道的值，但此值確實存在。例如：張三已婚，但其配偶欄的姓名尚未填入。

(2) 不可應用的空值（Inapplicable Null Value）：目前完全沒有存在這個值。例如：張三未婚，其配偶欄的值為空值。

(3) 完全未知的空值（Totally Unknown）：完全不知道這個值是否存在。例如：陌生人張三<不知已婚或未婚>，其配偶欄的值。

❖圖2-81

2-4-5 非空值（Not Null）

定義▶▶ 資料行必須有正確的資料值，不可為空值。

範例▶▶ 在「學生資料表」中的「學號」和「姓名」兩個欄位值必須確定，不可為空值。因此，在建立資料表時就必須宣告為NOT NULL。

資料庫名稱：ch2_DB.mdf

❖圖2-82 非空值資料行必須有正確的值，不能為空值

2-4-6 外來鍵使用法則

在「關聯式資料庫」中，若進行刪除（Delete）或更新（Update）運算時，發現違反「參考完整性規則」，則常見有以下四種策略：

刪除（Delete）運算時的四種策略

1. 沒有動作（No Action），又稱為限制作法（Restricted）－預設作法

2. 重疊顯示：又稱為連帶作法（Cascades）－表示自動刪除

3. 設定Null：又稱為空值化（Set Null）

4. 設定為預設值

更新（Update）運算時的四種策略

1. 沒有動作（No Action），又稱為限制作法（Restricted）－預設作法

2. 重疊顯示：又稱為連帶作法（Cascades）－表示自動更改

3. 設定Null：又稱為空值化（Set Null）

4. 設定為預設值

一、刪除（Delete）運算

1. 沒有動作（No Action），又稱為限制作法（Restricted）

定義▶▶ 在刪除「父關聯表」的一個紀錄時，如果該紀錄的主鍵，沒有被「子關聯表」的外鍵參考時，則允許被刪除；反之，則不允許。亦即被參考的紀錄拒絕被刪除。

範例▶▶ 當刪除「科系代碼表」的第三筆紀錄（D003，軟工系，葉主任），是可以的（因為沒有被參考到）；但是欲刪除第1、2筆時，不允許（因為有被參考到）。

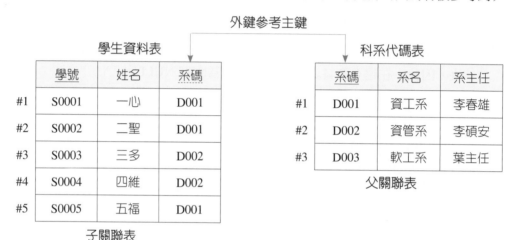

❖圖2-83　刪除運算──限制作法

作法▶▶ 在建立資料庫關聯圖時，必須要同時勾選以下的選項，才會具有此功能。

💿 資料庫名稱：ch2_DB.mdf

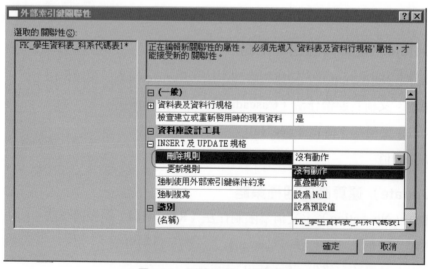

❖圖2-84　刪除運算—限制作法

注意 此種規則為預設作法，亦即「被參考的紀錄是拒絕被刪除」！

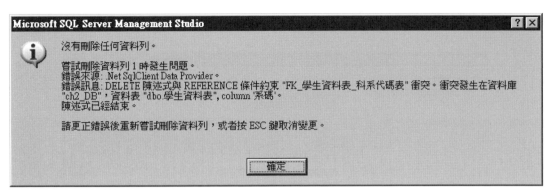

❖圖2-85

2. 重疊顯示：又稱為連帶作法（Cascades）

定義▸▸ 在刪除「父關聯表」的一個紀錄時，也會同時刪除「子關聯表」中擁有相同外來鍵值紀錄。

🔘 資料庫名稱：ch2_DB.mdf

範例▸▸ 在圖2-86中，欲刪除「科系代碼表」中的第一筆紀錄（D001，資工系，李春雄）時，也必須同時刪除「學生資料表」中的第1、2、5筆紀錄。

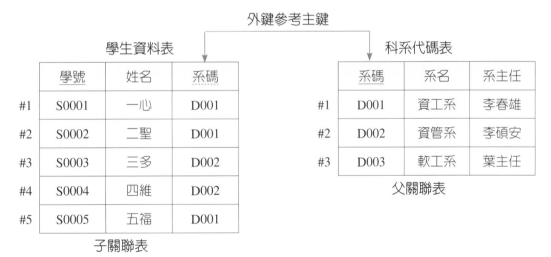

❖圖2-86　刪除運算──作法

作法▶▶　在建立資料庫關聯圖時，必須選取「重疊顯示」。如圖2-87所示。

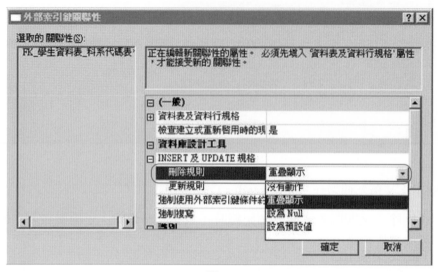

❖圖2-87

注意　如果沒有「選取」時，則是「沒有動作」！

例如：在圖2-86中，欲刪除「科系代碼表」中的第二筆紀錄（D002，資管系，李碩安），也必須同時刪除「學生資料表」中的第三筆與第四筆紀錄。

【利用SQL Server 2008實作】

資料庫名稱：ch2_DB.mdf

步驟1▶▶　建立「學生資料表」與「科系代碼表」。

LEECHA3.ch2_DB - dbo.學生資料表

	學號	姓名	系碼
	S0001	一心	D001
	S0002	二聖	D001
	S0003	三多	D002
	S0004	四維	D002
	S0005	五福	D001

LEECHA3.ch2_DB - dbo.科系代碼表

	系碼	系名	系主任
	D001	資工系	李春雄
	D002	資管系	李碩安
	D003	軟工系	葉主任

❖圖2-88　建立資料表

步驟2▶▶ 建立資料庫關聯圖。

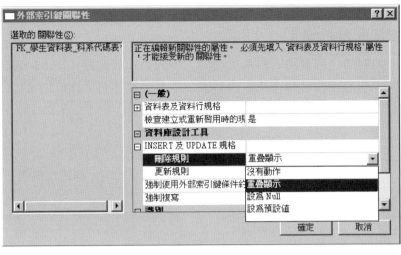

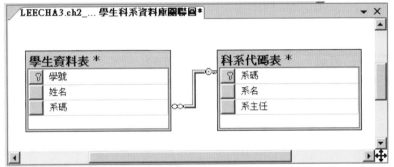

❖圖2-89　當輸入值超過設定條件，跳出警告訊息

步驟3▶▶ 刪除「科系代碼表」中的第二筆紀錄（D002，資管系，李碩安），並檢查
「學生資料表」中的第3，4筆紀錄是否一併被刪除。

❖圖2-90

3. 設定Null。

定義▶▶　在刪除「父關聯表」的一個紀錄時，也會同時將「子關聯表」中擁有的相同外來鍵值予以空值化。

範例▶▶　在圖2-91中，欲刪除「科系代碼表」中的第二筆紀錄（D002，資管系，李碩安），也必須同時將「學生資料表」中系碼屬性有「D002」的第3、4筆的值空值化。

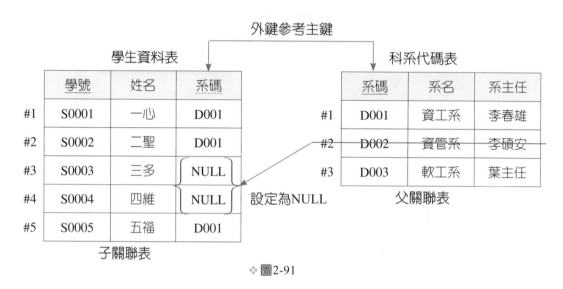

❖圖2-91

作法▶▶　在建立資料庫關聯圖時，必須選取「設為Null」。如圖2-92所示。

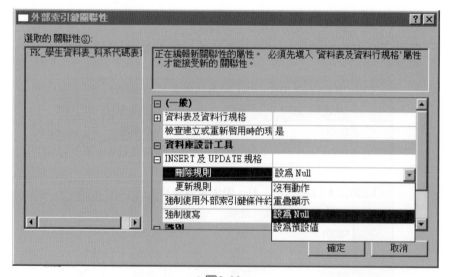

❖圖2-92

【利用SQL Server 2008實作】

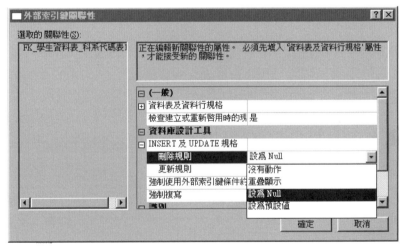 資料庫名稱：ch2_DB.mdf

步驟1►► 建立「學生資料表」與「科系代碼表」。

LEECHA3.ch2_DB - dbo.學生資料表		
學號	姓名	系碼
S0001	一心	D001
S0002	二聖	D001
S0003	三多	D002
S0004	四維	D002
S0005	五福	D001

LEECHA3.ch2_DB - dbo.科系代碼表		
系碼	系名	系主任
D001	資工系	李春雄
D002	資管系	李碩安
D003	軟工系	葉主任

❖圖2-93　建立資料表

步驟2►► 建立資料庫關聯圖。

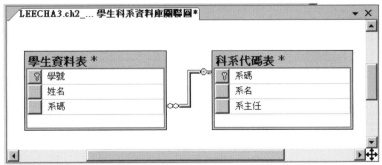

❖圖2-94

步驟3▶▶ 刪除「科系代碼表」中的第二筆紀錄（D002，資管系，李碩安），並檢查「學生資料表」中的第3，4筆紀錄是否已同時被設定為「空值（Null）」。

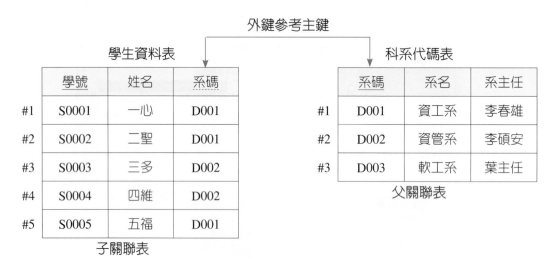

❖圖2-95

4. 設定為預設值。

定義▶▶　在刪除「父關聯表」的一個紀錄時，也會同時將「子關聯表」中擁有相同外來鍵的值設定為預設值。

範例▶▶　在圖2-96中，欲刪除「科系代碼表」中的第二筆紀錄（D002，資管系，李碩安），也必須同時將「學生資料表」中系碼屬性有「D002」的第3、4筆的值設定為預設值。假設預設值為「D003」。

外鍵參考主鍵

學生資料表

	學號	姓名	系碼
#1	S0001	一心	D001
#2	S0002	二聖	D001
#3	S0003	三多	D002
#4	S0004	四維	D002
#5	S0005	五福	D001

子關聯表

科系代碼表

	系碼	系名	系主任
#1	D001	資工系	李春雄
#2	D002	資管系	李碩安
#3	D003	軟工系	葉主任

父關聯表

❖圖2-96　更新運算─限制作法

【利用SQL Server 2008實作】

步驟1▶▶ 在「系碼」的屬性中，設定「預設值或繫結」，如圖2-97所示。

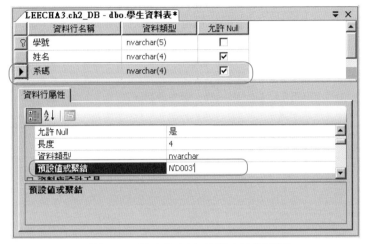

❖圖2-97 建立資料表並設定驗證規則

注意 假設預設值為「D003」，當輸入「D003」，系統自動轉成「N'D003'」。

步驟2▶▶ 在建立資料庫關聯圖時，必須選取「設為預設值」。如圖2-92所示。

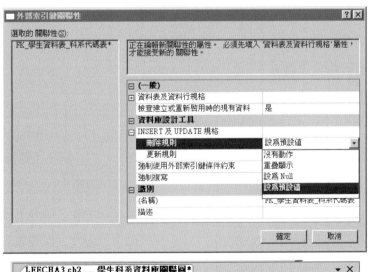

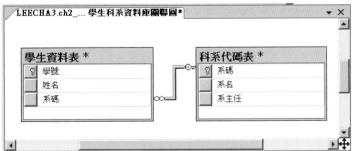

❖圖2-98

步驟3▶▶ 刪除「科系代碼表」中的第二筆紀錄（D002，資管系，李碩安），並檢查「學生資料表」中的第3，4筆紀錄同時被設定為「D003」。

❖圖2-99

二、更新（Update）運算

1. 沒有動作（No Action），又稱為限制作法（Restricted）

定義▶▶ 在更新「父關聯表」的一個紀錄時，如果該紀錄的主鍵沒有被「子關聯表」的外鍵參考時，則允許被更新；反之，則不允許。亦即被參考的紀錄是拒絕被更新的。

範例▶▶ 當更新「科系代碼表」中的D001為A001時，不允許；當更新「系別資料表」中D003為A003時，允許。

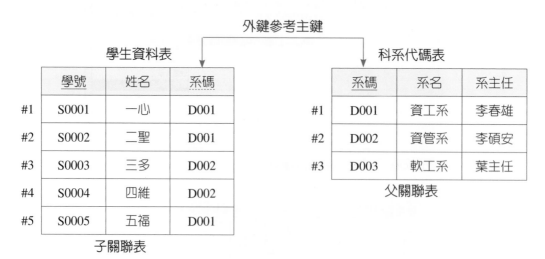

❖圖2-100 更新運算─限制作法

【利用SQL Server 2008實作】

資料庫名稱：ch2_DB.mdf

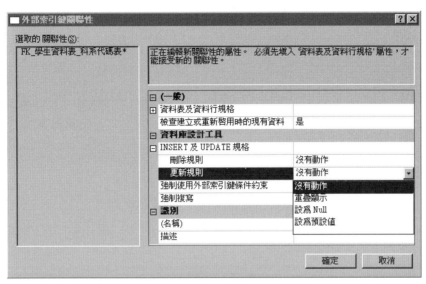

❖圖2-101

注意 此種規則為預設作法，亦即「被參考的紀錄是拒絕被更新的」！

❖圖2-102

2. 重疊顯示，又稱為連帶作法（Cascades）

定義▶▶ 在更新「父關聯表」的一個紀錄時，也會同時更新「子關聯表」中擁有相同外來鍵值紀錄。

範例▶▶ 在圖2-103中，欲更新「科系代碼表」中的「D001」為「A001」，也必須同時將「學生資料表」中的第1、2、5三筆紀錄的「D001」修改為「A001」。

外鍵參考主鍵

學生資料表

學號	姓名	系碼
#1　S0001	一心	D001
#2　S0002	二聖	D001
#3　S0003	三多	D002
#4　S0004	四維	D002
#5　S0005	五福	D001

子關聯表

科系代碼表

系碼	系名	系主任
#1　D001	資工系	李春雄
#2　D002	資管系	李碩安
#3　D003	軟工系	葉主任

父關聯表

❖圖2-103　重疊顯示－連帶作法

作法▶▶　在建立資料庫關聯圖時，必須選取「重疊顯示」。如下圖所示。

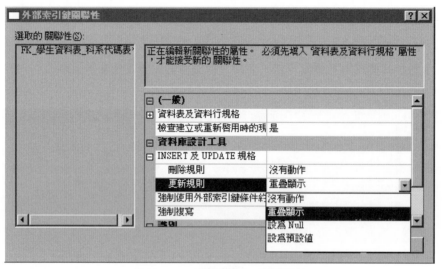

❖圖2-104　重疊顯示－連帶作法

注意　如果沒有「選取」時，則是「沒有動作」！

【利用SQL Server 2008實作】

💿 資料庫名稱：ch2_DB.mdf

步驟1▸▸ 建立「學生資料表」與「科系代碼表」。

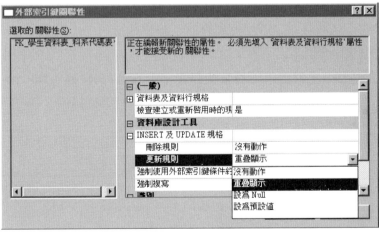

❖圖2-105　建立資料表

步驟2▸▸ 建立資料庫關聯圖。

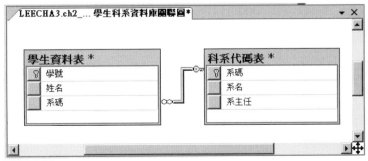

❖圖2-106

步驟3▶▶ 更新「科系代碼表」中的「D001」為「A001」之後，檢查「學生資料表」中
的第1、第2及第5筆紀錄的「D001」是否也修改為「A001」。

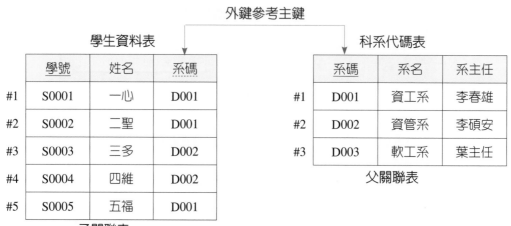

❖圖2-107

實作▶▶ 將「學籍資料表」中的學號由S0004→S0005時，則「學務處資料表」與「教
務處資料表」也會自動修改。

3. 設定空值

定義▶▶ 在更新「父關聯表」的一個紀錄時，也會同時將「子關聯表」中擁有相同外
來鍵值予以空值化。

範例▶▶ 在圖2-108中，欲更新「科系代碼表」中的第2筆紀錄（D002）為「A002」
時，也必須同時將「學生資料表」中的第3、4筆紀錄的「D002」修改為空值
（Null）。

外鍵參考主鍵

學生資料表

	學號	姓名	系碼
#1	S0001	一心	D001
#2	S0002	二聖	D001
#3	S0003	三多	D002
#4	S0004	四維	D002
#5	S0005	五福	D001

子關聯表

科系代碼表

	系碼	系名	系主任
#1	D001	資工系	李春雄
#2	D002	資管系	李碩安
#3	D003	軟工系	葉主任

父關聯表

❖圖2-108　空值化

4. 設定為預設值

定義▸▸ 在更新「父關聯表」的一個紀錄時,也會同時將「子關聯表」中擁有相同外來鍵值設定為預設值。

範例▸▸ 在圖2-109中,欲更新「科系代碼表」中的第2筆紀錄(D002)為「A002」時,也必須同時將「學生資料表」中的第3及第4筆紀錄的「D002」設定為預設值。

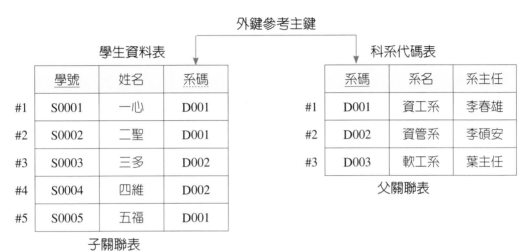

❖圖2-109　設定預設值

基本題

1. 何謂關聯式資料庫？並舉例說明「學生資料表」與「科系代碼表」是如何產生關聯式資料庫。

2. 請找出員工資料表（員工編號，姓名，生日，身分證字號，部門代碼）的候選鍵。

3. 請找出員工資料表（員工編號，姓名，生日，電話，地址，身分證字號，部門代碼）的候選鍵、主鍵及交替鍵。

4. 複合屬性是由兩個以上的屬性所組成。例如：地址屬性是由區域號碼、縣市、鄉鎮、路、巷、弄、號等各個屬性所組成。請再舉一個複合屬性的例子。

5. 衍生屬性指可以經由某種方式的計算或推論而獲得。例如：以年齡為例，可以由目前的系統時間減去生日屬性的值，便可換算出年齡屬性的值。請再舉二種衍生屬性的例子。

6. 請找出學生資料表（學號，姓名，地址）中的Super鍵與主鍵。

7. 試說明資料表關聯中一對一、一對多及多對多的關係為何。

8. 試說明分割資料表並建立「關聯式資料庫」的優點。

9. 一般在設計資料庫時，會有哪三種完整性規則，並簡易說明其意義。

10. 請解釋何謂實體完整性。並舉例說明。

11. 請解釋何謂參考完整性。並舉例說明。

12. 請解釋何謂值域完整性。並舉例說明。

進階題

1. 在「關聯式資料庫」中，如果其中兩個資料表是一對一的關聯（1：1）時，則一般的作法為何？

2. 在「關聯式資料庫」中，請說明「超鍵（Super Key）」與「主鍵（Primary Key）」的共同點與差異點為何？請詳細說明。

3. 請繪圖說明超鍵、候選鍵、主鍵、交替鍵及外來鍵，各鍵之間的關係。

4. 在「關聯式資料庫」中，要設定兩個資料表之間的「參考完整性規則」時，請問必須要符合哪些條件？

5. 在「關聯式資料庫」中，若進行刪除（Delete）或更新（Update）運算時，發現違反「參考完整性規則」，則有哪些策略可以解決此問題呢？

6. 請說明以下之資料設計有何不妥。

學號	姓名	性別	**課程代碼**	課程名稱	學分數	必選修	成績	老師編號	老師姓名
001	李碩安	男	C001	程式語言	4	必	74	T001	李安
001	李碩安	男	C002	網頁設計	3	選	93	T002	張三
002	李碩崴	男	C002	網頁設計	3	選	63	T002	張三
002	李碩崴	男	C003	計　概	2	必	82	T003	李四
002	李碩崴	男	C005	網路教學	4	選	94	T005	王五

CHAPTER 3

SOL Server

結構化查詢語言SQL
——異動處理

本章學習目標

1. 讓讀者瞭解結構化查詢語言SQL所提供的三種語言
   （DDL、DML、DCL）。
2. 讓讀者瞭解SQL語言的基本查詢。

本章內容

3-1 SQL語言簡介

●●●●●

定義▶▶ SQL（Structured Query Language；結構化查詢語言）是一種與「資料庫」溝通的共通語言；同時，它也是為「資料庫處理」而設計的第四代「非程序性」查詢語言。

唸法▶▶ 一般而言，它有兩種不同的唸法：

1. 三個字母獨立唸出來S-Q-L。

2. 唸成sequel（音似西擴）。

制定標準機構▶▶

目前SQL語言已經被美國標準局（ANSI）與國際標準組織（ISO）制定為SQL標準，因此，目前各家資料庫廠商都必須要符合此標準。

目前使用的標準▶▶

ANSI SQL92（1992年制定的版本）。

SQL語言提供三種語言

1. 第一種為資料定義語言（Data Definition Language；DDL）

→ 用來「定義」資料庫的結構、欄位型態及長度。

2. 第二種為資料操作語言（Data Manipulation Language；DML）

→ 用來「操作」資料庫的新增資料、修改資料、刪除資料、查詢資料等功能。

3. 第三種為資料控制語言（Data Control Language；DCL）

→ 用來「控制」使用者對「資料庫內容」的存取權利。

因此，SQL語言透過DDL、DML及DCL來建立各種複雜的表格關聯，成為一個查詢資料庫的標準語言。

3-1-1 SQL語言與關聯式模式的關係

「關聯式模式」（Relational Model）可以分為兩大類：分別為「關聯式代數」與「關聯式計算」。而本章所要介紹的「SQL語言」，則是關聯式代數（Relation Algebra）與關聯式計算（Relation Calculus）的綜合體。接下來，我們來探討「SQL語言」與「關聯式模式」的關係為何呢？如表3-1所示。

❖ 表3-1　SQL與關聯式模式之比較表

SQL	關聯式模式
資料表（Table）	關聯（Relation）
紀錄（Record）或列（Row）	值組（Tuple）
欄位（Filed）或行（Column）	屬性（Attribute）
不一定要有主鍵	一定要有主鍵
屬性（欄位）有順序性	屬性（欄位）沒有順序性
有重複的值組	沒有重複的值組

3-1-2　SQL提供三種語言

一般而言，用來處理資料庫的語言稱為資料庫語言（SQL）。資料庫語言大致上具備了三項功能：

1. 資料「定義」語言（Data Definition Language；DDL）。
2. 資料「操作」語言（Data Manipulation Language；DML）。
3. 資料「控制」語言（Data Control Language；DCL）。

以上三種語言在整個「資料庫設計」中所扮演的角色如圖3-1所示。

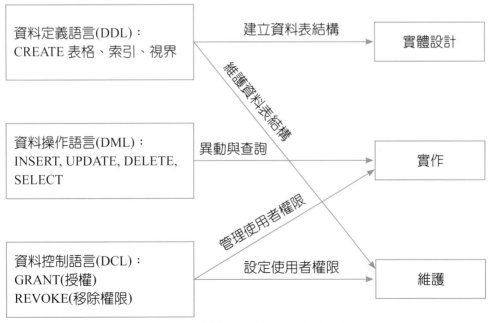

❖ 圖3-1　SQL之三種語言所扮演的角色關係圖

3-2

利用SQL Server 2008撰寫SQL ●●●●●

在學習如何利用SQL Server 2008來撰寫SQL之前，請各位讀者先閱讀本書附錄的基本操作技巧。

在練習附錄一的基本操作之後，可以方便爾後讀者在學習本章節時，能夠更順利的操作SQL所提供三種語言之實作。

3-3

SQL的DDL語言指令介紹 ●●●●●

定義 ▶▶ 　資料定義語言（Data Definition Language；DDL）

利用DDL，使用者可以定義資料表（關聯綱目；基底資料表）和設定完整性限制。同時，DDL允許資料庫使用者建立、更改或刪除資料庫物件（含資料庫（Database）、資料表（Table）與檢視（View）資料庫物件。主要指令有三：CREATE、ALTER與DROP。如表3-2所示。

❖ 表3-2　DDL語言提供的三種指令表

常用		
Database	Table	View
(1) Create Database	(1) Create Table	(1) Create View
(2) Alter Database	(2) Alter Table	(2) Alter View
(3) Drop Database	(3) Drop Table	(3) Drop View
進階		
Procedure(Proc)	Trigger	Index
(1) Create Proc	(1) Create Trigger	(1) Create Index
(2) Alter Proc	(2) Alter Trigger	(2) Alter Index
(3) Drop Proc	(3) Drop Trigger	(3) Drop Index

【Create Database 基本語法】

```
Create Database database_name
[ON
    [PRIMARY]
    [Name= logical_file_name, FileName={file_path_name}
    [,Size= size [KB | MB | GB | TB]]
    [,MaxSize={MaxSize [KB | MB | GB | TB] | Unlimited] }
    [,FileGrowth= growth_increment [KB | MB | GB | TB | % ] ]
    ]
```

說明 ▶▶   database_name：資料庫名稱

PRIMARY：主要資料檔

logical_file_name：邏輯檔案名稱

file_path_name：實體資料庫名稱及路徑

Size：設定初始檔案大小

MaxSize：限制檔案最大值

FileGrowth：設定自動成長大小

範例 ▶▶   利用Create來建立「選課系統資料庫」

```
Create Database 選課系統資料庫
```

說明 ▶▶   當命令順利完成時，SQL Server會自動產生兩個檔案：

1. 資料檔案

   它是以「資料庫名稱_Data.mdf」來命名，其目的是用來儲存資料庫本身的資料。例如：選課系統資料庫_Data.mdf。

2. 交易紀錄檔

   它是以「資料庫名稱_Log.ldf」來命名，其目的是用來儲存資料庫交易紀錄。例如：選課系統資料庫_Log.ldf。

註：當我們沒有指定資料庫的儲存路徑時，則預設路徑為：
   C:\Program Files\Microsoft SQL Server\MSSQL10_50.SQLEXPRESS\
   MSSQL\DATA

範例 ▶▶▶ 利用Create來建立「校務系統資料庫」，並將實體資料庫檔案儲存到C:\中，
初始大小設定為100MB，限制檔案大小為300MB，並可自動成長為10%。

```
Create Database 校務系統資料庫
On Primary
(Name= 校務系統資料庫 ,
FileName='C:\ 校務系統資料庫 .mdf',
Size=100MB,
MaxSize=300MB,
FileGrowth=10%)
```

【Alter Database基本語法】

```
Alter Database old_database_name
  MODIFY Name=new_database_name
```

註：常用的功能語法如上，其餘引數可暫時省略。讀者如果有需要，可以參考
Microsoft官方網站。

範例 ▶▶▶ 利用Alter來修改「校務系統資料庫」名稱為MyDB。

```
Alter Database 校務系統資料庫
Modify Name=MyDB
```

【DROP Database基本語法】

```
DROP Database database_name
```

註：常用的功能之語法如上，其餘引數可暫時省略。讀者如果有需要，可以參考
Microsoft官方網站。

舉例 ▶▶▶ 利用DROP來刪除「校務系統資料庫」。

```
DROP  Database 校務系統資料庫
```

3-3-1 CREATE TABLE（建立資料表）

定義▸▸ Create Table命令是用來讓使用者定義一個新的關聯表，並設定關聯表的名稱、屬性及限制條件。

建立新資料表的步驟▸▸

1. 決定資料表名稱與相關欄位。
2. 決定欄位的資料型態。
3. 決定欄位的限制（指定值域）。
4. 決定可以為NULL（空值）與不可為NULL的欄位。
5. 找出必須具有唯一值的欄位（主鍵）。
6. 找出主鍵－外來鍵配對（兩個表格）。
7. 決定預設值（欄位值的初值設定）。

格式▸▸

```
Create Table 資料表
( 欄位 { 資料型態 | 定義域 }[NULL|NOT NULL][ 預設值 ][ 定義整合限制 ]
        ⋮
        ⋮
Primary Key( 欄位集合 )      ←當主鍵
Unique( 欄位集合 )           ←當候選鍵
Foreign Key( 欄位集合 ) References 基本表 ( 屬性集合 )    ←當外鍵
   [ON Delete 選項 ] [ON Update 選項 ]
Check( 檢查條件 ))
```

符號說明▸▸

{ | } 代表在大括號內的項目是必要項，但可以擇一。

[ ] 代表在中括號內的項目是非必要項，依實際情況來選擇。

關鍵字說明▸▸

1. PRIMARY KEY 用來定義某一欄位為主鍵，不可為空值。
2. UNIQUE 用來定義某一欄位具有唯一的索引值，可以為空值。
3. NULL/NOT NULL 可以為空值／不可為空值。
4. FOREIGN KEY 用來定義某一欄位為外來鍵。
5. CHECK 用來檢查的額外條件。

範例▶▶ 請利用Create Table來建立「學生選課系統」的關聯式資料庫,其相關的資料
表有三個,如圖3-2所示。

學生表 (學號,姓名,電話,地址)

選課表 (學號,課號,成績)

課程表 (課號,課名,學分數,必選修)

❖圖3-2

分析1▶▶ 辨別「父關聯表」與「子關聯表」。

在利用Create Table來建立資料表時,必須要先了解哪些資料表是屬於父關聯
表 (一對多,一的那方;亦即箭頭被指的方向) 與子關聯表 (一對多,多的
那方)。

例如:圖3-2中的「學生表」與「課程表」都屬於「父關聯表」。

分析2▶▶ 先建立「父關聯表」之後,再建立「子關聯表」。

例如:圖3-2中的「選課表」屬於「子關聯表」。

【利用SQL實作】

1. 先建立「父關聯表」－學生表

建立「學生表」

use ch3_DB
CREATE TABLE 學生表
(學號 CHAR(8),
  姓名 CHAR(4), NOT NULL,
  電話 CHAR(12),
  地址 CHAR(20),
  PRIMARY KEY(學號),
  UNIQUE(電話),
  CHECK(電話 IS NOT NULL OR 地址 IS NOT NULL))

執行結果▶▶

	資料行名稱	資料類型	允許 Null
▶⑧	學號	char(8)	☐
	姓名	char(4)	☐
	電話	char(12)	☑
	地址	char(20)	☑

❖圖3-3

2. 先建立「父關聯表」－課程表

建立「課程表」
use ch3_DB CREATE TABLE 課程表 (課號 CHAR(5), 課名 CHAR(20) NOT NULL, 學分數 INT DEFAULT 3, 必選修 CHAR(2), PRIMARY KEY(課號))

執行結果▶▶

資料行名稱	資料類型	允許 Null
🔑 課號	char(5)	☐
課名	char(20)	☐
學分數	int	☑
必選修	char(2)	☑

❖ 圖3-4

3. 再建立「子關聯表」

建立「選課表」
use ch3_DB CREATE TABLE 選課表 (學號 CHAR(8), 課號 CHAR(5), 成績 INT NOT NULL, 選課日期 DATETIME Default(getdate()), PRIMARY KEY(學號 , 課號), FOREIGN KEY(學號) REFERENCES 學生表 (學號) ON UPDATE CASCADE ON DELETE CASCADE, FOREIGN KEY(課號) REFERENCES 課程表 (課號), CHECK(成績 >=0 AND 成績 <=100))

執行結果 ▶▶

資料行名稱	資料類型	允許 Null
學號	char(8)	☐
課號	char(5)	☐
成績	int	☐
選課日期	datetime	☑

❖ 圖3-5

說明 ▶▶ 1. 在本例中,「選課表」的學號參考「學生表」的學號,如果加入選項ON UPDATE CASCADE與ON DELETE CASCADE則代表當「學生表」的資料更新與刪除時,「選課表」中被對應的紀錄也會一併被異動。

2. 在本例中,「選課表」的課號雖然參考「課程表」的課號,但是沒有加入選項ON UPDATE CASCADE與ON DELETE CASCADE,因此,「課程表」中有被「選課表」參考時,則無法進行更新與刪除動作。

查詢三個資料表的關聯圖 ▶▶

在我們完成以上三個資料表的建立之後,接下來,利用「新增資料庫圖表」的功能來「加入」以上三個資料表,此時,你是否有發現資料庫的關聯圖自動建立完成。

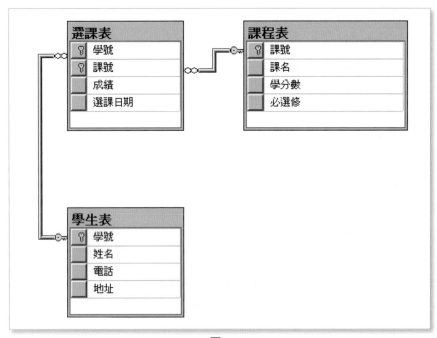

❖ 圖3-6

● 隨堂練習 ●

Q1 請說明利用Create Table來建立以下四個資料表之優先順序？

1. 學生表(**學號**,姓名,電話,地址)
2. 選課表(**學號**,**課號**,成績,選課日期)
3. 課程表(**課號**,課名,學分數,必選修,老師編號)
4. 老師表(**老師編號**,老師姓名,研究領域)

A

學生表(**學號**,姓名,電話,地址)	建立順序：1
選課表(**學號**,**課號**,成績,選課日期)	建立順序：3
課程表(**課號**,課名,學分數,必選修,老師編號)	建立順序：2
老師表(**老師編號**,老師姓名,研究領域)	建立順序：1

3-3-2 ALTER TABLE（修改資料表）

定義▶▶ ALTER TABLE命令是用來對已存在的資料表增加欄位、修改欄位、刪除欄位，並且增加定義、修改定義或刪除定義等。

格式▶▶

```
ALTER TABLE 基本表
[ALTER] [ 欄位 ] [ 資料型態 ] [NULL | NOT NULL]
     [RESTRICT | CASCADE]
[ADD | DROP] [ 限制 | 屬性 ]
[ADD] [ 欄位 ] { 資料型態 | 定義域 } [NULL | NOT NULL]
     [ 預設值 ] [ 定義整合限制 ]
```

【符號說明】

1. { | }代表在大括號內的項目是必要項，但可以擇一。

2. [ ] 代表在中括號內的項目是非必要項，依實際情況來選擇。

實作▶▶ 1. 「新增」欄位定義

```
題目：原來的學生資料表，再增加一個 e-mail 欄位

Use  ch3_DB
ALTER  TABLE 學生表 ADD [e-mail] CHAR(50);
```

❖圖3-7

隨堂練習

02

新增「性別」欄位。

題目：原來的學生表中，再增加一個「性別」欄位，並且預設值為 " 男 "
use ch3_DB ALTER TABLE 學生表 ADD 性別 CHAR(1) Default ' 男 ';

2. 「修改」欄位定義

題目：原來的學生表中，「地址」之資料型態 (大小 20 → 50)，並且不能為空
use ch3_DB ALTER TABLE 學生表 ALTER COLUMN 地址 CHAR(50) NOT NULL

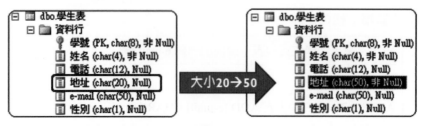

❖圖3-8

3. 「刪除」欄位定義

題目：原來的學生表中，再刪除一個 e-mail 欄位
use ch3_DB ALTER TABLE 學生表 DROP   COLUMN [e-mail]

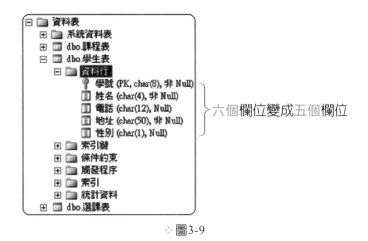

❖ 圖3-9

隨堂練習

03

題目：在學生表中，刪除有設定條件約束的「電話」欄位
use ch3_DB ALTER TABLE 學生表 DROP   COLUMN 電話 -- 無法直接刪除，因為「電話」與「地址」欄位都有設定條件約束 -- 會出現以下的錯誤訊息： /* 訊息 5074，層級 16，狀態 1，行 2 物件 'CK__ 學生表 __3D5E1FD2' 與資料行 ' 電話 ' 相依。 訊息 5074，層級 16，狀態 1，行 2 物件 'UQ__ 學生表 __1E31ED083B75D760' 與資料行 ' 電話 ' 相依。 訊息 4922，層級 16，狀態 9，行 2 ALTER TABLE DROP COLUMN 電話失敗，因為有一或多個物件存取這個資料行。 */

Ⓐ 解決方法

步驟一：先刪除條件約束。

刪除條件約束
use ch3_DB ALTER TABLE 學生表 DROP CONSTRAINT CK__ 學生表 __3D5E1FD2 ALTER TABLE 學生表 DROP CONSTRAINT UQ__ 學生表 __1E31ED083B75D760 以下為上一頁的錯誤訊息 /* 訊息 5074，層級 16，狀態 1，行 2 物件 ‘CK__ 學生表 __3D5E1FD2’ 與資料行 ‘電話’ 相依。 訊息 5074，層級 16，狀態 1，行 2 物件 'UQ__ 學生表 __1E31ED083B75D760' 與資料行 ' 電話 ' 相依。 訊息 4922，層級 16，狀態 9，行 2 ALTER TABLE DROP COLUMN 電話失敗，因為有一或多個物件存取這個資料行。 */

步驟二：再刪除欄位名稱。

刪除欄位名稱
use ch3_DB ALTER TABLE 學生表 DROP COLUMN 電話

●● 隨堂練習 ●●

Q4 將學生表中的連續「地址」及「性別」欄位刪除之後,再新增「系碼」欄位。

A 步驟一:先刪除「性別」欄位的條件約束。

刪除「性別」欄位的條件約束
use ch3_DB ALTER TABLE 學生表 DROP CONSTRAINT DF__學生表__性別__4AB81AF0

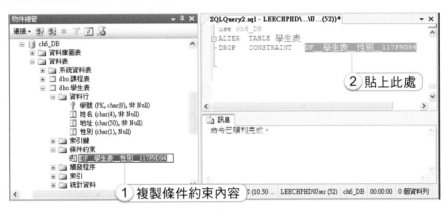

❖圖3-10

步驟二:再刪除「性別」、「地址」欄位,再新增「系碼」欄位。

刪除「性別」、「地址」欄位,再新增「系碼」欄位。
use ch3_DB ALTER TABLE 學生表 DROP COLUMN 性別 ALTER TABLE 學生表 DROP COLUMN 地址 ALTER TABLE 學生表 ADD 系碼 CHAR(4)

步驟三:執行結果。

LEECHPHD\SQLEXP...h6_DB - dbo.學生表		
資料行名稱	資料類型	允許 Null
🔑 學號	char(8)	☐
姓名	char(4)	☐
系碼	char(4)	☑

❖圖3-11

3-3-3 DROP TABLE（刪除資料表）

DROP TABLE是用來刪除資料表定義。當然，如果一個資料表內還有剩餘的紀錄，則這些紀錄會一併被刪除，因為如果資料表定義被刪除，則資料表的紀錄就沒有存在的意義了。

當資料表與資料表之間可能存在參考關係，比如「選課表」參考到「學生表」，這時，若一個資料表定義（學生表）被刪除，則另一資料表（選課表）中參考到該資料表的部分就變成沒有意義了。因此，產生所謂的「孤鳥」。

格式▶▶

> DROP TABLE 資料表名稱

分析▶▶　DROP TABLE 學生表;

　　　　表示只有在「學生表」沒被其他子關聯表參考到時，「學生表」才可被刪除。

舉例▶▶　在ch3-3-1中，建立資料表的順序是先建立＜父關聯表＞，才能建立＜子關聯表＞，其主要的原因為＜子關聯表＞參考（相依於）＜父關聯表＞的關係。相反地，欲刪除資料表時，則必須要先刪除＜子關聯表＞，才能刪除＜父關聯表＞。

　　　　請利用DROP Table來刪除「學生選課系統」的關聯式資料庫，其相關的資料表有三個，如下所示：

> 學生表(<u>學號</u>，姓名，電話，地址)
>
> 選課表(<u>學號</u>，課號，成績)
>
> 課程表(<u>課號</u>，課名，學分數，必選修)

分析▶▶　1. 辨別「父關聯表」與「子關聯表」

　　　　在利用DROP Table來刪除資料表時，必須要先了解哪些資料表是屬於父關聯表(一對多，一的那方；亦即箭頭被指的方向)與子關聯表(一對多，多的那方)，例如：上表中的「學生表」與「課程表」。

　　　　2. 先刪除「子關聯表」之後，再建立「父關聯表」

　　　　例如：上表中的「選課表」。

●● 隨堂練習 ●●

Q5 請利用DROP Table來刪除以下三個資料表。

學生表(學號,姓名,電話,地址)	刪除順序：2
選課表(學號,課號,成績,選課日期)	刪除順序：1
課程表(課號,課名,學分數,必選修)	刪除順序：2

A 規則：

1. 建立資料表的順序是先建立<父關聯表>，才能建立<子關聯表>。
2. 刪除資料表時，則必須要先刪除<子關聯表>，才能刪除<父關聯表>。

3-4
SQL的DML指令介紹 ●●●●●

資料操作語言（Data Manipulation Language：DML）

利用DML，使用者可以對資料表進行紀錄的新增、修改、刪除及查詢等功能。

DML有四種基本指令：

1. INSERT（新增）
2. UPDATE（修改）
3. DELETE（刪除）
4. SELECT（查詢）

3-4-1 INSERT指令（新增紀錄）

定義►► 指新增一筆紀錄到新的資料表內。

格式►►

INSERT INTO 資料表名稱 < 欄位串列 >
VALUES(< 欄位值串列 > | <SELECT 指令 >)

範 例 1 未指定欄位串列的新增

（但是欲新增資料值必須能夠配合欄位型態及個數。）

假設現在新增「學號」為'S0001',「姓名」為'張三',「系碼」為'D001'的紀錄到「學生表」中。

步驟1▶▶   撰寫SQL指令

「新增紀錄」Insert
use ch3_DB INSERT INTO 學生表 VALUES ('S0001', ' 張三 ','D001');

步驟2▶▶   執行結果

學號	姓名	系碼
S0001	張三	D001

❖圖3-12

注意 如果相同的資料,再新增一次時,則會產生錯誤,因為主鍵不可以重複。

```
訊息
訊息 2627,層級 14,狀態 1,行 2
違反 PRIMARY KEY 條件約束 'PK__學生表__1CC084FD03317E3D'。無法在物件 'dbo.學生表'
中插入重複的索引鍵。|
陳述式已經結束。
```

❖圖3-13

範 例 2 指定欄位串列的新增

欲新增資料值個數可以自行指定,不一定要與定義的欄位個數相同。

假設現在新增「產品代號」為D002,「品名」為桌球皮的紀錄到產品資料表中。

SQL指令
INSERT INTO 產品資料表(產品代號 , 品名) VALUES('D002', '桌球皮')

產品資料表

	產品代號	品名	單價
#1	C001	羽球拍	3000
#2	B004	桌球鞋	2300
#3	A005	桌球衣	1200
#4	D002	桌球皮	NULL

註:末指定對映的屬性,會被設定為DEFAULT值或NULL值,如「產品資料表」的單價
　　屬性值為NULL。

❖圖3-14

範 例 3 指定欄位串列

假設現在新增「學號」為'S0002',「姓名」為'李四'的紀錄到學生表中。

步驟1▶▶ 撰寫SQL指令

「新增紀錄」Insert
use ch3_DB INSERT INTO 學生表 (學號 , 姓名) VALUES ('S0002', ' 李四 ');

步驟2▶▶ 執行結果

❖圖3-15

範 例 4 同時新增多筆不同紀錄

假設現在有三筆資料要進行新增動作，資料如下：

學號：S0003　姓名：王五　　系碼：D002

學號：S0004　姓名：李安　　系碼：D001

學號：S0005　姓名：李崴　　系碼：D006

步驟1▶▶ 撰寫SQL指令

「新增紀錄」Insert
use ch3_DB INSERT INTO 學生表 VALUES ('S0003', ' 王五 ','D002'), 　　　　('S0004', ' 李安 ','D001'), 　　　　('S0005', ' 李崴 ','D006')

步驟2▶▶ 執行結果

❖圖3-16

範 例 5　新增來源為另一個資料表

將羽球相關的品名從「產品資料表」中整批新增到另一個資料表中。

SQL指令
INSERT INTO 羽球產品資料表
SELECT *
FROM 產品資料表
WHERE 產品資料表.品名 LIKE '羽%'

羽球產品資料表

	產品代號	品名	單價
#1	C021	羽球衣	1200
#2	C032	羽球鞋	3200
#3	C001	羽球拍	3000

註：將查詢的結果「整批新增」到其他資料表中。

❖圖3-17

步驟1▶▶　首先再建立一個資料表

資料表名稱：學生表 OLD
use ch3_DB CREATE TABLE 學生表 OLD (學號　CHAR(8) , 　姓名　CHAR(4) NOT NULL, 　電話　CHAR(12), 　地址　CHAR(20), 　系碼　CHAR(4), 　PRIMARY　KEY(學號))

步驟2▶▶　再輸入10位同學的資料，如下所示。

```
use ch3_DB
INSERT INTO 學生表 OLD
VALUES ('S0011',' 一心 ','1111111', ' 前鎮區 ','D001'),
        ('S0012',' 二聖 ','2222222', ' 苓雅區 ','D001'),
        ('S0013',' 三多 ','3333333', ' 前金區 ','D002'),
```

```
('S0014',' 四維 ','4444444', ' 小港區 ','D002'),
('S0015',' 五福 ','5555555', ' 新興區 ','D003'),
('S0016',' 六合 ','6666666', ' 三區區 ','D003'),
('S0017',' 七賢 ','7777777', ' 左營區 ','D004'),
('S0018',' 八德 ','8888888', ' 楠梓區 ','D004'),
('S0019',' 九如 ','9999999', ' 鳥松區 ','D005'),
('S0020',' 十全 ', '1000000', ' 阿蓮區 ','D005')
```

	學號	姓名	電話	地址	系碼
1	S0011	一心	1111111	前鎮區	D001
2	S0012	二聖	2222222	苓雅區	D001
3	S0013	三多	3333333	前金區	D002
4	S0014	四維	4444444	小港區	D002
5	S0015	五福	5555555	新興區	D003
6	S0016	六合	6666666	三區區	D003
7	S0017	七賢	7777777	左營區	D004
8	S0018	八德	8888888	楠梓區	D004
9	S0019	九如	9999999	鳥松區	D005
10	S0020	十全	1000000	阿蓮區	D005

❖圖3-18

步驟3▶▶ 從「學生表OLD」資料表中將「系碼」為D005的資料新增到「學生表」中。

```
use ch3_DB
INSERT INTO 學生表            --目地資料表「學生表」
 SELECT 學號,姓名,系碼
 FROM 學生表OLD                --來源資料表「學生表OLD」
 WHERE 系碼='D005'
```

學生表OLD（來源）

❖圖3-19

3-4-2　UPDATE指令

定義▶▶　指修改一個資料表中某些值組（紀錄）之屬性值。

格式▶▶

> UPDATE 資料表名稱
> SET {< 欄位名稱 1>=< 欄位值 1>,…, < 欄位名稱 n>=< 欄位值 n>}
> [WHERE < 條件子句 >]

範例▶▶　在「產品資料表」中，有關桌球相關產品單價調升30%。

SQL 指令
UPDATE 產品資料表
SET 單價 = 單價 *1.3
WHERE 品名 LIKE ' 桌球 %'

產品資料表

	產品代號	品名	單價
#1	C001	羽球拍	3000
#2	B004	桌球鞋	~~2300~~ → 2990
#3	A005	桌球衣	~~1200~~ → 1560
#4	D002	桌球皮	~~550~~ → 715

❖圖3-20

範 例 1　條件式更新

　　請將尚未決定就讀科系的同學的「系碼」先設定為'D001'。

步驟1▶▶　撰寫SQL指令

SQL 指令
use ch3_DB
UPDATE dbo. 學生表
SET 系碼 = 'D001'
WHERE 系碼 IS NULL

步驟2▸▸ 執行結果

❖圖3-21

範 例 2 同時更新多個欄位資料

請在「課程表」中將「資料結構」的學分數改為'4'，並且將必選修改為'必'。

步驟1▸▸ 撰寫SQL指令

SQL 指令
use ch3_DB UPDATE 課程表 SET 學分數 ='4', 必選修 =' 必 ' WHERE 課名 =' 資料結構 '

註：在更新資料之前，先來新增以下七筆紀錄

use ch3_DB INSERT INTO 課程表 VALUES ('C001',' 程式設計 ','4', ' 必 '), 　　　　　　('C002',' 資料庫 ','4', ' 必 '), 　　　　　　('C003', 資料結構 ','3', ' 選 '), 　　　　　　('C004',' 系統分析 ','4', ' 必 '), 　　　　　　('C005',' 計算機概論 ','3', ' 選 '), 　　　　　　('C006',' 數位學習 ','3', ' 選 '), 　　　　　　('C007',' 知識管理 ','3', ' 選 ')

步驟2▸▸ 執行結果

❖圖3-22

範 例 ③ 更新為空值NULL

請在「學生表」中將「系碼」D006設定為NULL。

步驟1▶▶│　撰寫SQL指令

SQL 指令
use ch3_DB
UPDATE 學生表
SET 系碼 =NULL
WHERE 系碼 ='D006'

步驟2▶▶│　執行結果

❖圖3-23

範 例 ④ 利用運算式更新

請在「選課表」中將「成績」低於70分者的分數調高20%。

步驟1▶▶│　撰寫SQL指令

SQL 指令
use ch3_DB
UPDATE 選課表
SET 成績 = 成績 *1.2
WHERE 成績 <70

註：在更新資料之前，先來新增以下五筆紀錄。

use ch3_DB
INSERT INTO 選課表 (學號 , 課號 , 成績)
VALUES ('S0001','C001','67'),
('S0001','C002','85'),
('S0001','C003','100'),
('S0002','C004','89'),
('S0003','C002','90')

步驟2▸▸ 執行結果

❖圖3-24

3-4-3 DELETE指令

定義▸▸ 把合乎條件的值組（紀錄），從資料表中刪除。

格式▸▸

> DELETE FROM 資料表名稱
>
> [WHERE < 條件式 >]

範 例 1

將尚未決定單價的產品紀錄刪除。

❖圖3-25

範例 2

請刪除系碼為「D005」的學生紀錄。

步驟1 ▶▶| 撰寫SQL指令

SQL 指令

```
use ch3_DB
DELETE
FROM 學生表
WHERE 系碼 ='D005'
```

步驟2 ▶▶| 執行結果

結果 | 訊息

	學號	姓名	系碼
1	S0001	張三	D001
2	S0002	李四	D001
3	S0003	王五	D002
4	S0004	李安	D001
5	S0005	李崴	NULL
6	S0019	九如	D005
7	S0020	十全	D005

更新

結果 | 訊息

	學號	姓名	系碼
1	S0001	張三	D001
2	S0002	李四	D001
3	S0003	王五	D002
4	S0004	李安	D001
5	S0005	李崴	NULL

❖圖3-26

3-4-4 SELECT指令簡介

定義 ▶▶| 是指用來過濾資料表中符合條件的紀錄。

格式 ▶▶|

```
SELECT [DISTINCT] < 欄位串列 >
FROM ( 資料表名稱 {< 別名 >} | JOIN 資料表名稱 )
[WHERE < 條件式 >]
[GROUP BY < 群組欄位 > ]
[HAVING < 群組條件 >]
[ORDER BY < 欄位 > [ASC | DESC]]
```

範例▶▶ 請顯示下列「產品資料表」中所有產品紀錄。

產品資料表

	產品代號	品名	單價
#1	C001	羽球拍	3000
#2	B004	桌球鞋	2990
#3	A005	桌球衣	1560
#4	D002	桌球皮	715

❖圖3-27

解答▶▶

SELECT *
FROM 產品資料表

執行結果▶▶

	產品代號	品名	單價
#1	C001	羽球拍	3000
#2	B004	桌球鞋	2990
#3	A005	桌球衣	1560
#4	D002	桌球皮	715

❖圖3-28

註：SELECT 指令筆者會在第7章詳細介紹。

範 例

請在「學生表OLD」表格中，查詢「地址」是在「苓雅區」的學生紀錄。

步驟1▶▶ 撰寫SQL指令

SQL 指令

```
use ch3_DB
SELECT *
FROM 學生表 OLD
WHERE 地址 =' 苓雅區 '
```

步驟2▶▶　執行結果

	學號	姓名	電話	地址	系碼
1	S0011	一心	1111111	前鎮區	D001
2	S0012	二聖	2222222	苓雅區	D001
3	S0013	三多	3333333	前金區	D002
4	S0014	四維	4444444	小港區	D002
5	S0015	五福	5555555	新興區	D003
6	S0016	六合	6666666	三區區	D003
7	S0017	七賢	7777777	左營區	D004
8	S0018	八德	8888888	楠梓區	D004
9	S0019	九如	9999999	鳥松區	D005
10	S0020	十全	1000000	阿蓮區	D005

結果 ▶

	學號	姓名	電話	地址	系碼
1	S0012	二聖	2222222	苓雅區	D001

❖圖3-29

3-5 SQL的DCL指令介紹

定義▶▶　資料控制語言（Data Control Language；DCL）

　　　　DCL控制使用者對資料庫內容的存取權利。

指令▶▶　1. GRANT（授權）

　　　　2. REVOKE（移除權限）

DCL提供交易控制指令▶▶

　　　　1. COMMIT指令：確認（儲存）資料庫的交易。

　　　　2. ROLLBACK指令：回復（復原Recovery）資料庫的交易。

　　　　3. SAVEPOINT指令：設定群組內交易的記號，以方便ROLLBACK。

　　　　註：實作例子，在「第十三章　資料庫安全」章節中，會詳細介紹。

3-5-1　GRANT指令

定義▶▶　GRANT指令用來取得現有資料庫使用者帳號的權限。

格式▶▶

> GRANT **權限** ON 資料表名稱
> TO 使用者

其中，「權限」可分為四種：Insert、Update、Delete、Select。

範 例 1

對USER1與USER2提供SELECT與INSERT對客戶資料表的使用者權限功能。

SQL 指令
GRANT **SELECT, INSERT** ON 客戶資料表 TO USER1, USER2

範 例 2

對所有的使用者提供SELECT的功能權限。

SQL 指令
GRANT **SELECT** ON 客戶資料表 TO PUBLIC

註：實作例子，在「第十三章 資料庫安全」章節中，會詳細介紹。

3-5-2 REVOKE指令

定義▶▶ REVOKE指令用來取消資料庫使用者已取得的權限。

格式▶▶

> REVOKE **權限** ON 資料表名稱
> FROM 使用者

範例▶▶ 表示從USER2帳號移除對的INSERT權限。

SQL 指令
REVOKE **INSERT** ON 客戶資料表 FROM USER2

註：實作例子，在「第十三章 資料庫安全」章節中，會詳細介紹。

3-5-3 COMMIT指令

定義▶▶ COMMIT指令永久儲存最後一次COMMIT指令對資料庫所做的交易。

格式▶▶

> COMMIT [WORK];

範例▶▶　確認對資料庫所做的交易。

SQL 指令
DELETE FROM 產品資料表 WHERE 產品代號 ='D002' COMMIT；←保證永久 DELETE

註：實作例子，在「第七章 交易管理」章節中，會詳細介紹。

3-5-4　ROLLBACK指令

定義▶▶　ROLLBACK指令用來回復（Recovery）尚未被COMMIT的資料庫交易。

格式▶▶

ROLLBACK [TO SAVEPOINT]

範例▶▶

SELECT * FROM 產品資料表

產品資料表

	產品代號	品名	單價
#1	C001	羽球拍	3000

UPDATE 產品資料表
SET 單價=單價*1.5

SELECT * FROM 產品資料表

產品資料表

	產品代號	品名	單價
#1	C001	羽球拍	4500

ROLLBACK;

SELECT * FROM 產品資料表

產品資料表

	產品代號	品名	單價
#1	C001	羽球拍	3000

❖圖3-30

註：實作例子，在「第七章 交易管理」章節中，會詳細介紹。

3-5-5 SAVEPOINT指令

定義 ▶▶ 是指交易內的點，回復動作可以SAVEPOINT為指標點，而不必回復整個交易。

格式 ▶▶

SAVEPOINT 回復點名稱

範例 ▶▶

SAVEPOINT P1;
    DELETE FROM 產品資料表 WHERE 產品代號 LIKE 'A%';
SAVEPOINT P2;
    DELETE FROM 產品資料表 WHERE 產品代號 LIKE 'B%';
SAVEPOINT P3;

若希望回復到SAVEPOINT P2之處，則

ROLLBACK P2;
COMMINT;

結果只刪除產品代號A開頭的所有產品。

註：實作例子，在「第九章 回復技術」章節中，會詳細介紹。

注意 COMMIT、ROLLBACK、SAVEPOINT等三個交易控制指令只能與DML的INSERT、UPDATE、DELETE一起使用。而SELECT指令是唯讀（Read-Only），故不必COMMIT或ROLLBACK。

基本題

1. 何謂SQL？它提供哪三種語言呢？

2. 請列表說明SQL與Relational Model之差異處。

3. 請說明SQL提供三種語言所扮演的角色為何？

4. 請利用DDL語言來定義一個客戶訂購產品的關聯式如下所示：

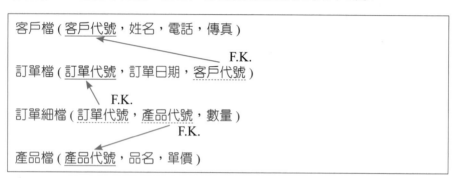

客戶檔 (客戶代號，姓名，電話，傳真)

F.K.

訂單檔 (訂單代號，訂單日期，客戶代號)

F.K.

訂單細檔 (訂單代號，產品代號，數量)

F.K.

產品檔 (產品代號，品名，單價)

5. 請在下面的「產品資料表」中，新增一筆紀錄。

產品資料表

產品代號	品名	單價
T001	桌球拍	2000
T002	桌球鞋	1500

請利用DML中的INSERT指令來新增「產品代號」為T003，「品名」為桌球衣，「單價」為1200的紀錄到產品資料表中。

6. 承上題，請在下面的「產品資料表」中，再新增一筆紀錄。

產品資料表

產品代號	品名	單價
T001	桌球拍	2000
T002	桌球鞋	1500

請利用DML中的INSERT指令來新增「產品代號」為T004，「品名」為桌球發球機，「單價」為未定的紀錄到產品資料表中。

7. 請在下面的「產品資料表」中，針對某一品名之單價調升20%。

產品資料表

產品代號	品名	單價
T001	桌球拍	2000
T002	桌球鞋	1500
T003	桌球衣	1200
B001	羽球拍	3000

請利用DML中的UPDATE指令來針對桌球相關產品單價調升20%。

8. 請在下面的「產品資料表」中，刪除某一筆紀錄。'p[p

產品資料表

產品代號	品名	單價
T001	桌球拍	2000
T002	桌球鞋	1500
T003	桌球衣	1200
B001	羽球拍	3000

請利用DML中的DELETE指令來刪除「非桌球相關產品」的紀錄。

9. 請說明SQL語言中所提供的資料定義語言（DDL）、資料控制語言（DCL）和資料處理語言（DML）三種語言，其每一種語言各提供哪些指令呢？

本章習題

進階題

1. 一般化的SQL查詢（query）包括哪六部分？哪些是一定要有的？哪些是可有可無的？關聯式代數中的三個主要運算：限制（Restrict）σ、投影（Project）π、卡氏積（Cartesian Product）×在SQL查詢中如何呈現？

2. 假設現在有一「選課系統」，其相關的欄位如下所示：

   (學號, 姓名, 年級, 科系代碼, 科系名稱, 系主任, 課程代號, 課程名稱, 學分數, 成績, 老師編號, 老師姓名)

   利用SQL之DDL來建立3NF後的所有資料表時，請列出建立的順序（注意：要依照父關聯表與子關聯表的順序來建立）。

3. 請利用SQL之DDL來建立一個「選課系統」資料庫名稱。

4. 承第2題，請利用SQL之DDL來新增三筆紀錄到「學生表」中。

   第一位學生：學號：S0011, 姓名：一心, 年級：碩班一甲, 科系代碼：D001

   第二位學生：學號：S0012, 姓名：二聖, 年級：碩班一乙, 科系代碼：D002

   第三位學生：學號：S0013, 姓名：三多, 年級：碩班一丙, 科系代碼：D003

CHAPTER 4

SQL Server

SQL的查詢語言

本章學習目標

1. 讓讀者瞭解SQL語言的各種使用方法。
2. 讓讀者瞭解SQL語言的進階查詢技巧。

本章內容

4-1

單一資料表的查詢

●●●●●

在SQL語言所提供的三種語言（DDL、DML、DCL）中，其中第二種為資料操作語言（Data Manipulation Language；DML），主要是提供給使用者對資料庫進行異動（新增、修改、刪除）操作及「查詢」操作等功能。

異動操作方面比較單純，已經在第3章有詳細介紹了；但在「查詢」操作方面，則是屬於比較複雜且變化較大的作業。因此，筆者特別將資料庫的「查詢單元」，利用本章節介紹。

4-1-1　SQL的基本語法

```
SELECT [* | DISTINCT | Top n] <欄位串列>[INTO　新資料表]
FROM (資料表名稱{<別名>} | JOIN資料表名稱)
[WHERE <條件式>]
[GROUP BY <群組欄位> ]
[HAVING <群組條件>]
[ORDER BY <欄位> [ASC | DESC]]
```

說明▶▶　1. SELECT後面要接所要列出的欄位名稱。

2. [* | DISITINCT | Top n]中，括號的部分可以省略。

　(1) "*"表示列印出所有的欄位（欄位1, 欄位2, ……, 欄位n）

　(2) Distinct　代表從資料表中選擇不重複的資料。它是利用先排序來檢查是否有重複，因此，已經內含ORDER BY的功能。所以，如果使用DISTINCT時，就不需要再撰寫ORDER BY。

　(3) Top n　指在資料表中取出名次排序在前的n筆紀錄。

　(4) INTO新資料表：是指將SELECT查詢結果存入另一個新資料表中。

3. FROM後面接資料表名稱，它可以接一個以上的資料表。

4. WHERE後面要接條件式（它包括了各種運算子）。

5. GROUP BY欄位1, 欄位2, …, 欄位n [HAVING條件式]

　(1) GROUP BY　可單獨存在，它是將數個欄位組合起來，以作為每次動作的依據。

　(2) [HAVING條件式]是將數個欄位加以有條件的組合。它不可以單獨存在。

6. ORDER BY 欄位1, 欄位2, …, 欄位n [ASC | DESC]

它是依照某一個欄位來進行排序。

例如： (1) ORDER BY成績**ASC**　　可以省略（由小至大）

(2) ORDER BY成績**DESC**　不可以省略（由大至小）

4-1-2　建立學生選課資料庫

在本單元中，為了方便撰寫SQL語法所需要的資料表，我們以「學生選課系統」的資料庫系統為例，建立資料庫關聯圖，以便後續的查詢分析之用。如圖4-1所示。

資料庫名稱：ch4_DB.mdf

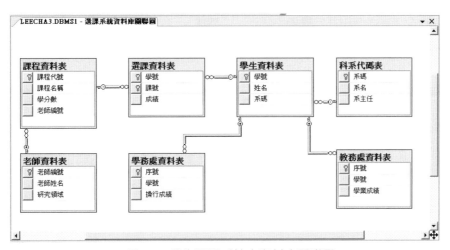

❖圖4-1　學生選課系統之資料庫關聯圖

因此，我們利用SQL Server 2008建立七個資料表，分別為：學生資料表、科系代碼資料表、選課資料表、課程資料表、老師資料表、教務處資料表及學務處資料表。

一、學生資料表

	學號	姓名	系碼
#1	S0001	張三	D001
#2	S0002	李四	D002
#3	S0003	王五	D003
#4	S0004	陳明	D001
#5	S0005	李安	D004

❖圖4-2

二、科系代碼表

	系碼	系名	系主任
#1	D001	資管系	林主任
#2	D002	資工系	陳主任
#3	D003	工管系	王主任
#4	D004	企管系	李主任
#5	D005	幼保系	黃主任

❖ 圖4-3

三、選課資料表

	學號	課號	成績
#1	S0001	C001	56
#2	S0001	C005	73
#3	S0002	C002	92
#4	S0002	C005	63
#5	S0003	C004	92
#6	S0003	C005	70
#7	S0004	C003	75
#8	S0004	C004	88
#9	S0004	C005	68
#10	S0005	C005	NULL

❖ 圖4-4

四、課程資料表

	課號	課名	學分數	老師編號
#1	C001	資料結構	4	T0001
#2	C002	資訊管理	4	T0001
#3	C003	系統分析	3	T0001
#4	C004	統計學	4	T0002
#5	C005	資料庫系統	3	T0002
#6	C006	數位學習	3	T0003
#7	C007	知識管理	3	T0004

❖ 圖4-5

五、老師資料表

老師編號	老師姓名	研究領域
#1 T0001	張三	數位學習
#2 T0002	李四	資料探勘
#3 T0003	王五	知識管理
#4 T0004	李安	軟體測試

❖ 圖4-6

六、教務處資料表

序號	學號	學業成績
#1 1	S0001	60
#2 2	S0002	70
#3 3	S0003	80
#4 4	S0004	90

❖ 圖4-7

七、學務處資料表

序號	學號	操行成績
#1 1	S0001	80
#2 2	S0002	93
#3 3	S0003	75
#4 4	S0004	60

❖ 圖4-8

4-2

SQL常用的函數 ●●●●●

在SQL Server中的函數種類非常的多，本單元將介紹最見被使用的兩種函數，分別為：

1. 字串函數

2. 數學函數

4-2-1 字串函數

定義 ▶▶ 在SQL Server中的函數種類非常的多，首先，我們先來介紹最常使用的字串函數來搜尋資料。如表4-1所示：

❖表4-1 字串函數表

字串函數	功能
1. Left ( )	傳回字串「左邊」指定數量的字元
2. Right( )	傳回字串「右邊」指定數量的字元
3. Substring( )	傳回字串「中間」指定數量的字元
4. Len( )	傳回字串的「長度」
5. LTrim( )	刪除字串中的左邊空白字元
6. Trim( )	刪除字串中的左邊與右邊空白字元
7. RTrim( )	刪除字串中的右邊空白字元
8. Lower( )	將英文字轉換成小寫字母
9. Upper( )	將英文字轉換成大寫字母
10. Stuff( )	將字串中某些特定字串取代成另一字串
11. Replicate( )	傳回指定重複次數的資料

一、 Left( )函數

定義 ▶▶ 傳回字串左邊指定數量的字元。

語法 ▶▶ Left(Str, n)　　//取出Str字串的左邊n個字元

實例 ▶▶ 在「學生資料表」中查詢學生「姓名」是姓「李」的名單。

解答 ▸▸

SQL 指令
use ch4_DB SELECT * FROM 學生資料表 WHERE Left(姓名 , 1)=' 李 '

執行結果 ▸▸

❖ 圖4-9

二、Right( )函數

定義 ▸▸　傳回字串右邊指定數量的字元。

語法 ▸▸　Right(Str, n)　　//取出Str字串的右邊n個字元

實例 ▸▸　在「學生資料表」中查詢學生「姓名」的最後一個字是「安」的學生。

解答 ▸▸

SQL 指令
use ch4_DB SELECT * FROM 學生資料表 WHERE Right(姓名 , 1)=' 安 '

執行結果 ▸▸

❖ 圖4-10

三、Substring( )函數

定義▶▶ 傳回字串中間指定數量的字元。

實例▶▶ 在「科系代碼表」中，查詢「資管」系的系主任。

解答▶▶

SQL 指令
use ch4_DB
Go
SELECT *
FROM 科系代碼表
WHERE Substring(系名 , 1, 2)=' 資管 '

執行結果▶▶

❖ 圖4-11

●●● 隨堂練習 ●●●

Q 請在ch4_hwDB資料庫中，找出「客戶資料表」中，客戶的電話區域代號。

A

SQL指令
use ch4_hwDB
Go
SELECT 客戶姓名, SUBSTRING(電話, 1, 2) AS 電話區域代號
FROM 客戶資料表

執行結果：

	客戶姓名	電話區域代號
1	張三	08
2	李四	07
3	王六	06
4	李安	02
5	陳明	07

❖ 圖4-12

四、Len( )函數

定義▶▶ 傳回字串的長度。

語法▶▶ Len(Str) //指取出Str字串長度的值

範例 ▶▶ 在「選課資料表」中，查詢學生成績是三位數（也就是100分）的學生的「學號、課號及成績」

解答 ▶▶ 💿 資料庫名稱：ch4_DB.mdf

SQL 指令
use ch4_DB Go SELECT 學號 , 課號 , 成績 FROM 選課資料表 WHERE Len(成績)=3

執行結果 ▶▶

查詢1		
學號　▾	課號　▾	成績　▾
✳		

❖ 圖4-13

注意 由於沒有同學考100分，以上的查詢沒有紀錄顯示。

隨堂練習

Ｑ 請在ch4_DB資料庫中，計算出「課程資料表」中每一門課程之課名的字數。

Ａ

SQL指令
use ch4_DB Go SELECT 課號, 課名, Len(課名) As 課名的字數 FROM 課程資料表

執行結果：

	課號	課名	課名的字數
1	C001	資料結構	4
2	C002	資訊管理	4
3	C003	系統分析	4
4	C004	統計學	3
5	C005	資料庫系統	5
6	C006	數位學習	4
7	C007	知識管理	4

❖ 圖4-14

五、LTrim( )與Trim( )與RTrim( )函數

定義 ▶▍　刪除字串中的空白字元。

範例 ▶▍

SQL 指令
Select ' 印出：' + LTrim(' 資料庫系統　') 　-- 印出「資料庫系統△△△」 Select ' 印出：' + RTrim(' 資料庫系統　') 　-- 印出「△△△資料庫系統」

　　　　註：△代表空白字元

六、Lower( )與Upper( )函數

定義 ▶▍　轉換小寫與大寫字母。

範例 ▶▍

SQL 指令
Select ' 印出：' + Lower('Visual Basic 2010') 　-- 印出「visual basic 2010」 Select ' 印出：' + Upper('Visual Basic 2010') 　-- 印出「VISUAL BASIC 2010」

七、Stuff( )函數

定義 ▶▍　將字串中某些特定字串取代成另一字串。

語法 ▶▍　Stuff(字串或欄位名稱, 起始位置, 被取代字數, 取代字串)

範例 ▶▍

SQL 指令
Select ' 印出：' + Stuff('Visual Basic 2010', 2, 1, '') 　　--Vsual Basic 2010 Select ' 印出：' + Stuff('Visual Basic 2010', 8, 5, 'C#') 　　--Visual C# 2010

●● 隨堂練習 ●●

Q 由於縣市合併，所以請在ch4_hwDB資料庫中，找出「客戶資料表」中，區域中為「鄉」者改為「區」。

A

SQL指令
use ch4_hwDB Go UPDATE dbo.客戶資料表 SET 區域=STUFF(區域, 3, 1, '區') WHERE RIGHT(區域, 1)='鄉'

執行結果： 修改前

	客戶代號	客戶姓名	電話	城市	區域
1	C01	張三	08-3667177	屏東縣	內埔鄉
2	C02	李四	07-7878788	高雄市	三民區
3	C03	王六	06-6454555	台南市	永康市
4	C04	李安	02-2710000	台北市	大安區
5	C05	陳明	07-3355777	高雄市	三民區

修改後

	客戶代號	客戶姓名	電話	城市	區域
1	C01	張三	08-3667177	屏東縣	內埔區
2	C02	李四	07-7878788	高雄市	三民區
3	C03	王六	06-6454555	台南市	永康市
4	C04	李安	02-2710000	台北市	大安區
5	C05	陳明	07-3355777	高雄市	三民區

❖圖4-15

八、Space( )函數

定義▶▶ 傳回重複空白的字串字元。

語法▶▶ Space(正整數)

範例▶▶ 請在ch4_hwDB資料庫的「客戶資料表」中，將城市與區域合併顯示，並在中間空二個空白格。

SQL 指令
use ch4_hwDB Go SELECT 客戶姓名 , 城市 +SPACE(2)+ 區域 AS 城市區域名稱 FROM dbo. 客戶資料表

執行結果 ▶▶

❖ 圖4-16

九、Replicate函數

定義 ▶▶ 傳回指定重複次數的資料。

語法 ▶▶ Replicate ('欲重複的資料', 重複次數)

範例 ▶▶ 請列出「我超愛打桌球」三次。

SQL 指令
SELECT Replicate (' 我超愛打桌球 ', 3)

執行結果 ▶▶

❖ 圖4-17

4-2-2 數值函數

定義 ▶▶ 在SQL Server中的函數種類非常的多，接下來，我們介紹最常使用的數值函數來搜尋資料，如表4-2所示。

❖ 表4-2 數值函數表

函數名稱	功能
Abs ( )	取絕對值
ACOS(n)	反三角函數
ASIN(n)	
ATAN(n)	
CEILING(n)	傳回大於或等於n的最小整數值
COS(n)	傳回n的餘弦值，結果為FLOAT資料型態
DEGREES(n)	傳回n弧度對應的度數

函數名稱	功能
EXP(n)	指數函數
FLOOR(n)	傳回小於或等於n的最小整數值
LOG(n)	傳回n的自然(基數為e)對數值
LOG10(n)	傳回n的對數值(基數為10)
PI()	傳回圓周率(3.14…)
POWER(x,y)	傳回x^{y}的值
RAND	傳回0-1之間的隨機值，結果為FLOAT資料型態
ROUND(n,p,[t])	取四捨五入
ROWCOUNT_BIG	傳回系統執行的、受最後一行T-SQL語句影響的行數
SIGN(n)	傳回n值的符號數字（正數為，負數為-1，0為0）
SIN(n)	傳回n的正弦值，結果為FLOAT資料型態
SQRT(n)	傳回n的平方根值
SQUARE(n)	傳回n的平方值
TAN(n)	傳回n的正切值，結果為FLOAT資料型態

一、Abs(x) 函數

定義 ▸▸ 取x的絕對值。

實例 ▸▸

```
Abs(-3.14)
```

範例 ▸▸

```
Print ' 印出：' + CONVERT(char, Abs(100))       -- 印出 100
Print ' 印出：' + CONVERT(char, Abs(-100))      -- 印出 100
Print ' 印出：' + CONVERT(char, Abs(-3.14))     -- 印出 3.14
Print ' 印出：' + CONVERT(char, Abs(0.11))      -- 印出 .11
Print ' 印出：' + CONVERT(char, Abs(0))         -- 印出 0
```

二、ASin( )、ACos( )、ATan( )函數

定義▶▌ 反三角函數。

語法1▶▌ Sin_value= ASin(X)　　' 傳回X數值的反正弦值

語法2▶▌ Cos_value=ACos(X)　　' 傳回X數值的反餘弦值

語法3▶▌ Tan_value= ATan(X)　　' 傳回X數值的反正切值

說明▶▌ 將角度轉成徑度的計算公式如下所示：

　　　　弳度＝角度＊PI / 180，

　　　　其中PI是指圓周率＝3.14159265358979

範例▶▌

```
SELECT ASin(30 * PI() / 180) as [ASin(30)]
SELECT ACos(30 * PI() / 180) as [ACos(30)]
SELECT ATan(45 * PI() / 180) as [ATan(45)]
```

執行結果▶▌

　　　　ASin(30)：0.551069600201632

　　　　ACos(30)：1.01972672659326

　　　　ATan(45)：0.665773763545805

三、CEILING(n)函數

定義▶▌ 取最小整數值。

語法▶▌ Ceiling(n)

說明▶▌ 取≧n的最小整數值

範例▶▌

```
SELECT   Ceiling(99.9) as [Ceiling(99.9)]
SELECT Ceiling(-99.9) as [Ceiling(-99.9)]
SELECT Ceiling(1.99) as [Ceiling(1.99)]
```

執行結果▶▌

　　　　Ceiling (99.9)=100

　　　　Ceiling (-99.9)=-99

　　　　Ceiling (1.99)=2

四、Sin ( )、Cos ( )、Tan ( )函數

定義▸▸　正三角函數。

語法1▸▸　Sin_value=Sin(X)　　//傳回X數值的正弦值

語法2▸▸　Cos_value=Cos(X)　　//傳回X數值的餘弦值

語法3▸▸　Tan_value=Tan(X)　　//傳回X數值的正切值

說明▸▸　將角度轉成弧度的計算公式如下所示：

　　　　弧度＝角度＊PI / 180 ，

　　　　其中PI是指圓周率＝3.14159265358979

範例▸▸

```
SELECT Sin(30 * PI( )   / 180) as [Sin(30)]
SELECT Cos(30 * PI( )   / 180) as [Cos(30)]
SELECT Tan(45 * PI( )   / 180) as [Tan(45)]
```

執行結果▸▸

　　　　Sin(30)=0.5

　　　　Cos(30)=0.867

　　　　Tan(45)=1.0

五、DEGREES(n)函數

定義▸▸　求弧度對應的度數。

語法▸▸　DEGREES(n)

說明▸▸　傳回n弧度對應的度數

範例▸▸

```
SELECT DEGREES(PI()/2);   結果為 :90
SELECT DEGREES(PI()/4);   結果為 :45
```

六、Exp ( ) 函數

定義▸▸　指數函數。

語法▸▸　Exp_value=Exp(x)　　　//傳回e的x次方，也就是e^x

說明▸▸　e的值是2.71828182845905。當x＞709.782712893時，將會產生溢位。因為超出Double（雙精準度）的表示範圍。

範例▶▶

```
SELECT Exp(1) as [Exp(1)]
SELECT Exp(2) as [Exp(2)]
```

執行結果▶▶

Exp(1)=2.71828182845905

Exp(2)=7.38905609893065

註：程式中的Exp(2)在數學上是寫成e^2。

七、Floor( )函數

定義▶▶　取最大整數值。

語法▶▶　Floor (x);

說明▶▶　取≦x的最大整數值。

範例▶▶

```
SELECT Floor(99.9) as [Floor(99.9)]
SELECT Floor(-99.9) as [Floor(-99.9)]
SELECT Floor(1.99) as [Floor(1.99)]
```

執行結果▶▶

Floor (99.9)=99

Floor (-99.9)=-100

Floor (1.99)=1

●● 隨堂練習 ●●

Q　SELECT FLOOR(4.8)
　　SELECT FLOOR (-4.8)

A　SELECT FLOOR(4.8)；結果爲：4
　　SELECT FLOOR (-4.8)；結果爲：-5

八、Log( )函數

定義▶▶　自然對數函數。

語法▶▶　Log (x);

說明►► 取x以e為底數的對數值，而Log與Exp互為反函數。

$$Exp(Log(x)) \quad = \quad Log(Exp(x))$$

在數學上的$e^x = Y$，則$Log_e Y = x$。也就是說：如果$Y = Exp(x)$時，則$x = Log(Y)$。

範例►►

```
SELECT Exp(Log(100)) as [Exp(Log(100))]
```

執行結果►►

Exp(Log(100))=100

九、Log10( )函數

定義►► 自然對數函數。

語法►► Log (x);

說明►► 以10為底數取對數值(基數為10)。

範例►►

```
SELECT LOG10(100) as [LOG10(100)]
SELECT LOG10(0.1) as [LOG10(0.1)]
SELECT Exp(Log10(100)) as [Exp(Log10(100))]
```

執行結果►►

SELECT LOG10(100)； 結果為：2

SELECT LOG10(0.1)； 結果為：-1

Exp(Log10(100))=7.38905609893065

十、PI( )函數

定義►► 取圓周率。

語法►► PI()

說明►► 取得圓周率π值

範例►►

```
SELECT PI() as [PI]
```

執行結果►►

	PI
1	3.14159265358979

十一、Power( )函數

定義▶▶ 取次方。

語法▶▶ Power(x, y)

說明▶▶ 取x的y次方。

範例▶▶

```
Print 'Pow(2, 10)=' + CONVERT(char, Power(2, 10))    -- 印出 Pow(2, 10)=1024
```

●●● 隨堂練習 ●●●

Q SELECT POWER(100,0.5)

A 10

十二、Rand( )函數

定義▶▶ 亂數函數。

語法▶▶ Rand_value=Rand( )   //傳回一個小於1,大於等於0的亂數值

說明▶▶ Rand( )亂數的值是:$0 \le Rand\_Value < 1$,亦即0~1之間的值。如果我們要取得某一特定範圍的亂數時,我們可以套用以下的公式:

```
亂數 = CONVERT(Int, Rand()* ( 上限 - 下限 + 1 ) + 下限 )
```

如果我們拿投擲骰子的每一個點當作1到6的亂數,其上限值=6;下限值=1。則我們可以套用上面的公式得:

```
Point_Num = CONVERT(Int, Rand()*(6-1+1))+1
```

或化簡為:

```
Point_Num = CONVERT(Int, Rand()*6)+1
```

範例▶▶

```
Print Rand()                      -- 產生 0<=X<1 的亂數
Print CONVERT(Int, Rand()*6)+1    -- 產生 1~6 的亂數值
```

範 例 1

利用while迴圈來模擬投擲骰子10次，並印出每一次的點數。<請參考第六章T-SQL>

```
declare @i int=1
while (@i<=10)
begin
    Print ' 第 ' + CONVERT(nchar, @i) + ' 次出現：' + CONVERT(nchar, CONVERT(int,
Rand()*6)+1)
         set @i+=1
End
```

範 例 2

承範例1，利用變數將投擲骰子10次的點數加總。<請參考第六章T-SQL>

```
declare @i int=1 , @Total int=0
while (@i<=10)
begin
   Print ' 第 ' + CONVERT(nchar, @i) + ' 次出現：' + CONVERT(nchar, CONVERT(int,
Rand()*6)+1)
         set @i+=1
         set @Total+=(CONVERT(int, Rand()*6)+1)
End
select @Total AS 投擲骰子 10 次的點數加總
```

十三、Round( )函數

定義 ▸▸　取四捨五入。

語法 ▸▸　Round(num, length [, function])

說明 ▸▸　num代表數字型態的資料。

　　　　length代表精準度之位數。

　　　　Function當其值省略或為0時，代表要進行四捨五入。當為1時，代表無條件捨去。

範例 ▶▶

```
Print 'Round(100.15)=' + CONVERT(char, Round(100.25, 1)) ;      --100.30
Print 'Round(100.15)=' + CONVERT(char, Round(100.25, 1, 0)) ;   --100.30
Print 'Round(100.15)=' + CONVERT(char, Round(100.25, 1, 1)) ;   --100.20
```

●● 隨堂練習 ●●

Q　SELECT ROUND(5.4567,3) ;

　　SELECT ROUND(5.4567,3,1) ;

　　SELECT ROUND(345.4567,-1) ;

A

　　SELECT ROUND(5.4567,3) ; 結果為：5.4570

　　SELECT ROUND(5.4567,3,1) ; 結果為：5.4560

　　SELECT ROUND(345.4567,-1) ; 結果為：350.0000

十四、Sign ( )函數

定義 ▶▶　取正負符號。

語法 ▶▶　Sign(X);

說明 ▶▶　取X的正負符號，　當X＞0時，則Sgn_value= 1

　　　　　　　　　　　　當X＝0時，則Sgn_value= 0

　　　　　　　　　　　　當X＜0時，則Sgn_value= –1

範例 ▶▶

```
SELECT Sign(100) as [Sign(100)]           -- 顯示 1
SELECT Sign(100-100) as [Sign(100-100)]   -- 顯示 0
SELECT Sign(100-200) as [Sign(100-200)]   -- 顯示 –1
```

十五、Sqrt ( )函數

定義 ▶▶ 取平方根。

語法 ▶▶ Sqrt(x);

說明 ▶▶ 取x的平方根，x必須≥ 0，否則程式會產生錯誤。程式中的Sqrt(x)是數學上的 $X^{1/2}$。

範例 ▶▶

```
Print 'Sqrt(2)=' + CONVERT(nchar, Sqrt(2))   --Sqrt(2)=1.41421

Print 'Sqrt(4)=' + CONVERT(nchar, Sqrt(4))   --Sqrt(4)=2

Print 'Sqrt(8)=' + CONVERT(nchar, Sqrt(8))   --Sqrt(8)=2.82843
```

十六、SQUARE(n)函數

定義　取平方值。

語法　SQUARE(n);

說明　取n的平方值。

範例

```
SELECT SQUARE(4) as [SQUARE(4)]                -- 顯示 16
```

4-3

使用Select子句 ● ● ● ●

定義 ▶▶ Select是指在資料表中，選擇全部或部分欄位顯示出來，這就是所謂的「投影運算」。

格式 ▶▶

```
Select   欄位串列
From    資料表名稱
```

4-3-1 查詢全部欄位

定義 ▶▶ 是指利用SQL語法來查詢資料表中的資料時，可以依照使用者的權限及需求來查詢所要看的資料。如果沒有指定欄位的話，我們可以直接利用星號「＊」代表所有的欄位名稱。

優點 ▶▶ 不需輸入全部的欄位名稱。

缺點 ▶▶ 1. 無法隱藏私人資料。

2. 無法自行調整欄位順序。

3. 無法個別指定欄位的別名。

範例 ▶▶ 在「學生資料表」中顯示「所有學生基本資料」（參見第4-1-2節）。

解答　　　💿 資料庫名稱：ch4_DB.mdf

SQL 指令 1
use ch4_DB SELECT * FROM 學生資料表

執行結果 ▶▶

	學號	姓名	系碼
1	S0001	張三	D001
2	S0002	李四	D002
3	S0003	王五	D003
4	S0004	陳明	D001
5	S0005	李安	D004

❖ 圖4-18

SQL 指令 2 與 SQL 指令 1 有相同的結果
use ch4_DB SELECT 學號 , 姓名 , 系碼 FROM 學生資料表

隨堂練習

Q 💿 資料庫名稱：ch4_hwDB.mdf

假設有一個「學生成績表」，其目前的欄位名稱及內容如圖4-19所示：

	學號	姓名	資料庫	資料結構	程式設計
1	S0001	一心	100	85	80
2	S0002	二聖	70	75	90
3	S0003	三多	85	75	80
4	S0004	四維	95	100	100
5	S0005	五福	80	65	70
6	S0006	六合	60	55	80
7	S0007	七賢	45	45	70
8	S0008	八德	55	30	50
9	S0009	九如	70	65	70
10	S0010	十全	60	55	80

❖圖4-19

請撰寫一段SQL指令來顯示學生成績表中的全部紀錄。

A

SQL指令
use ch4_hwDB SELECT　　* FROM 學生成績表

執行結果：

	學號	姓名	資料庫	資料結構	程式設計
1	S0001	一心	100	85	80
2	S0002	二聖	70	75	90
3	S0003	三多	85	75	80
4	S0004	四維	95	100	100
5	S0005	五福	80	65	70
6	S0006	六合	60	55	80
7	S0007	七賢	45	45	70
8	S0008	八德	55	30	50
9	S0009	九如	70	65	70
10	S0010	十全	60	55	80

❖圖4-20

4-3-2 查詢指定欄位（垂直篩選）

定義▶▶ 由於第4-3-1節所介紹的方法只能直接選擇全部的欄位資料，無法顧及隱藏私人資料及自行調整欄位順序的問題。因此，我們利用指定欄位來查詢資料。

優點▶▶ 1. 可顧及私人資料。

2. 可自行調整欄位順序。

3. 可以個別指定欄位的別名。

缺點▶▶ 如果確定要顯示所有欄位，則必須花較多時間輸入。

範例▶▶ 在「學生資料表」中查詢所有學生的「姓名及系碼」（參見第4-1-2節）。

解答▶▶ 📀 資料庫名稱：ch4_DB.mdf

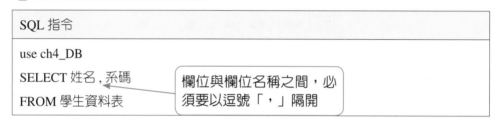

SQL 指令
use ch4_DB
SELECT 姓名 , 系碼
FROM 學生資料表

欄位與欄位名稱之間，必須要以逗號「，」隔開

執行結果▶▶

	姓名	系碼
1	張三	D001
2	李四	D002
3	王五	D003
4	陳明	D001
5	李安	D004

❖圖4-21

說明▶▶ 在「學生資料表」中將「姓名」及「系碼」投射出來。

隨堂練習

O 資料庫名稱：ch4_hwDB.mdf

假設有一個「學生成績表」，其目前的欄位名稱及內容如圖4-20所示：

	學號	姓名	資料庫	資料結構	程式設計
1	S0001	一心	100	85	80
2	S0002	二聖	70	75	90
3	S0003	三多	85	75	80
4	S0004	四維	95	100	100
5	S0005	五福	80	65	70
6	S0006	六合	60	55	80
7	S0007	七賢	45	45	70
8	S0008	八德	55	30	50
9	S0009	九如	70	65	70
10	S0010	十全	60	55	80

❖ 圖4-22

請撰寫一段SQL指令來顯示學生的「姓名」、「資料庫」及「程式設計」三個欄位的所有紀錄。

A

SQL指令
use ch4_hwDB
SELECT 姓名, 資料庫, 程式設計
FROM 學生成績表

執行結果：

	姓名	資料庫	程式設計
1	一心	100	80
2	二聖	70	90
3	三多	85	80
4	四維	95	100
5	五福	80	70
6	六合	60	80
7	七賢	45	70
8	八德	55	50
9	九如	70	70
10	十全	60	80

❖ 圖4-23

4-3-3 使用「別名」來顯示

定義 ▶▶ 使用AS運算子之後，可以使用不同名稱顯示原本的欄位名稱。

表示式 ▶▶

原本的欄位名稱 AS 別名

（AS可省略不寫，只寫「別名」）

範例 ▶▶ 系碼 AS 科系代碼 　 或寫成 ➜ 系碼 科系代碼

注意 AS只是暫時性地變更列名，並不是真的會把原本的名稱覆蓋過去。

適用時機 ▶▶

1. 欲「合併」的資料表較多，並且名稱較長時。
2. 一個資料表扮演多種不同角色（自我合併）。
3. 暫時性地取代某個欄位名稱（系碼 AS 科系代碼）。

替代欄位名稱字串 ▶▶

❖表4-3　SQL中的替代欄位名稱字串

替代字元	功能	語法
AS	設定別名	Select 系碼 AS 系所班別
+	結合兩個欄位字串	SELECT 學號 + 姓名 AS 資料

範例 1

在「學生資料表」中將所有學生的「系碼」設定別名為「科系代碼」之後，再顯示「姓名、科系代碼」（參見第4-1-2節）。

解答 ▶▶ 💿 資料庫名稱：ch4_DB.mdf

SQL 指令
use ch4_DB
SELECT 姓名 , 系碼 AS 科系代碼 　　利用AS來設定欄位的別名
FROM 學生資料表

執行結果 ▶▶

❖圖4-24

範例 2

在「選課資料表」中將所有學生的「成績」各加5分，並且設定別名為「調整後成績」之後，再顯示「學號,課號,成績,調整後成績」（參見第4-1-2節）。

解答▸▸ 　💿 資料庫名稱：ch4_DB.mdf

SQL 指令
use ch4_DB SELECT 學號 , 課號 , 成績 , 成績 +5 AS 調整後成績 FROM 選課資料表

執行結果▸▸

	學號	課號	成績	調整後成績
1	S0001	C001	56	61
2	S0001	C005	73	78
3	S0002	C002	92	97
4	S0002	C005	63	68
5	S0003	C004	92	97
6	S0003	C005	70	75
7	S0004	C003	75	80
8	S0004	C004	88	93
9	S0004	C005	68	73
10	S0005	C005	NULL	NULL

❖ 圖4-25

隨堂練習

Q1 💿 資料庫名稱：ch4_hwDB.mdf

假設有一個「學生成績表」，其目前的欄位名稱及內容如圖4-26所示：

	學號	姓名	資料庫	資料結構	程式設計
1	S0001	一心	100	85	80
2	S0002	二聖	70	75	90
3	S0003	三多	85	75	80
4	S0004	四維	95	100	100
5	S0005	五福	80	65	70
6	S0006	六合	60	55	80
7	S0007	七賢	45	45	70
8	S0008	八德	55	30	50
9	S0009	九如	70	65	70
10	S0010	十全	60	55	80

❖ 圖4-26

請撰寫一段SQL指令來將成績表中的「姓名」欄位改為「學生姓名」、「資料庫」欄位改為「資料庫成績」。

Ⓐ

SQL指令
use ch4_hwDB SELECT 姓名 AS 學生姓名, 資料庫 AS 資料庫成績 FROM 學生成績表

執行結果:

	學生姓名	資料庫成績
1	一心	100
2	二聖	70
3	三多	85
4	四維	95
5	五福	80
6	六合	60
7	七賢	45
8	八德	55
9	九如	70
10	十全	60

❖圖4-27

Q2 資料庫名稱:ch4_hwDB.mdf

假設有一個「學生成績表」,其目前的欄位名稱及內容如圖4-28所示:

	學號	姓名	資料庫	資料結構	程式設計
1	S0001	一心	100	85	80
2	S0002	二聖	70	75	90
3	S0003	三多	85	75	80
4	S0004	四維	95	100	100
5	S0005	五福	80	65	70
6	S0006	六合	60	55	80
7	S0007	七賢	45	45	70
8	S0008	八德	55	30	50
9	S0009	九如	70	65	70
10	S0010	十全	60	55	80

❖圖4-28

請撰寫一段SQL指令來將成績表中的「姓名」及三科目的「總平均成績」顯示出來。

Ⓐ

SQL指令
use ch4_hwDB SELECT 姓名, (資料庫+資料結構+程式設計)/3 AS 總平均成績 FROM 學生成績表;

執行結果：

	姓名	總平均成績
1	一心	88
2	二聖	78
3	三多	80
4	四維	98
5	五福	71
6	六合	65
7	七賢	53
8	八德	45
9	九如	68
10	十全	65

❖圖4-29

4-3-4 使用「Into」來新增資料到新資料表中

定義▸▸ 使用Into運算子來將查詢出來的結果，存入到另一個資料表中。

表示式▸▸

    SELECT 欄位串列 INTO 新資料表名稱

注意▸▸ 新資料表名稱不須事先建立。

適用時機▸▸ 資料備份或測試時。

範例1▸▸ 在「學生資料表」中將所有學生資料備份一份，另存入「測試用學生資料表_1」（參見第4-1-2節）。

解答▸▸

SQL 指令
use ch4_DB SELECT *　INTO 測試用學生資料表 _1 FROM 學生資料表

執行結果▶▶|

	學號	姓名	系碼
1	S0001	張三	D001
2	S0002	李四	D002
3	S0003	王五	D003
4	S0004	陳明	D001
5	S0005	李安	D004

❖圖4-30

範例2▶▶| 在「學生資料表」中將所有學生資料備份一份，另存入「測試用學生資料表_2」並且加入「流水號」（參見第4-1-2節）。

解答▶▶|

SQL 指令

```
use ch4_DB
SELECT IDENTITY(int, 1, 1) As 流水號 , 學號 , 姓名 , 系碼   INTO 測試用學生資料表 _2
FROM 學生資料表
```

執行結果▶▶|

	流水號	學號	姓名	系碼
1	1	S0001	張三	D001
2	2	S0002	李四	D002
3	3	S0003	王五	D003
4	4	S0004	陳明	D001
5	5	S0005	李安	D004

❖圖4-31

4-4 使用「比較運算子條件」

如果我們所想要的資料是要符合某些條件，而不是全部的資料時，那就必須要在Select子句中再使用Where條件式。並且也可以配合使用「比較運算子條件」來搜尋資料。若條件式成立的話，則會傳回「True（真）」；若不成立的話，則會傳回「False（假）」。

SQL 指令

```
Select 欄位集合
From 資料表名稱
Where 條件式
```

❖ 表4-4　比較運算子表

運算子	功能	例子	條件式說明
＝（等於）	判斷 A 與 B 是否相等	A=B	成績 =60
<>（不等於）	判斷 A 是否不等於 B	A<>B	成績 <>60
<（小於）	判斷 A 是否小於 B	A<B	成績 <60
<=（小於等於）	判斷 A 是否小於等於 B	A<=B	成績 <=60
>（大於）	判斷 A 是否大於 B	A>B	成績 >60
>=（大於等於）	判斷 A 是否大於等於 B	A>=B	成績 >=60

註：設A代表「成績欄位名稱」，B代表「字串或數值資料」。

4-4-1　查詢滿足條件的值組（水平篩選）

定義▶▶　當我們所想要的資料是要符合某些條件，而不是全部的資料時，那就必須要在Select子句中再使用Where條件式。

優點　　1. 可以依照使用者的需求來查詢。

　　　　2. 資訊較為集中。

範例　　在「選課資料表」中，查詢修課號為「C005」的學生的「學號及成績」（參見第4-1-2節）。

解答　　📀 資料庫名稱：ch4_DB.mdf

SQL 指令
use ch4_DB
SELECT 學號 , 成績
FROM 選課資料表
WHERE 課號 ='C005'

執行結果▶▶

	學號	成績
1	S0001	73
2	S0002	63
3	S0003	70
4	S0004	68
5	S0005	NULL

❖ 圖4-32

●● 隨堂練習 ●●

Q 　💿 資料庫名稱：ch4_hwDB.mdf

假設有一個「學生成績表」，其目前的欄位名稱及內容如圖4-33所示：

	學號	姓名	資料庫	資料結構	程式設計
1	S0001	一心	100	85	80
2	S0002	二聖	70	75	90
3	S0003	三多	85	75	80
4	S0004	四維	95	100	100
5	S0005	五福	80	65	70
6	S0006	六合	60	55	80
7	S0007	七賢	45	45	70
8	S0008	八德	55	30	50
9	S0009	九如	70	65	70
10	S0010	十全	60	55	80

❖圖4-33

請撰寫一段SQL指令來顯示「資料庫」剛好「及格」的學生之「學號」、「姓名」及「資料庫」成績。

A

SQL指令
use ch4_hwDB SELECT 學號, 姓名, 資料庫 FROM 學生成績表 WHERE 資料庫=60;

執行結果：

	學號	姓名	資料庫
1	S0006	六合	60
2	S0010	十全	60

❖圖4-34

4-4-2 查詢比較大小的條件

定義▶▶ 當我們所想要的資料是要符合某些條件，例如：顯示出「及格」或「不及格」的學生名單等情況。此時，我們就必須要在Where條件式中使用「比較運算子」來篩選。

範例▶▶ 在「選課資料表」中查詢任何課程成績「不及格＜60」的學生的「學號、課程代號及成績」（參見第4-1-2節）。

解答▶▶ 💿 資料庫名稱：ch4_DB.mdf

SQL 指令
use ch4_DB
SELECT 學號, 課號, 成績
FROM 選課資料表
WHERE 成績 <60 ◀── 「60分」是數值資料，不需要加「左右單引號」

執行結果▶▶

	學號	成績
1	S0001	56

❖圖4-35

隨堂練習

💿 資料庫名稱：ch4_hwDB.mdf

假設有一個「學生成績表」，其目前的欄位名稱及內容如圖4-36所示：

	學號	姓名	資料庫	資料結構	程式設計
1	S0001	一心	100	85	80
2	S0002	二聖	70	75	90
3	S0003	三多	85	75	80
4	S0004	四維	95	100	100
5	S0005	五福	80	65	70
6	S0006	六合	60	55	80
7	S0007	七賢	45	45	70
8	S0008	八德	55	30	50
9	S0009	九如	70	65	70
10	S0010	十全	60	55	80

❖圖4-36

請撰寫一段SQL指令來顯示「資料庫」不及格的學生之「學號」、「姓名」及「資料庫」成績。

Ⓐ

SQL指令
use ch4_hwDB
SELECT 學號, 姓名, 資料庫
FROM 學生成績表
WHERE 資料庫<60;

執行結果：

	學號	姓名	資料庫
1	S0007	七賢	45
2	S0008	八德	55

❖圖4-37

4-5 使用「邏輯比較運算子條件」

⬤⬤⬤⬤

在Where條件式中除了可以設定「比較運算子」之外，還可以設定「邏輯運算子」來將數個「比較運算子」條件組合起來，成為較複雜的條件式。其常用的邏輯運算子如表4-5所示：

❖表4-5　邏輯運算子表

運算子	功能	條件式說明
And（且）	判斷 A 且 B 兩個條件式是否皆成立	成績 >=60 And 課程代號 ='C005'
Or（或）	判斷 A 或 B 兩個條件式是否有一個成立	課程代號 ='C004' Or 課程代號 ='C005'
Not（反）	非 A 的條件式	Not 成績 >=60

註：設A代表「左邊條件式」，B代表「右邊條件式」。

4-5-1　And（且）

定義 ▶▶　判斷A且B兩個條件式是否皆成立。

範例 ▶▶　在「選課資料表」中查詢修課號為「C005」，且成績是「及格>=60分」的學生的「學號及成績」（參見第4-1-2節）。

解答 ►► 💿 資料庫名稱：ch4_DB.mdf

SQL 指令
use ch4_DB SELECT 學號 , 成績 FROM 選課資料表 WHERE 成績 >=60 And 課號 ='C005'

執行結果►►

	學號	成績
1	S0001	73
2	S0002	63
3	S0003	70
4	S0004	68

❖ 圖4-38

隨堂練習

O 💿 資料庫名稱：ch4_hwDB.mdf

假設有一個「學生成績表」，其目前的欄位名稱及內容如圖4-39所示：

	學號	姓名	資料庫	資料結構	程式設計
1	S0001	一心	100	85	80
2	S0002	二聖	70	75	90
3	S0003	三多	85	75	80
4	S0004	四維	95	100	100
5	S0005	五福	80	65	70
6	S0006	六合	60	55	80
7	S0007	七賢	45	45	70
8	S0008	八德	55	30	50
9	S0009	九如	70	65	70
10	S0010	十全	60	55	80

❖ 圖4-39

請撰寫一段SQL指令來顯示「資料結構」與「程式設計」兩科同時及格的學生之「學號」、「姓名」及這兩科成績。

Ⓐ

SQL指令
use ch4_hwDB SELECT 學號, 姓名, 資料結構, 程式設計 FROM 學生成績表 WHERE 資料結構>=60 AND 程式設計>=60;

執行結果：

	學號	姓名	資料結構	程式設計
1	S0001	一心	85	80
2	S0002	二聖	75	90
3	S0003	三多	75	80
4	S0004	四雄	100	100
5	S0005	五福	65	70
6	S0009	九如	65	70

❖圖4-40

4-5-2 Or（或）

定義 ▶▶ 判斷A或B兩個條件式是否至少有一個成立。

範例 ▶▶ 在「選課資料表」中查詢學生任選一科「課程代號」為C004或「課程代號」為「C005」的學生的「學號」、「課程代號」及「成績」（參見第4-1-2節）。

解答 ▶▶ 💿 資料庫名稱：ch4_DB.mdf

SQL 指令
use ch4_DB SELECT 學號 , 課號 , 成績 FROM 選課資料表 WHERE 課號 ='C004' Or 課號 ='C005'

執行結果 ▶▶

	學號	課號	成績
1	S0001	C005	73
2	S0002	C005	63
3	S0003	C004	92
4	S0003	C005	70
5	S0004	C004	88
6	S0004	C005	68
7	S0005	C005	NULL

❖圖4-41

● 隨堂練習 ●

O 🔘 資料庫名稱：ch4_hwDB.mdf

假設有一個「學生成績表」，其目前的欄位名稱及內容如圖4-42所示：

	學號	姓名	資料庫	資料結構	程式設計
1	S0001	一心	100	85	80
2	S0002	二聖	70	75	90
3	S0003	三多	85	75	80
4	S0004	四維	95	100	100
5	S0005	五福	80	65	70
6	S0006	六合	60	55	80
7	S0007	七賢	45	45	70
8	S0008	八德	55	30	50
9	S0009	九如	70	65	70
10	S0010	十全	60	55	80

❖圖4-42

請撰寫一段SQL指令來顯示「資料結構」與「程式設計」兩科之中，至少有一科「不及格」的學生之「學號」、「姓名」及這兩科成績。

A

SQL指令
use ch4_hwDB
SELECT 學號, 姓名, 資料結構, 程式設計
FROM 學生成績表
WHERE 資料結構<60 OR 程式設計<60;

執行結果：

	學號	姓名	資料結構	程式設計
1	S0006	六合	55	80
2	S0007	七賢	45	70
3	S0008	八德	30	50
4	S0010	十全	55	80

❖圖4-43

4-5-3 Not（反）

定義▶▶| 當判斷結果成立時，則變成「不成立」。而判斷結果不成立時，則變成「成立」。

範例▶▶| 在「選課資料表」中，查詢有修「課程代號」為「C001」，且成績「不及格」的學生的「學號」及「成績」（參見第4-1-2節）。

解答▶▶| 資料庫名稱：ch4_DB.mdf

SQL 指令
use ch4_DB
SELECT 學號 , 成績
FROM 選課資料表
WHERE 課號 ='C001' And Not　成績 >=60

執行結果▶▶|

❖圖4-44

4-5-4 IS NULL（空值）

定義▶▶| NULL值是表示沒有任何的值（空值），在一般的資料表中，有些欄位中並沒有輸入任何的值。例如：學生月考缺考，使該科目成績是空值。

範 例 1

　　在「選課資料表」中查詢哪些學生「缺考」的「學號」、「課號」及「成績」。（參見第4-1-2節）。

解答▶▶| 資料庫名稱：ch4_DB.mdf

SQL 指令
use ch4_DB
SELECT 學號 , 課號 , 成績
FROM 選課資料表
WHERE 成績 IS NULL ◀── 設定IS NULL條件，其回傳的值True或False

執行結果▸▸

	學號	課號	成績
1	S0005	C005	NULL

❖圖4-45

注意 這裡的「IS」不能用等號（＝）代替它。

範 例 2

在「選課資料表」中，查詢哪些學生「沒有缺考」的「學號」、「課號」及「成績」。

解答▸▸  資料庫名稱：ch4_DB.mdf

SQL 指令
use ch4_DB
SELECT 學號 , 課號 , 成績
FROM 選課資料表
WHERE 成績 IS NOT NULL ◄──── 設定IS NOT NULL條件

執行結果▸▸

	學號	課號	成績
1	S0001	C001	56
2	S0001	C005	73
3	S0002	C002	92
4	S0002	C005	63
5	S0003	C004	92
6	S0003	C005	70
7	S0004	C003	75
8	S0004	C004	88
9	S0004	C005	68

❖圖4-46

4-6

使用「模糊條件與範圍」

● ● ● ● ●

定義 ▶▶| 在Where條件式中，除了可以設定「比較運算子」與「邏輯運算子」之外，還可以設定「模糊或範圍條件」來查詢。

範例 ▶▶| 在奇摩的搜尋網站中，使用者只要輸入某些關鍵字，就可以即時查詢出相關的資料。其常用的模糊或範圍運算子如表4-6所示：

❖ 表4-6 模糊或範圍運算子表

運算子	功能	條件式說明
Like	模糊相似條件	Where 系所 LIKE ' 資管 %'
IN	集合條件	Where 課程代號 IN('C001', 'C002')
Between……And	範圍條件	Where 成績 Between 60 And 80

4-6-1 Like模糊相似條件

定義 ▶▶| LIKE運算子利用萬用字元（% 及 _）來比較相同的內容值。

1. 萬用字元（%）百分比符號代表零個或一個以上的任意字元。

2. 萬用字元（_）底線符號代表單一個數的任意字元。

注意 Like模糊相似條件的萬用字元之比較如表4-7。

❖ 表4-7 Like模糊相似條件的萬用字元比較表

撰寫SQL語法環境	Access	SQL Server
比對一個字元	「?」	「_」
比對多個字元	「*」	「%」
包含指定範圍	[A-C] 代表包含 A 到 C 的任何單一字元	
排除包含指定範圍	[^A-C] 代表排除 A 到 C 的任何單一字元	

【以SQL Server 2008的環境為例】

1. Select *

   意義：「*」代表在資料表中的所有欄位。

2. WHERE 姓名 Like '李%'

   意義：查詢姓名開頭為「李」的所有學生資料。

3. WHERE 姓名 Like '%李'

   意義：查詢姓名結尾為「李」的所有學生資料。

4. WHERE 姓名 Like '%李%'

意義：查詢姓名含有「李」字的所有學生資料。

5. WHERE 姓名 Like '李_'

意義：查詢姓名中姓「李」且3個字的學生資料。

範 例 1

在「學生資料表」中查詢姓「李」的學生基本資料。

解答▶▶　　資料庫名稱：ch4_DB.mdf　　（參見第4-1-2節）

SQL 指令
use ch4_DB SELECT * FROM 學生資料表 WHERE 姓名 Like ' 李 %'

執行結果▶▶

❖圖4-47

範 例 2

在「學生資料表」中查詢姓「李」或「王」的學生基本資料。

解答▶▶　　資料庫名稱：ch4_DB.mdf　　（參見第4-1-2節）

SQL 指令
use ch4_DB SELECT * FROM 學生資料表 **WHERE 姓名 Like '[李王]%';**

執行結果▶▶

❖圖4-48

範例 ③

在「學生資料表」中查詢姓名不是姓「李」或「王」的學生基本資料。

解答▶▶ 資料庫名稱：ch4_DB.mdf （參見第4-1-2節）

SQL 指令
use ch4_DB
SELECT *
FROM 學生資料表
WHERE 姓名 NOT Like '[李王]%';

執行結果▶▶

	學號	姓名	系碼
1	S0001	張三	D001
2	S0004	陳明	D001

❖ 圖4-49

4-6-2　IN集合條件

定義▶▶　IN為集合運算子，只要符合集合之其中一個元素，將會被選取。

使用時機▶▶　篩選的對象是兩個或兩個以上。

範例 ①

在「選課資料表」中查詢學生任選一個「課號」為「C004」或「課號」為「C005」的學生的「學號」、「課號」及「成績」。

解答▶▶ 資料庫名稱：ch4_DB.mdf （參見第4-1-2節）

SQL 指令
use ch4_DB
SELECT 學號 , 課號 , 成績
FROM 選課資料表
WHERE 課號 In ('C004', 'C005')

使用IN時可以在括號中設定好幾個值

執行結果▸▸

	學號	課號	成績
1	S0001	C005	73
2	S0002	C005	63
3	S0003	C004	92
4	S0003	C005	70
5	S0004	C004	88
6	S0004	C005	68
7	S0005	C005	NULL

❖圖4-50

註：以上的WHERE 課程代號 In ('C004', 'C005')亦可寫成如下：

```
WHERE 課程代號 ='C004'
OR    課程代號 ='C005'
```

範 例 2

　　請在「學生資料表」中，列出「學號」為「S0001~S0003」的同學之「學號」、「姓名」及「系碼」。

解答▸▸  資料庫名稱：ch4_DB.mdf

```
SQL 指令

use ch4_DB
SELECT 學號 , 姓名 , 系碼
FROM    學生資料表
WHERE 學號 In ('S0001', 'S0002', 'S0003')
```

執行結果▸▸

	學號	姓名	系碼
1	S0001	張三	D001
2	S0002	李四	D002
3	S0003	王五	D003

❖圖4-51

範例 3

請在「學生資料表」中,列出「系碼」不是「D001」及「D002」的同學之「學號」、「姓名」及「系碼」。

解答▶▶ 💿 資料庫名稱:ch4_DB.mdf

SQL 指令
use ch4_DB SELECT 學號 , 姓名 , 系碼 FROM 　學生資料表 WHERE NOT 系碼 In ('D001', 'D002')

執行結果▶▶

	結果	訊息
	學號	姓名	系碼
1	S0003	王五	D003
2	S0005	李安	D004

❖圖4-52

4-6-3 Between／And範圍條件

定義▶▶ Between/And是用來指定一個範圍,表示資料值必須是在最小值(含)與最大值(含)之間的範圍資料。

註:等同於「≧最小值 And　最大值≦」。

範例▶▶ 在「選課資料表」中查詢成績60到90分之間的學生的「學號」、「課號」及「成績」(參見第4-1-2節)。

解答▶▶ 💿 資料庫名稱:ch4_DB.mdf

SQL 指令
use ch4_DB SELECT 學號 , 課號 , 成績 FROM 選課資料表　　　等同於 WHERE 成績 Between 60 And 90 　成績>=60 And 成績<=90

執行結果▶▶

❖圖4-53

註：等同於「≧最小值 And　最大值≦」

隨堂練習

Q1

在「選課資料表」中查詢修課號為C004或C005，成績60到90分之間的學生的「學號」、「課號」及「成績」（利用Between/And）。

A 資料庫名稱：ch4_DB.mdf （參見第4-1-2節）

SQL指令
use ch4_DB
SELECT 學號, 課號, 成績
FROM 選課資料表
WHERE 課號 In ('C004', 'C005') AND 成績 Between 60 And 90

執行結果：

❖圖4-54

●● 隨堂練習 ●●

Q2 在「選課資料表」中查詢修課號為C004或C005的成績60到90之間的學生的「學號」、「課號」及「成績」（利用比較運算式）（參見第7-1-2節）。

A 💿 資料庫名稱：ch4_DB.mdf

SQL指令
use ch4_DB
SELECT 學號, 課號, 成績
FROM 選課資料表
WHERE 課號 In ('C004','C005') AND 成績>=60 And 成績<=90;

執行結果：

	學號	課號	成績
1	S0001	C005	73
2	S0002	C005	63
3	S0003	C005	70
4	S0004	C004	88
5	S0004	C005	68

❖圖4-55

Q3 在「選課資料表」中查詢不是介於成績60到90之間的學生的「學號」、「課號」及「成績」。

A 💿 資料庫名稱：ch4_DB.mdf

SQL指令
use ch4_DB
SELECT 學號, 課號, 成績
FROM 選課資料表
WHERE 成績 NOT Between 60 And 90;

執行結果：

	學號	課號	成績
1	S0001	C001	56
2	S0002	C002	92
3	S0003	C004	92

❖圖4-56

4-7 使用「算術運算子」

定義 ▸▸ 在Where條件式中還提供算術運算的功能,讓使用者可以設定某些欄位的數值做四則運算。其常用的算術運算子如表4-8所示:

❖ 表4-8　算術運算子表

運算子	功能	例子	執行結果
+（加）	A 與 B 兩數相加	14+28	42
-（減）	A 與 B 兩數相減	28-14	14
*（乘）	A 與 B 兩數相乘	5*8	40
/（除）	A 與 B 兩數相除	10/3	3.33333333…
%（餘除）	A 與 B 兩數相除後,取餘數	10%3	1

範例 ▸▸ 在「選課資料表」中查詢學生成績乘1.2倍後還尚未達70分的學生,顯示「學號」、「課程代號」及「成績」。

解答 ▸▸ 💿 資料庫名稱:ch4_DB.mdf （參見第4-1-2節）

SQL 指令
use ch4_DB
SELECT 學號 , 課號 , 成績
FROM 選課資料表
WHERE 成績 *1.2<70

執行結果 ▸▸

❖ 圖4-57

4-8 使用「聚合函數」

●●●●●

定義 ▶▶ 在SQL中提供聚合函數來讓使用者統計資料表中數值資料的最大值、最小值、平均值及合計值等等。其常用的聚合函數種類如表4-9所示：

❖表4-9　聚合函數表

聚合函數	說明
Count(*)	計算個數函數
Count(欄位名稱)	計算該欄位名稱之不具 NULL 值列的總數
Avg	計算平均函數
Sum	計算總和函數
Max	計算最大值函數
Min	計算最小值函數

4-8-1 紀錄筆數（Count）

定義 ▶▶ COUNT函數是用來計算橫列紀錄的筆數。

範例 ▶▶ 在「學生資料表」中查詢目前選修課程的全班人數。

解答 ▶▶ 💿 資料庫名稱：ch4_DB.mdf （參見第4-1-2節）

SQL 指令
use ch4_DB
SELECT Count(*) AS 全班人數
FROM 學生資料表

執行結果 ▶▶

❖圖4-58

隨堂練習

Q1

在「選課資料表」中查詢已經選課的「筆數」。

A ◎ 資料庫名稱：ch4_DB.mdf

SQL指令
use ch4_DB SELECT Count(*) AS 全班人數 FROM 選課資料表;

執行結果：

❖圖4-59

Q2

在「選課資料表」中查詢已經有「成績」紀錄的筆數。

A ◎ 資料庫名稱：ch4_DB.mdf

SQL指令
use ch4_DB SELECT Count(成績) AS 有成績總筆數 FROM 選課資料表;

執行結果：

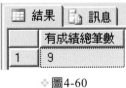

❖圖4-60

註：Count(欄位名稱)→計算該欄位名稱之不具NULL值列的總數。

4-8-2 平均數（AVG）

定義▶▶ AVG函數用來傳回一組紀錄在某欄位內容值中的平均值。

範例▶▶ 在「選課資料表」中查詢有選修「課程代號」為「C005」的全班平均成績。

解答▶▶  資料庫名稱：ch4_DB.mdf （參見第4-1-2節）

SQL 指令
use ch4_DB
SELECT AVG(成績) AS 資料庫平均成績
FROM 選課資料表
WHERE 課號 ='C005'

執行結果▶▶

	資料庫平均成績
1	68

❖圖4-61

●● 隨堂練習 ●●

Q1

在「選課資料表」中查詢「學號」為「S0001」的各科總平均成績。

A 資料庫名稱：ch4_DB.mdf

SQL指令
use ch4_DB
SELECT AVG(成績) AS 平均成績
FROM 選課資料表
WHERE 學號='S0001';

執行結果：

	平均成績
1	64

❖圖4-62

隨堂練習

02 在「選課資料表」中計算每一位同學所修之科目的平均成績。

A 資料庫名稱：ch4_DB.mdf （參見第7-1-2節）

SQL指令
use ch4_DB SELECT 學號, **AVG(成績)** AS 平均成績 FROM 選課資料表 GROUP BY 學號

執行結果：

	學號	平均成績
1	S0001	64
2	S0002	77
3	S0003	81
4	S0004	77
5	S0005	NULL

❖圖4-63

說明：本題必須要使用到分群的技術，請參考第7-10-1節「Group By欄位」。

03 假設有一個「學生成績表」，其目前的欄位名稱及內容如圖4-64所示。

資料庫名稱：ch4_hwDB.mdf

	學號	姓名	資料庫	資料結構	程式設計
1	S0001	一心	100	85	80
2	S0002	二聖	70	75	90
3	S0003	三多	85	75	80
4	S0004	四維	95	100	100
5	S0005	五福	80	65	70
6	S0006	六合	60	55	80
7	S0007	七賢	45	45	70
8	S0008	八德	55	30	50
9	S0009	九如	70	65	70
10	S0010	十全	60	55	80

❖圖4-64

請撰寫一段SQL指令來顯示各科目的總平均成績。

Ａ

SQL指令
use ch4_hwDB SELECT AVG(資料庫) AS 資料庫平均成績, AVG(資料結構) AS 資料結構平均成績, 　　　AVG(程式設計) AS 程式設計平均成績 FROM 學生成績表;

執行結果：

	結果		訊息	
	資料庫平均成績	資料結構平均成績	程式設計平均成績
1	72	65	77

❖圖4-65

Q4

假設有一個「學生成績表」，其目前的欄位名稱及內容如圖4-66所示：

💿 資料庫名稱：ch4_hwDB.mdf

	學號	姓名	資料庫	資料結構	程式設計
1	S0001	一心	100	85	80
2	S0002	二聖	70	75	90
3	S0003	三多	85	75	80
4	S0004	四維	95	100	100
5	S0005	五福	80	65	70
6	S0006	六合	60	55	80
7	S0007	七賢	45	45	70
8	S0008	八德	55	30	50
9	S0009	九如	70	65	70
10	S0010	十全	60	55	80

❖圖4-66

請撰寫一段SQL指令來顯示「一心」、「二聖」、「三多」三位同學之「資料庫」的總平均成績。

SQL指令
use ch4_hwDB SELECT AVG(資料庫) AS 三位同學的資料庫平均成績 FROM 學生成績表 WHERE 姓名 IN ('一心', '二聖', '三多');

執行結果：

❖ 圖4-67

4-8-3 總和（Sum）

定義 ▸▸ SUM函數是用來傳回一組紀錄在某欄位內容值的總和。

範例 ▸▸ 在「選課資料表」中查詢有選修「課程代號」為「C005」的全班總成績。

解答 ▸▸ 💿 資料庫名稱：ch4_DB.mdf （參見第4-1-2節）

SQL 指令
use ch4_DB SELECT SUM(成績) AS 資料庫總成績 FROM 選課資料表 WHERE 課號 ='C005'

執行結果 ▸▸

❖ 圖4-68

隨堂練習

Q1

在「選課資料表」中查詢「學號」爲「S0001」的各科總成績。

A ◎ 資料庫名稱：ch4_DB.mdf

SQL指令
use ch4_DB SELECT SUM(成績) AS 總成績 FROM 選課資料表 WHERE 學號='S0001';

執行結果：

❖圖4-69

Q2

假設有一個「學生成績表」，其目前的欄位名稱及內容如圖4-69所示：

◎ 資料庫名稱：ch4_hwDB.mdf

	學號	姓名	資料庫	資料結構	程式設計
1	S0001	一心	100	85	80
2	S0002	二聖	70	75	90
3	S0003	三多	85	75	80
4	S0004	四維	95	100	100
5	S0005	五福	80	65	70
6	S0006	六合	60	55	80
7	S0007	七賢	45	45	70
8	S0008	八德	55	30	50
9	S0009	九如	70	65	70
10	S0010	十全	60	55	80

❖圖4-70

隨堂練習

A

SQL指令
use ch4_hwDB SELECT **SUM**(資料庫) AS 資料庫總成績 FROM 學生成績表;

執行結果：

❖圖4-71

4-8-4 最大值（MAX）

定義▸▸ MAX函數用來傳回一組紀錄在某欄位內容值中的最大值。

範例▸▸ 在「選課資料表」中，查詢有選修「課程代號」為「C005」的全班成績最高分。

解答▸▸ 💿 資料庫名稱：ch4_DB.mdf （參見第4-1-2節）

SQL 指令
use ch4_DB SELECT **MAX**(成績) AS 資料庫最高分 FROM 選課資料表 WHERE 課號 ='C005'

執行結果▸▸

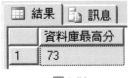

❖圖4-72

●●．隨堂練習 ●●

Q1

在「選課資料表」中查詢「成績」介於「60~80」分中最高分為何？

A　📀 資料庫名稱：ch4_DB.mdf

SQL指令
use ch4_DB
SELECT MAX(成績) AS 資料庫成績介於60至80之最高分
FROM 選課資料表
WHERE 成績 Between 60 And 80;

執行結果：

	資料庫成績介於60至80之最高分
1	75

❖圖4-73

4-8-5　最小值（MIN）

定義▶▶　MIN函數用來傳回一組紀錄在某欄位內容值中的最小值。

範例▶▶　在「選課資料表」中查詢有選修「課號」為「C005」的全班成績最低分。

解答▶▶　📀 資料庫名稱：ch4_DB.mdf （參見第4-1-2節）

SQL 指令
use ch4_DB
SELECT MIN(成績) AS 資料庫最低分
FROM 選課資料表
WHERE 課號 ='C005'

執行結果▶▶

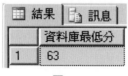

	資料庫最低分
1	63

❖圖4-74

●●● 隨堂練習 ●●●

Q 在「選課資料表」中查詢「及格成績」中最低分者為何？

A 📀 資料庫名稱：ch4_DB.mdf

SQL指令
use ch4_DB SELECT MIN(成績) AS [「及格成績」中最低分] FROM 選課資料表 WHERE 成績 Between 60 And 100;

執行結果：

	「及格成績」中最低分
1	63

❖圖4-75

▪ 老師上課動態展示

解答 ▸▸ 在附書光碟的範例程式中，檔名為：ch4_8/ch4_8.sln。

4-9

使用「排序及排名次」

●●●●●

定義▶▶　雖然撰寫SQL指令來查詢所需的資料非常容易，但如果顯示的結果筆數非常龐大，而沒有按照某一順序及規則來顯示，可能會顯得非常混亂。還好SQL指令還有提供排序的功能。其常用的排序及排名次的子句種類如表4-10所示：

❖表4-10　排序及排名次函數表

排序指令	說明
ORDER BY 成績 Asc	Asc　←　可以省略（由小至大）
ORDER BY 成績 Desc	Desc　←　不可以省略（由大至小）
Top N	取排名前 N 名
Top N Percent	取排名前N%名

註：ASC——Ascending（遞增）　　DESC——Descending（遞減）

4-9-1　Asc遞增排序

定義▶▶　資料紀錄的排序方式是由小至大排列。

範例▶▶　在「選課資料表」中查詢全班成績由低到高分排序。

解答▶▶　　💿 資料庫名稱：ch4_DB.mdf　（參見第4-1-2節）

SQL 指令
use ch4_DB SELECT 學號 , 課號 , 成績 FROM 選課資料表 ORDER BY 成績 Asc

執行結果▶▶

	學號	課號	成績
1	S0005	C005	NULL
2	S0001	C001	56
3	S0002	C005	63
4	S0004	C005	68
5	S0003	C005	70
6	S0001	C005	73
7	S0004	C003	75
8	S0004	C004	88
9	S0002	C002	92
10	S0003	C004	92

❖圖4-76

隨堂練習

Q1 在「選課資料表」中查詢全班成績,並由低到高分排序(但缺考的除外)。

A 💿 資料庫名稱:ch4_DB.mdf (參見第4-1-2節)

SQL指令
use ch4_DB SELECT 學號, 課號, 成績 FROM 選課資料表 WHERE 成績 IS NOT NULL ORDER BY 成績;

執行結果:

	學號	課號	成績
1	S0001	C001	56
2	S0002	C005	63
3	S0004	C005	68
4	S0003	C005	70
5	S0001	C005	73
6	S0004	C003	75
7	S0004	C004	88
8	S0002	C002	92
9	S0003	C004	92

❖圖4-77

Q2 在「選課資料表」中查詢有選修「課號」為「C005」的全班成績,並由低到高分排序。

A 💿 資料庫名稱:ch4_DB.mdf (參見第4-1-2節)

SQL指令
use ch4_DB SELECT 學號, 課號, 成績 FROM 選課資料表 WHERE 課號='C005' ORDER BY 成績 Asc

執行結果:

	學號	課號	成績
1	S0005	C005	NULL
2	S0002	C005	63
3	S0004	C005	68
4	S0003	C005	70
5	S0001	C005	73

❖圖4-78

●● 隨堂練習 ●●

Q3

在「選課資料表」中查詢有選修「課號」為「C005」的全班成績,並由低到高分
排序(但缺考的除外)。

A 💿 資料庫名稱:ch4_DB.mdf （參見第4-1-2節）

SQL指令
use ch4_DB
SELECT 學號, 課號, 成績
FROM 選課資料表
WHERE 課號='C005' AND 成績 IS NOT NULL
ORDER BY 成績 Asc

執行結果:

	結果	訊息	
	學號	課號	成績
1	S0002	C005	63
2	S0004	C005	68
3	S0003	C005	70
4	S0001	C005	73

❖圖4-79

4-9-2 Desc遞減排序

定義▶▶ 資料紀錄的排序方式是由大至小排列。

範例▶▶ 在「選課資料表」中查詢的全班成績由高到低分排序。

解答▶▶ 💿 資料庫名稱:ch4_DB.mdf （參見第4-1-2節）

SQL 指令
use ch4_DB
SELECT 學號 , 課號 , 成績
FROM 選課資料表
ORDER BY 成績 DESC

執行結果

	學號	課號	成績
1	S0002	C002	92
2	S0003	C004	92
3	S0004	C004	88
4	S0004	C003	75
5	S0001	C005	73
6	S0003	C005	70
7	S0004	C005	68
8	S0002	C005	63
9	S0001	C001	56
10	S0005	C005	NULL

圖4-80

隨堂練習

Q1

在「選課資料表」中查詢全班成績，並由高到低分排序（但缺考的除外）。

A 資料庫名稱：ch4_DB.mdf（參見第4-1-2節）

SQL指令

```
use ch4_DB
SELECT 學號, 課號, 成績
FROM 選課資料表
WHERE 成績 IS NOT NULL
ORDER BY 成績 DESC
```

執行結果：

	學號	課號	成績
1	S0002	C002	92
2	S0003	C004	92
3	S0004	C004	88
4	S0004	C003	75
5	S0001	C005	73
6	S0003	C005	70
7	S0004	C005	68
8	S0002	C005	63
9	S0001	C001	56

圖4-81

●●隨堂練習●●

Q2 在「選課資料表」中查詢「學號」為「S0004」的同學，成績依由高到低分排序。

A 💿 資料庫名稱：ch4_DB.mdf （參見第4-1-2節）

SQL指令
use ch4_DB
SELECT 學號, 課號, 成績
FROM 選課資料表
WHERE 學號='S0004'
ORDER BY 成績 DESC

執行結果：

	學號	課號	成績
1	S0004	C004	88
2	S0004	C003	75
3	S0004	C005	68

❖圖4-82

4-9-3 比較複雜的排序

定義▶▶ 指定一個欄位以上來做排序時，則先以第一個欄位優先排序；當資料相同時，則再以第二個欄位進行排序，依此類推。

範例▶▶ 在「選課資料表」中查詢結果按照學號升冪排列之後，再依成績升冪排列。

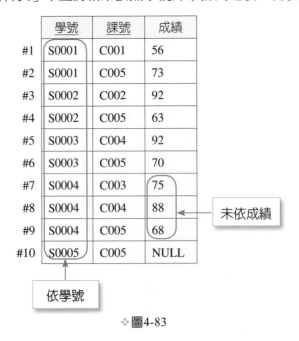

	學號	課號	成績	
#1	S0001	C001	56	
#2	S0001	C005	73	
#3	S0002	C002	92	
#4	S0002	C005	63	
#5	S0003	C004	92	
#6	S0003	C005	70	
#7	S0004	C003	75	
#8	S0004	C004	88	← 未依成績
#9	S0004	C005	68	
#10	S0005	C005	NULL	

依學號

❖圖4-83

解答▶▶　💿資料庫名稱：ch4_DB.mdf　（參見第4-1-2節）

SQL 指令
use ch4_DB
SELECT 學號 , 課號 , 成績
FROM 選課資料表
ORDER BY 學號 , 成績 ◀── 欄位名稱之間必須要以「,（逗點）來做區隔」

執行結果▶▶

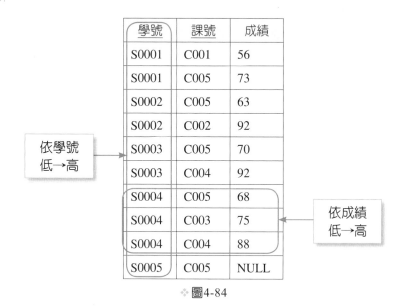

依學號
低→高

依成績
低→高

學號	課號	成績
S0001	C001	56
S0001	C005	73
S0002	C005	63
S0002	C002	92
S0003	C005	70
S0003	C004	92
S0004	C005	68
S0004	C003	75
S0004	C004	88
S0005	C005	NULL

❖圖4-84

隨堂練習

Q1 在「選課資料表」中查詢結果按照「學號」升冪排列之後，再依「成績」降冪排列（亦即由高分到低分）。

A 💿資料庫名稱：ch4_DB.mdf　（參見第4-1-2節）

SQL指令
use ch4_DB
SELECT 學號, 課號, 成績
FROM 選課資料表
ORDER BY 學號 ASC, 成績 DESC;

● ● 隨堂練習 ● ●

執行結果：

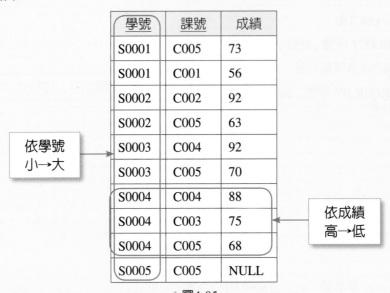

學號	課號	成績
S0001	C005	73
S0001	C001	56
S0002	C002	92
S0002	C005	63
S0003	C004	92
S0003	C005	70
S0004	C004	88
S0004	C003	75
S0004	C005	68
S0005	C005	NULL

依學號 小→大

依成績 高→低

❖圖4-85

Q2 在「選課資料表」中查詢選修學生「學號」為「S0003」與「S0004」二位同學的資料，其結果按照「學號」升冪排列之後，再依「成績」升冪排列（亦即由低分到高分）。

A 🔘 資料庫名稱：ch4_DB.mdf （參見第7-1-2節）

SQL指令
use ch4_DB SELECT 學號, 課號, 成績 FROM 選課資料表 WHERE 學號 IN('S0003', 'S0004') ORDER BY 學號, 成績;

執行結果：

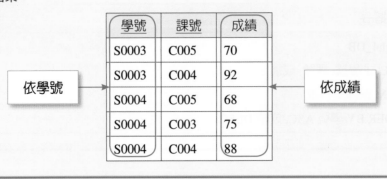

學號	課號	成績
S0003	C005	70
S0003	C004	92
S0004	C005	68
S0004	C003	75
S0004	C004	88

依學號

依成績

4-9-4　Top N

定義►► 資料紀錄在排序之後，取排名前N名。

使用時機►► 總筆數已知，例如：全班10人中取前三名。

範例►► 在「選課資料表」中查詢有選修「課程代號」為「C005」的5個同學中，成績前二名的同學。

解答►► 🔘 資料庫名稱：ch4_DB.mdf （參見第4-1-2節）

SQL 指令
use ch4_DB
SELECT TOP 2 *
FROM 選課資料表
WHERE 課號 ='C005'
ORDER BY 成績 DESC

執行結果►►

	學號	課號	成績
1	S0001	C005	73
2	S0003	C005	70

❖圖4-87

●●● 隨堂練習 ●●●

Q1 假設有一個「學生成績表」，其目前的欄位名稱及內容如圖4-88所示：

🔘 資料庫名稱：ch4_hwDB.mdf

	學號	姓名	資料庫	資料結構	程式設計
1	S0001	一心	100	85	80
2	S0002	二聖	70	75	90
3	S0003	三多	85	75	80
4	S0004	四維	95	100	100
5	S0005	五福	80	65	70
6	S0006	六合	60	55	80
7	S0007	七賢	45	45	70
8	S0008	八德	55	30	50
9	S0009	九如	70	65	70
10	S0010	十全	60	55	80

❖圖4-88

● ● 隨堂練習 ● ●

請撰寫一段SQL指令來顯示全班「資料庫」的成績為前三名的同學名單。

執行結果：

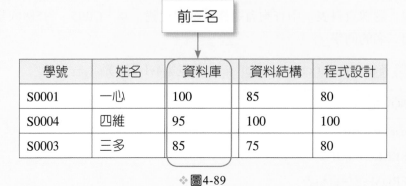

前三名

學號	姓名	資料庫	資料結構	程式設計
S0001	一心	100	85	80
S0004	四維	95	100	100
S0003	三多	85	75	80

❖圖4-89

A

SQL指令
use ch4_hwDB
SELECT TOP 3 *
FROM 學生成績表
ORDER BY 資料庫 DESC;

Q2

假設有一個「學生成績表」，其目前的欄位名稱及內容如圖4-90所示：

◉ 資料庫名稱：ch4_hwDB.mdf

	學號	姓名	資料庫	資料結構	程式設計
1	S0001	一心	100	85	80
2	S0002	二聖	70	75	90
3	S0003	三多	85	75	80
4	S0004	四維	95	100	100
5	S0005	五福	80	65	70
6	S0006	六合	60	55	80
7	S0007	七賢	45	45	70
8	S0008	八德	55	30	50
9	S0009	九如	70	65	70
10	S0010	十全	60	55	80

❖圖4-90

● 隨堂練習 ●

請撰寫一段SQL指令來顯示全班「資料庫」的成績為後三名的同學名單。

執行結果：

學號	姓名	資料庫	資料結構	程式設計
S0007	七賢	45	45	70
S0008	八德	55	30	50
S0006	六合	60	55	80

❖圖4-91

Ａ

SQL指令
use ch4_hwDB SELECT TOP 3 * FROM 學生成績表 ORDER BY 資料庫   ASC;

4-9-5　Top N Percent

定義 ▸▸ 資料紀錄在排序之後，取排名前N%名。

使用時機 ▸▸ 總筆數未知，例如：全班中的前30%是高分群學生。

範例 ▸▸ 在「選課資料表」中查詢有選修「課程代號」為「C005」的5個同學中，成績前30%的同學。

解答 ▸▸ 💿 資料庫名稱：ch4_DB.mdf （參見第4-1-2節）

SQL 指令
use ch4_DB SELECT TOP 30 PERCENT * FROM 選課資料表 WHERE 課號 ='C005' ORDER BY 成績 DESC

執行結果 ▶▶　　若未指明ASC或DESC，則系統自動選用ASC。

	學號	課號	成績
1	S0001	C005	73
2	S0003	C005	70

❖圖4-92

隨堂練習

Q1 假設有一個「學生成績表」，其目前的欄位名稱及內容如圖4-93所示：

💿 資料庫名稱：ch4_hwDB.mdf

	學號	姓名	資料庫	資料結構	程式設計
1	S0001	一心	100	85	80
2	S0002	二聖	70	75	90
3	S0003	三多	85	75	80
4	S0004	四維	95	100	100
5	S0005	五福	80	65	70
6	S0006	六合	60	55	80
7	S0007	七賢	45	45	70
8	S0008	八德	55	30	50
9	S0009	九如	70	65	70
10	S0010	十全	60	55	80

❖圖4-93

請撰寫一段SQL指令來顯示全班「資料庫」的成績為高分群（前30%）的同學名單。

執行結果：

前30%

學號	姓名	資料庫	資料結構	程式設計
S0001	一心	100	85	80
S0004	四維	95	100	100
S0003	三多	85	75	80

❖圖4-94

A

SQL指令

use ch4_hwDB
SELECT TOP 30 PERCENT *
FROM 學生成績表
ORDER BY 資料庫 DESC;

●●. 隨堂練習 ●●

Q2

假設有一個「學生成績表」，其目前的欄位名稱及內容如圖4-95所示：

💿 資料庫名稱：ch4_hwDB.mdf

	學號	姓名	資料庫	資料結構	程式設計
1	S0001	一心	100	85	80
2	S0002	二聖	70	75	90
3	S0003	三多	85	75	80
4	S0004	四維	95	100	100
5	S0005	五福	80	65	70
6	S0006	六合	60	55	80
7	S0007	七賢	45	45	70
8	S0008	八德	55	30	50
9	S0009	九如	70	65	70
10	S0010	十全	60	55	80

❖圖4-95

請撰寫一段SQL指令來顯示全班「資料庫」的成績為低分群（後30%）的同學名單。

執行結果：

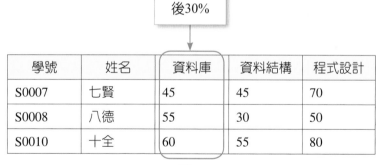

後30%

學號	姓名	資料庫	資料結構	程式設計
S0007	七賢	45	45	70
S0008	八德	55	30	50
S0010	十全	60	55	80

❖圖4-96

A

SQL指令
use ch4_hwDB
SELECT TOP 30 PERCENT *
FROM 學生成績表
ORDER BY 資料庫 ASC

4-10
使用「群組化」

●●●●●

定義▶▶　利用SQL語言，我們可以將某些特定欄位的值相同的紀錄全部組合起來，以進行群組化。接著就可以在這個群組內求出各種統計分析。

語法▶▶　Group By 欄位1, 欄位2, …, 欄位n [Having 條件式]

1. Group By可單獨存在，它是將數個欄位組合起來，以作為每次動作的依據。

2. [Having 條件式]是將數個欄位以條件組合起來。它不可以單獨存在。

3. WHERE子句與HAVING子句之差別如表4-11。

❖表4-11　WHERE子句與HAVING子句之差別

	WHERE子句	HAVING子句
執行順序	GROUP BY之前	GROUP BY之後
聚合函數	不能使用聚合函數	可以使用

4. SQL的執行順序，如圖4-97。

①	FROM	指定所需表格，如兩個表格以上（含）先做卡氏積運算，再 JOIN
	↓	
②	ON	資料表 JOIN 的條件
	↓	
③	[Inner	Left	Right]	Join 資料表
	↓	
④	WHERE	找出符合指定條件的所有列，一般不含聚合函數
	↓	
⑤	GROUP BY	根據指定欄位來分群
	↓	
⑥	HAVING	找出符合指定條件的所有群組，都是利用聚合函數
	↓	
⑦	SELECT	指定欄位並輸出結果
	↓	
⑧	DISTINCT	列出不重複的紀錄
	↓	
⑨	ORDER BY	排序
	↓	
⑩	TOP N	列出前 N 筆紀錄

❖圖4-97　SQL的執行順序

4-10-1　Group By欄位

定義▶▶　Group By可單獨存在，它是將數個欄位組合起來，以作為每次動作的依據。

語法▶▶

Select 欄位 1, 欄位 2, 聚合函數運算
From 資料表
Where 過濾條件
Group By 欄位 1, 欄位 2

說明▶▶　在Select的「非聚合函數」內容一定要出現在Group By中，因為先群組化才能Select。

範 例 1

在「選課資料表」中，查詢每一位同學各選幾門科目（參見第4-1-2節）。

解答▶▶　📀 資料庫名稱：ch4_DB.mdf

SQL 指令

use ch4_DB
SELECT 學號 , Count(*) AS 選科目數
FROM 選課資料表
GROUP BY 學號

註：在Select所篩選的非聚合函數，例如：學號，一定會在Group By後出現。

執行結果▶▶

	學號	選科目數
1	S0001	2
2	S0002	2
3	S0003	2
4	S0004	3
5	S0005	1

❖圖4-98

範 例 2

在「選課資料表」中計算每一位同學所修之科目的平均成績。

解答▶▶ 💿 資料庫名稱：ch4_DB.mdf （參見第4-1-2節）

SQL 指令
use ch4_DB
SELECT 學號 , AVG(成績) AS 平均成績
FROM 選課資料表
GROUP BY 學號

執行結果▶▶

	學號	平均成績
1	S0001	64
2	S0002	77
3	S0003	81
4	S0004	77
5	S0005	NULL

❖圖4-99

範 例 3

在「選課資料表」中，將每個課程的選修人數印出來，印出之結果並按「課程代號」由大到小排序。（參見第4-1-2節）

解答▶▶ 💿 資料庫名稱：ch4_DB.mdf

SQL 指令
use ch4_DB
SELECT 課號 , Count(*) AS 選課學生人數
FROM 選課資料表
GROUP BY 課號
ORDER BY 課號 DESC

執行結果▶▶

	課號	選課學生人數
1	C005	5
2	C004	2
3	C003	1
4	C002	1
5	C001	1

❖圖4-100

範 例 4

在「選課資料表」中，將每個課程的選修人數及該科最高分數印出來，印出之結果並按「課號」由小到大排序（參見第4-1-2節）。

解答▶▶　💿 資料庫名稱：ch4_DB.mdf

SQL 指令
use ch4_DB SELECT　課號 , Count(*) AS 選課學生人數 , MAX(成績) AS 最高分成績 FROM 選課資料表 **GROUP BY** 課號 **ORDER BY** 課號

執行結果▶▶

	課號	選課學生人數	最高分成績
1	C001	1	56
2	C002	1	92
3	C003	1	75
4	C004	2	92
5	C005	5	73

❖ 圖4-101

範 例 5

在「選課資料表」中，將每個課程的選修人數及該科平均分數印出來，印出之結果並按課號由小到大排序。（參見第4-1-2節）

解答▶▶　💿 資料庫名稱：ch4_DB.mdf

SQL指令
use ch4_DB SELECT 課號 , Count(*) AS 選課學生人數 , AVG(成績) AS 平均成績 FROM 選課資料表 **GROUP BY** 課號 **ORDER BY** 課號

執行結果▶▶

	課號	選課學生人數	平均成績
1	C001	1	56
2	C002	1	92
3	C003	1	75
4	C004	2	90
5	C005	5	68

❖ 圖4-102

4-10-2 Having條件式

定義▶▶ Having條件式是將數個欄位中以條件組合起來，它不可以單獨存在。

範 例 ①

在「選課資料表」中，計算所修之科目的平均成績，將大於等於70分者顯示出來。

解答▶▶ 🔘 資料庫名稱：ch4_DB.mdf

SQL 指令
use ch4_DB
SELECT 學號 , AVG(成績) AS 平均成績
FROM 選課資料表
GROUP BY 學號
HAVING AVG(成績)>=70

執行結果▶▶

	學號	平均成績
1	S0002	77
2	S0003	81
3	S0004	77

❖圖4-103

範 例 ②

在「選課資料表」中，將選修課程在二科及二科以上的學生學號資料列出來。

解答▶▶ 🔘 資料庫名稱：ch4_DB.mdf （參見第4-1-2節）

SQL 指令
use ch4_DB
SELECT 學號 , Count(*) AS 選修數目
FROM 選課資料表
GROUP BY 學號
HAVING COUNT(*)>=2

執行結果▶▶

	學號	選修數目
1	S0001	2
2	S0002	2
3	S0003	2
4	S0004	3

❖圖4-104

Where子句與HAVING子句之差異

1. Where子句是針對尚未群組化的欄位來進行篩選。

2. HAVING子句則是針對已經群組化的欄位來取出符合條件的列。

4-11

使用「刪除重複」

○ ○ ○ ● ●

定義 ▶▶ 利用Distinct指令來將所得結果有重複者去除重複。若有一學生選了3門課程,其學號只能出現一次。

4-11-1　ALL（預設）使查詢結果的紀錄可能重複

定義 ▶▶ 沒有利用Distinct指令。

範例 ▶▶ 在「選課資料表」中,將有選修課程的學生之「學號」、「課號」印出來。

解答 ▶▶ 💿 資料庫名稱:ch4_DB.mdf

SQL指令
use ch4_DB
SELECT 學號, 課號
FROM 選課資料表

執行結果 ▶▶

	學號	課號
1	S0001	C001
2	S0001	C005
3	S0002	C002
4	S0002	C005
5	S0003	C004
6	S0003	C005
7	S0004	C003
8	S0004	C004
9	S0004	C005
10	S0005	C005

❖ 圖4-105

註:沒有利用Distinct指令時,產生資料重複出現的現象。

4-11-2 DISTINCT使查詢結果的紀錄不重複出現

定義 ▶▶ 　如果使用DISTINCT子句，則可以將所指定欄位中重複的資料去除掉之後再顯示。指定欄位的時候，可以指定一個以上的欄位，但是必須使用「,（逗點）」來區隔欄位名稱。

DISTINCT的注意事項

1. 不允許配合COUNT(*)使用。

2. 允許配合COUNT（屬性）使用。

3. 對於MIN()與MAX()是沒有作用的。

範例 ▶▶ 　在「選課資料表」中，將有選修課程的學生之「學號」印出來。

解答 ▶▶ 　🔘 資料庫名稱：ch4_DB.mdf

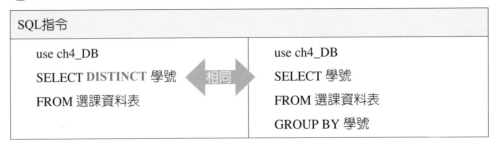

SQL指令	
use ch4_DB SELECT DISTINCT 學號　　**相同** FROM 選課資料表	use ch4_DB SELECT 學號 FROM 選課資料表 GROUP BY 學號

執行結果 ▶▶

	學號
1	S0001
2	S0002
3	S0003
4	S0004
5	S0005

❖ 圖4-106

註：利用Distinct指令時，刪除資料重複的現象。如果沒有指定Distinct指令時，則預設值為ALL，其查詢結果會重複。

本章習題

基本題

1. 在利用SQL語言的SELECT來查詢資料時,如果沒有指定欄位的話,我們可以直接利用星號「*」代表所有的欄位名稱。請問其優缺點為何?

2. 在利用SQL語言的SELECT來查詢資料時,如果直接指定欄位,而不使用星號「*」代表所有的欄位名稱,請問其優缺點為何?

3. 在利用SQL語言的SELECT來查詢資料時,使用「別名」來取代原本的欄位名稱。此種作法之適用時機為何呢?

4. 在「學生資料表」中,若利用「Like模糊相似條件」來查詢學號為「S1005」的學生詳細資料。請撰寫SQL指令來查詢此功能。

5. 在「學生資料表」中,若利用「Like模糊相似條件」查詢姓名不是姓「李」的學生基本資料。請撰寫SQL指令來查詢此功能。

6. 在「成績資料表」中,若利用「IN集合條件」來查詢學生沒有任選一個「課程代號」為「C004」或「課程代號」為「C005」的學生的「學號」、「課程代號」及「成績」。請撰寫SQL指令來查詢此功能。

7. 輸出產品檔的產品代號及單價,而且單價由小到大排序。

產品檔

	產品代號	品名	單價
#1	P12	羽球拍	780
#2	P23	桌球鞋	520
#3	P44	桌球衣	250
#4	P52	桌球皮	990

請撰寫SQL指令來查詢此功能。

8. 請利用SQL語言的DML來查詢「選課資料表」中,各加15分之後,成績介於60到90分之間的學生之「學號」及「成績」資料。

進階題

1. 假設有一個「學生成績表」，其目前的欄位名稱及內容如下所示：

	學號	姓名	資料庫	資料結構	程式設計
1	S0001	一心	100	85	80
2	S0002	二聖	70	75	90
3	S0003	三多	85	75	80
4	S0004	四維	95	100	100
5	S0005	五福	80	65	70
6	S0006	六合	60	55	80
7	S0007	七賢	45	45	70
8	S0008	八德	55	30	50
9	S0009	九如	70	65	70
10	S0010	十全	60	55	80

請撰寫一段SQL指令來查詢哪些同學的「資料庫」成績低於平均成績。

2. 在「學生成績表」中，請撰寫一段SQL指令來查詢「資料庫」成績最高分的同學資料。

3. 在「學生成績表」中，撰寫一段SQL指令來查詢全班「資料庫」成績，並由低到高分排序，但缺考的除外。

4. 在「學生資料表」中查詢結果按照「學號」升冪排列之後，再依「資料庫」成績降冪排列（亦即由高分到低分）。

5. 在「成績資料表」中，若利用「Between……And範圍條件」來查詢修「課程代號」為C004或C005，成績不在60到90分之間的學生的「學號」、「課程代號」及「成績」。請撰寫SQL指令來查詢此功能。

6. 請利用SQL語言的DML在「選課資料表」中，先計算每一位同學所修之科目的平均成績，並將查詢到的平均成績介於60到90分之間的學生之「學號」及「成績」資料列出來。

CHAPTER 5

SQL Server

合併理論與實作

● **本章學習目標**

1. 讓讀者瞭解如何將「關聯式代數」轉換成「SQL指令」。

2. 讓讀者瞭解兩個及兩個以上資料表如何進行查詢的動作。

● **本章內容**

前言

在第3章及第4章中,我們介紹了基本SQL指令的撰寫方法,這對一般的學習者而言應該足夠了;但是,對一個專業程式設計師而言,可能尚嫌不足,因為在一個企業中,資訊系統所使用的資料庫系統可能是由許多個資料表所組成,並且每一個資料表的關聯程度,並非初學者可以想像的簡單,因此,讀者想變成一位專業資料庫程式設計師,就必須要再學習進階的SQL指令撰寫方法。

5-1 關聯式代數運算子

我們已經學會在關聯式資料庫中利用「關聯式代數」來表示一些集合運算子,例如:聯集、差集、交集及比較複雜的卡氏積、合併及除法。如表5-1所示。

❖表5-1 關聯式代數運算子

運算子		意義
非集合運算子	σ	限制(Restrict)
	π	投影(Project)
	×	卡氏積(Cartesian Product)
	⋈	合併(Join)
	÷	除法(Division)
集合運算子	∪	聯集(Union)
	∩	交集(Intersection)
	−	差集(Difference)

因此,我們在本章節將介紹如何將「關聯式代數」的理論基礎轉換成「SQL」來實作。

5-2
非集合運算子

基本上，非集合運算子有五種：

1. 限制（Restrict）
2. 投影（Project）
3. 卡氏積（Cartesian Product）
4. 合併（Join）
5. 除法（Division）

5-2-1 限制（Restrict）

定義 ▶▶ 是指在關聯表中選取符合某些條件的值組（紀錄），然後另成一個新的關聯表。

代表符號 ▶▶ σ（唸成sigma）

假設 ▶▶ P為選取的條件，則以 $\sigma_p(R)$ 代表此運算。其結果為原關聯表R紀錄的「水平」子集合。

關聯式代數 ▶▶ $\sigma_{條件}$(關聯表)

SQL語法 ▶▶

關聯表　　Where　　條件

其中，「條件」可用邏輯運算子（AND、OR、NOT）來組成。

概念圖 ▶▶

從關聯表R中選取符合條件（Predicate）P的值組。其結果為原關聯表R紀錄的「水平」子集合。如圖5-1所示：

R

A	B
a1	b1
a2	b2
a3	b3
a4	b4

P
=

$\sigma_P(R)$

A	B
a1	b1
a3	b3

❖圖5-1

對應SQL語法 ▶▶

SELECT	屬性集合
FROM	關聯表 R
WHERE	選取符合條件 P　　//水平篩選

實例 ▶▶　請在下列的學生選課表中，找出課程「學分數」為3的紀錄。

	學號	姓名	課號	課程名稱	學分數
#1	S0001	張三	C001	MIS	3
#2	S0002	李四	C005	XML	2
#3	S0003	王五	C002	DB	3
#4	S0004	林六	C004	SA	3

❖ 圖5-2

解答 ▶▶

關聯式代數	SQL
$\sigma_{\text{學分數}=3}$(學生選課表)　　　相當於 ➡	SELECT * FROM 學生選課表 WHERE 學分數='3'

執行結果 ▶▶　　📀 資料庫名稱：ch5_DB.mdf

	學號	姓名	課號	課程名稱	學分數
#1	S0001	張三	C001	MIS	3
#2	S0003	王五	C002	DB	3
#3	S0004	林六	C004	SA	3

❖ 圖5-3

5-2-2　投影（Project）

定義 ▶▶　是指在關聯表中選取想要的欄位（屬性），然後另成一個新的關聯表。

代表符號 ▶▶　　π（唸成pai）

假設 ▶▶　關聯表R中選取想要的欄位為A1、A2、A3、…、An，則以 $\pi_{A1, A2, A3 \cdots An}(R)$ 表示此投影運算。其結果為原關聯表R的「垂直」子集合。

關聯式代數 ▶▶　　$\pi_{\text{欄位}}$(關聯表)

SQL語法 ►►

Select 欄位 From 關聯表

其中,「欄位」可以由數個欄位所組成。

概念圖 ►►

從關聯表R中選取想要的欄位。其結果為原關聯表R紀錄的「垂直」子集合。
如圖5-4所示:

R

A	B	C
a1	b1	c1
a2	b2	c2
a3	b3	c3
a4	b4	c4

=

$\pi_{欄位}(R)$

A	C
a1	c1
a2	c2
a3	c3
a4	c4

❖圖5-4

格式 ►►

SELECT 屬性集合 //垂直篩選
FROM 資料表名稱

範例 ►► 請在圖5-5的學生選課表中,找出學生「姓名」與「課程名稱」。

	學號	姓名	課號	課程名稱	學分數
#1	S0001	張三	C001	MIS	3
#2	S0002	李四	C005	XML	2
#3	S0003	王五	C002	DB	3
#4	S0004	林六	C004	SA	3

❖圖5-5

解答 ►►

關聯式代數	SQL
$\pi_{姓名,課程名稱}$(學生選課表) 相當於	SELECT 姓名, 課程名稱 FROM 學生選課表

執行結果 ►► 💿 資料庫名稱:ch5_DB.mdf

	姓名	課程名稱
#1	張三	MIS
#2	李四	XML
#3	王五	DB
#4	林六	SA

❖圖5-6

5-2-3 卡氏積（Cartesian Product）

定義 ▶▶ 是指將兩關聯表R_1與R_2的紀錄利用集合運算中的「乘積運算」形成新的關聯表R_3。卡氏積（Cartesian Product）也稱交叉乘積（Cross Product），或稱交叉合併（Cross Join）。

代表符號 ▶▶ ×

假設 ▶▶ R_1有r_1個屬性、m筆紀錄；R_2有r_2個屬性、n筆紀錄；則R_3會有（r_1+r_2）個屬性、（m×n）筆紀錄。

關聯式代數 ▶▶ $R_3=R_1×R_2$

SQL語法 ▶▶

```
SELECT    *
FROM    A表格, B表格
```

概念圖 ▶▶

R_1有r_1個屬性、m筆紀錄；R_2有r_2個屬性、n筆紀錄；則R_3會有（r_1+r_2）個屬性、（m×n）筆紀錄。如圖5-7所示：

R_1

A	B
a1	b1
a2	b2
a3	b3

×

R_2

X	Y
x1	y1
x2	y2

=

$R_3=R_1×R_2$

A	B	X	Y
a1	b1	x1	y1
a2	b2	x1	y1
a3	b3	x1	y1
a1	b1	x2	y2
a2	b2	x2	y2
a3	b3	x2	y2

❖圖5-7

【格式1】	【格式2】
SELECT * FROM R_1, R_2	SELECT * FROM R_1 CROSS JOIN R_2

範例 ▸▸ 請在下列的「學生表」與「課程表」中，找出學生表與課程表的所有可能配對的集合？

學生表

	學號	姓名	課號
#1	S0001	張三	C001
#2	S0002	李四	C002

課程表

課號	課名	學分數
C001	MIS	3
C002	DB	3
C003	VB	2

❖ 圖 5-8

解答 ▸▸ 💿 資料庫名稱：ch5_DB.mdf

分析 ▸▸ 已知：學生表 R_1（學號，姓名，課號）

課程表 R_2（課號，課名，學分數）

兩個資料表的「卡氏積」，可以表示為：

學生表 R_1（學號，姓名，課號）× 課程表 R_2（課號，課名，學分數）＝新資料表 R_3

R_1 有（$r_1=3$）個屬性、（m=2）筆紀錄；R_2 有（$r_2=3$）個屬性、（n=3）筆紀錄，R_3 會有（r_1+r_2）個屬性=6個屬性。

新資料表 R_3（學號，姓名，學生表.課號，課程表.課號，課名，學分數）R_3 會有（m×n）筆紀錄=6筆紀錄。

在資料紀錄方面，每一位學生（2位）均會對應到每一門課程資料（3門），亦即二位學生資料，產生（2×3）=6筆紀錄。如圖5-9所示：

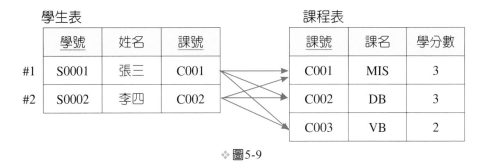

❖ 圖 5-9

因此，「學生表」與「課程表」在經過「卡氏積」之後，共會產生6筆紀錄，如圖5-10所示：

「學生表」的屬性　　　　　　　　「課程表」的屬性

	學號	姓名	學生表.課號	課程表.課號	課名	學分數
#1	S0001	張三	C001	C001	MIS	3
#2	S0001	張三	C001	C002	DB	3
#3	S0001	張三	C001	C003	VB	2
#4	S0002	李四	C002	C001	MIS	3
#5	S0002	李四	C002	C002	DB	3
#6	S0002	李四	C002	C003	VB	2

每一位學生對應三門課程

❖圖5-10

　　從圖5-10所產生的六筆紀錄中，不知您是否有發現一些不太合理的紀錄。例如：「張三」只選修課號C001的課程，但是卻多出兩筆不相關的紀錄（C002、C003）。因此，如何從「卡氏積」所展開的全部組合中，挑選出合理的紀錄，就必須要再透過第5-2-4節所要介紹的「內部合併（Inner Join）」來完成。

撰寫「關聯式代數」與「SQL」

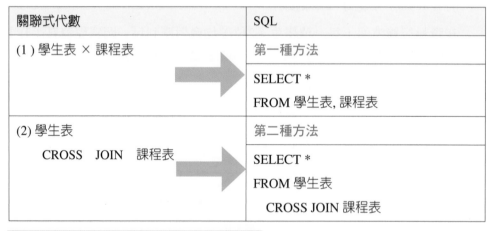

關聯式代數	SQL
(1) 學生表 × 課程表	第一種方法
	SELECT * FROM 學生表, 課程表
(2) 學生表 　　CROSS　JOIN　課程表	第二種方法
	SELECT * FROM 學生表 　CROSS JOIN 課程表

註：第二種方法只能在SQL Server上執行。

5-2-4 合併（Join）

定義 ▶▶ 是指將兩關聯表R_1與R_2依合併條件合併成一個新的關聯表R_3。

表示符號 ▶▶ $\bowtie$

假設 ▶▶ 假設P為合併條件，以$R_1 \bowtie_p R_2$表示此合併運算。

關聯式代數 ▶▶ $R_3 = R_1 \bowtie_p R_2$

SQL語法 ▶▶

```
SELECT    *
FROM    R₁, R₂
WHERE 條件 P
```

概念圖 ▶▶

由兩個或兩個以上的關聯表，透過某一欄位的共同值域進行組合，以建立出一個新的資料表。如圖5-11所示：

R_1

A	B	C
A1	B1	C1
A2	B2	C1
A3	B3	C2

(a)

R_2

C	D	E
C1	D1	E1
C2	D2	E2

(b)

$R_1 \bowtie R_2 = R_3$

R1.A	R1.B	R1.C	R2.D	R2.E
A1	B1	C1	D1	E1
A2	B2	C1	D1	E1
A3	B3	C2	D2	E2

(c)

❖圖5-11

合併的分類

廣義而言，合併可分為「來源合併」與「結果合併」兩種。

來源合併：（需要F.K.→P.K.）

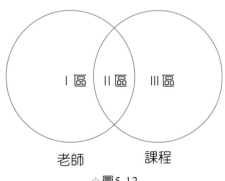

❖圖5-12

1. **Inner Join（內部合併）**

   如果想查詢目前老師有開設的課程，則會使用到「內部合併」。如圖5-12中的Ⅱ區。

2. **Outer Join（外部合併）**

   (1) 如果要查詢尚未開課的老師，則會使用到「左外部合併」。如圖5-12中的Ⅰ區。

   (2) 如果要查詢有哪些課程尚未被老師開課，則會使用到「右外部合併」。如圖5-12中的Ⅲ區。

3. **Join Itself（自我合併）**

結果合併：（不需要F.K.→P.K.）

1. Cross Join（卡氏積）

2. Union（聯集）

3. Intersect（交集）

4. Except（差集）

一、內部合併（Inner Join）

定義 ▶▶ 內部合併（Inner Join）又稱為「條件式合併（Condition Join）」，也就是說，將「卡氏積」展開後的結果，在兩個資料表之間加上「限制條件」，亦即在兩個資料表之間找到「對應值組」才行；而外部合併（Outer Join）則無此規定。

這裡所指的「限制條件」是指兩個資料表之間的某一欄位值的「關係比較」。如表5-2所示：

❖表5-2 資料表關係比較運算子

運算子	條件式說明
＝（等於）	學生表.課號=課程表.課號
<>（不等於）	學生成績單.成績<>60
<（小於）	學生成績單.成績<60
<=（小於等於）	學生成績單.成績<=60
>（大於）	學生成績單.成績>60
>=（大於等於）	學生成績單.成績>=60

作法▶▶　1. 透過SELECT指令WHERE部分的等式，即對等合併（Equi-Join）。

> From A, B
>
> Where (A.c=B.c)

2. 透過SELECT指令FROM部分的INNER JOIN。即自然合併（Natural Join）；又稱為內部合併（Inner Join）。

> From A **INNER JOIN** B
>
> **ON** A.c=B.c

範例▶▶　假設有兩個資料表，分別是「學生表」與「課程表」，現在欲將這兩個資料表進行「內部合併」，因此，我們必須要透過相同的欄位值來進行關聯，亦即「學生表」的「課號」參考到「課程表」的「課號」，如圖5-13所示：

學生表

	學號	姓名	課號
#1	S0001	張三	C001
#2	S0002	李四	C002

課程表

課號	課名	學分數
C001	MIS	3
C002	DB	3
C003	VB	2

❖圖5-13

分析▶▶　從圖5-13中，我們就可以將此條關聯線條寫成：

> 學生表.課號＝課程表.課號

因此，我們將這兩個資料表進行「卡氏積」運算，其結果如圖5-14所示。接下來，從展開後的紀錄中，找尋有哪幾筆紀錄具有符合「學生表.課號=課程表.課號」的條件，亦即「學生表」的「課號」等於「課程表」的「課號」。

「學生表」的屬性　　　　「課程表」的屬性

	學號	姓名	學生表.課號	課程表.課號	課名	學分數
#1	S0001	張三	C001	C001	MIS	3
#2	S0001	張三	C001	C002	DB	3
#3	S0001	張三	C001	C003	VB	2
#4	S0002	李四	C002	C001	MIS	3
#5	S0002	李四	C002	C002	DB	3
#6	S0002	李四	C002	C003	VB	2

每一位學生對應三門課程

❖圖5-14

撰寫SQL程式碼▶▶ 💿 資料庫名稱：ch5_DB.mdf

1. 第一種作法：（Equi-Join最常用）

```
Select 學號, 姓名, 課程表.課號, 課程名稱, 學分數
From 學生表, 課程表
Where 學生表.課號＝課程表.課號
```

2. 第二種作法：INNER JOIN

```
Select 學號, 姓名, 課程表.課號, 課程名稱, 學分數
From 學生表 INNER JOIN 課程表
On 學生表.課號＝課程表.課號
```

執行結果▶▶

	學號	姓名	課號	課名	學分數
#1	S0001	張三	C001	MIS	3
#2	S0002	李四	C002	DB	3

❖ 圖5-15

綜合分析▶▶

當我們欲查詢的欄位名稱是來自於兩個或兩個以上的資料表時，必須要進行以下的分析：

💿 資料庫名稱：ch5_DB.mdf

步驟1▶▶ 辨識「目標屬性」及「相關表格」。

```
學生資料表(學號，姓名，系碼)
        ↓  ?      ?
選課資料表(學號，課號，成績)
                    ?
```

1. 目標屬性：學號, 姓名, 平均成績

2. 相關表格：學生資料表, 選課資料表

步驟2▶▶ 將相關表格進行「卡氏積」。

```
use ch5_DB
SELECT *
FROM 學生資料表 AS A, 選課資料表 AS B
```

執行結果 ▶▶ 　總共產生20筆紀錄及6個欄位數。

6個欄位

	學號	姓名	系碼	學號	課號	成績
1	S0001	張三	D001	S0001	C001	67
2	S0001	張三	D001	S0002	C004	89
3	S0001	張三	D001	S0003	C002	90
4	S0001	張三	D001	S0001	C002	85
5	S0001	張三	D001	S0001	C003	100
6	S0002	李四	D001	S0001	C001	67
7	S0002	李四	D001	S0002	C004	89
8	S0002	李四	D001	S0003	C002	90
9	S0002	李四	D001	S0001	C002	85
10	S0002	李四	D001	S0001	C003	100
11	S0003	王五	D002	S0001	C001	67
12	S0003	王五	D002	S0002	C004	89
13	S0003	王五	D002	S0003	C002	90
14	S0003	王五	D002	S0001	C002	85
15	S0003	王五	D002	S0001	C003	100
16	S0004	李安	D003	S0001	C001	67
17	S0004	李安	D003	S0002	C004	89
18	S0004	李安	D003	S0003	C002	90
19	S0004	李安	D003	S0001	C002	85
20	S0004	李安	D003	S0001	C003	100

20筆紀錄

❖圖5-16

步驟3 ▶▶ 進行「合併（Join）」；本題以「內部合併」為例，亦即在Where中加入「相關表格」的關聯性。

```
use ch5_DB
SELECT *
FROM 學生資料表 AS A, 選課資料表 AS B
WHERE A.學號=B.學號
```

執行結果 ▶▶ 　產生5筆紀錄。

	學號	姓名	系碼	學號	課號	成績
1	S0001	張三	D001	S0001	C001	67
2	S0002	李四	D001	S0002	C004	89
3	S0003	王五	D002	S0003	C002	90
4	S0001	張三	D001	S0001	C002	85
5	S0001	張三	D001	S0001	C003	100

5筆紀錄

❖圖5-17

步驟4▶▶ 加入限制條件(成績大於或等於70分者)。

```
use ch5_DB
SELECT *
FROM 學生資料表 AS A, 選課資料表 AS B
WHERE A.學號=B.學號
And B.成績>=70
```

執行結果▶▶ 產生4筆紀錄。

4筆紀錄

	學號	姓名	系碼	學號	課號	成績
1	S0001	張三	D001	S0001	C002	85
2	S0001	張三	D001	S0001	C003	100
3	S0002	李四	D001	S0002	C004	89
4	S0003	王五	D002	S0003	C002	90

❖ 圖5-18

步驟5▶▶ 投影使用者欲「輸出的欄位名稱」。

```
use ch5_DB
SELECT    A.學號, 姓名, 課號, 成績
FROM 學生資料表 AS A, 選課資料表 AS B
WHERE A.學號=B.學號
And B.成績>=70
```

執行結果▶▶

	學號	姓名	課號	成績
1	S0001	張三	C002	85
2	S0001	張三	C003	100
3	S0002	李四	C004	89
4	S0003	王五	C002	90

❖ 圖5-19

步驟6▶▶ 使用群組化及聚合函數。

```
use ch5_DB
SELECT    A.學號, 姓名, AVG(成績) AS 平均成績
FROM 學生資料表 AS A, 選課資料表 AS B
WHERE A.學號=B.學號
And B.成績>=70
GROUP BY A.學號, 姓名
```

執行結果 ▶▶

輸出的欄位名稱

學號	姓名	課號	成績
S0001	張三	C002	85
S0001	張三	C003	100
S0002	李四	C004	89
S0003	王五	C002	90

(85+100)／2=92.5≒92

依照學號與姓名來分群

學號	姓名	平均成績
S0001	張三	92
S0002	李四	89
S0003	王五	90

❖ 圖5-20

步驟7 ▶▶ 使用「聚合函數」之後,再進行篩選條件(各人平均成績大於或等於90分者)。

```
use ch5_DB
SELECT    A.學號, 姓名, AVG(成績) AS 平均成績
FROM 學生資料表 AS A, 選課資料表 AS B
WHERE A.學號=B.學號
And B.成績>=70
GROUP BY A.學號, 姓名
HAVING AVG(成績)>=90
```

執行結果 ▶▶

學號	姓名	平均成績
S0001	張三	92
S0003	王五	90

❖ 圖5-21

步驟8▶▶ 依照某一欄位或「聚合函數」結果,來進行「排序」(由低分到高分)。

```
use ch5_DB
SELECT    A.學號, 姓名, AVG(成績) AS 平均成績
FROM 學生資料表 AS A, 選課資料表 AS B
WHERE A.學號=B.學號
And B.成績>=70
GROUP BY A.學號, 姓名
HAVING AVG(成績)>=90
ORDER BY AVG(成績) ASC;
```

執行結果▶▶

學號	姓名	平均成績
S0003	王五	90
S0001	張三	92

❖圖5-22

結論▶▶ 「學生表」與「課程表」在經過「卡氏積」之後,會展開成各種組合,並產生龐大紀錄,但大部分都是不太合理的配對組合。

所以,我們就必須要再透過「內部合併(Inner Join)」來取出符合「限制條件」的紀錄。因此,我們從上面的結果,可以清楚得知「內部合併」的結果就是「卡氏積」的子集合。如圖5-23所示:

❖圖5-23

二、外部合併(Outer Join)

定義▶▶ 當在進行合併(Join)時,不管紀錄是否符合條件,都會被列出其中一個資料表的所有紀錄時,則稱為「外部合併」。此時,不符合條件的紀錄就會被預設為NULL值。即左右兩邊的關聯表,不一定要有對應值組。

用途▶▶ 是應用在異質性分散式資料庫上的整合運算,其好處是不會讓資訊遺漏。

分類▶▶ 可分為三種:

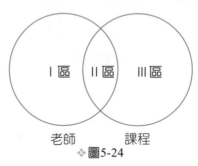

❖圖5-24

(一) 左外部合併（Left Outer Join，以 ⊐⋈ 表示）。

範例▸▸ 如果要查詢尚未開課的老師，則會使用到「左外部合併」。

如圖5-24中的 I 區。

(二) 右外部合併（Right Outer Join，以 ⋈⊏ 表示）。

範例▸▸ 如果查詢有哪些課程尚未被老師開課，則會使用到「右外部合併」。

如5-24圖中的 III 區。

(三) 完全外部合併（Full Outer Join，以 ⊐⋈⊏ 表示）。

格式▸▸

```
SELECT    *
FROM 表格A [RIGHT | LEFT | FULL] [OUTER ][JOIN] 表格B
   ON    表格A.PK=表格B.FK
```

範 例 1　左外部合併

資料庫名稱：ch5_DB.mdf

假設有兩個資料表，分別是「老師資料表」與「課程資料表」，現在欲查詢每一位老師開課的資料，其中包括尚未開課的老師也要列出。如圖5-25所示：

老師資料表(A)　　　　　課程資料表(B)

	老師編號	老師姓名
#1	T0001	張三
#2	T0002	李四
#3	T0003	王五
#4	T0004	李安

課程代碼	課程名稱	老師編號
C001	資料庫	T0001
C002	資料結構	T0001
C003	程式設計	NULL
C004	系統分析	NULL

❖圖5-25

分析▸▸ 當兩個關聯做合併運算時，會保留第一個關聯（左邊）中的所有值組（Tuples）。找不到相匹配的值組時，必須填入NULL（空值）。

❖圖5-26

利用SQL Server 2008執行結果如圖5-27：

❖圖5-27

撰寫SQL程式碼 ▶▶|

SQL 指令
use ch5_DB SELECT * FROM 老師資料表 AS A LEFT JOIN 課程資料表 AS B ON A. 老師編號 =B. 老師編號

範例 2 左外部合併

假設有兩個資料表，分別是「老師資料表」與「課程資料表」，請撰寫出查詢尚未開課的老師的SQL指令。

❖圖5-28

分析 ▸▸　1. 利用圖解說明

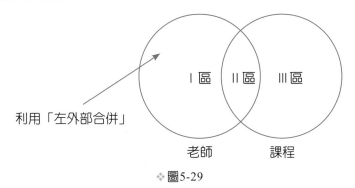

利用「左外部合併」

老師　　　課程

❖圖5-29

撰寫SQL程式碼 ▸▸

```
use ch5_DB
SELECT A. 老師編號 , A. 老師姓名
FROM 老師資料表 AS A LEFT OUTER JOIN 課程資料表 AS B
   ON A. 老師編號 =B. 老師編號
WHERE    B. 老師編號 IS NULL
```

執行結果 ▸▸

老師編號	老師姓名
T0002	李四
T0003	王五
T0004	李安

❖圖5-30

範 例 ③　右外部合併

　　假設有兩個資料表,分別是「老師資料表」與「課程資料表」,現在欲查詢每一門課程資料,其中包括尚未被老師開課的課程也要列出。如圖5-31所示:

老師資料表(A)　　　　　　　　　課程資料表(B)

	老師編號	老師姓名
#1	T0001	張三
#2	T0002	李四
#3	T0003	王五
#4	T0004	李安

課程代碼	課程名稱	老師編號
C001	資料庫	T0001
C002	資料結構	T0001
C003	程式設計	NULL
C004	系統分析	NULL

❖圖5-31

分析 ▶▶ 　當兩個關聯做合併運算時，會保留第二個關聯（右邊）中的所有值組
（Tuples）。找不到相匹配的值組時，必須填入NULL（空值）。

老師資料表(A)			課程資料表(B)		
老師編號	老師姓名		課程代碼	課程名稱	老師編號
#1　T0001	張三		C001	資料庫	T0001
#2　T0002	李四		C002	資料結構	T0001
#3　T0003	王五		C003	程式設計	NULL
#4　T0004	李安		C004	系統分析	NULL

右外部合併

❖圖5-32

利用SQL Server 2008執行結果如圖5-33：

	老師編號	老師姓名	課程代碼	課程名稱	老師編號
1	T0001	張三	C001	資料庫	T0001
2	T0001	張三	C002	資料結構	T0001
3	NULL	NULL	C003	程式設計	NULL
4	NULL	NULL	C004	系統分析	NULL

❖圖5-33

撰寫SQL程式碼 ▶▶

SQL 指令
use ch5_DB
SELECT *
FROM 老師資料表 AS A RIGHT JOIN 課程資料表 AS B
ON A. 老師編號 =B. 老師編號
ORDER BY B. 課程代碼

範例 4 右外部合併

　　假設有兩個資料表，分別是「老師資料表」與「課程資料表」，請撰寫找出哪些課程尚未被老師開課的SQL指令。

老師資料表(A)						
	老師編號	老師姓名		課程代碼	課程名稱	老師編號
#1	T0001	張三		C001	資料庫	T0001
#2	T0002	李四		C002	資料結構	T0001
#3	T0003	王五		C003	程式設計	NULL
#4	T0004	李安		C004	系統分析	NULL

❖圖5-34

分析 ▸▸ 利用圖解說明：

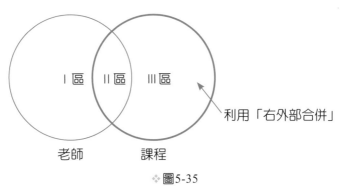

❖圖5-35

撰寫SQL程式碼 ▸▸

```
use ch5_DB
SELECT B. 課程代碼 , B. 課程名稱
FROM 老師資料表 AS A    RIGHT OUTER JOIN 課程資料表 AS B
   ON A. 老師編號 =B. 老師編號
WHERE A. 老師編號 IS NULL
```

執行結果 ▸▸

課程代碼	課程名稱
C003	程式設計
C004	系統分析

❖圖5-36

範 例 5 全外部合併

假設有兩個資料表，分別是「老師資料表」與「課程資料表」，現在欲查詢每一位老師開課資料，其中包括尚未開課的老師也要列出，並且也查詢每一門課程資料，其中包括尚未被老師開課的課程也要列出。如圖5-37所示：

老師資料表(A)　　　　　　　課程資料表(B)

	老師編號	老師姓名
#1	T0001	張三
#2	T0002	李四
#3	T0003	王五
#4	T0004	李安

課程代碼	課程名稱	老師編號
C001	資料庫	T0001
C002	資料結構	T0001
C003	程式設計	NULL
C004	系統分析	NULL

❖圖5-37

分析▶▶ 當兩個關聯做合併運算時，會保留左右兩邊關聯中的所有值組（Tuples）。找不到相匹配的值組時，必須填入NULL（空值）。

老師資料表(A)　　　　　　　課程資料表(B)

	老師編號	老師姓名
#1	T0001	張三
#2	T0002	李四
#3	T0003	王五
#4	T0004	李安

課程代碼	課程名稱	老師編號
C001	資料庫	T0001
C002	資料結構	T0001
C003	程式設計	NULL
C004	系統分析	NULL

全外部合併

	老師編號	老師姓名	課程代碼	課程名稱	老師編號
1	T0001	張三	C001	資料庫	T0001
2	T0001	張三	C002	資料結構	T0001
3	T0002	李四	NULL	NULL	NULL
4	T0003	王五	NULL	NULL	NULL
5	T0004	李安	NULL	NULL	NULL
6	NULL	NULL	C003	程式設計	NULL
7	NULL	NULL	C004	系統分析	NULL

❖圖5-38

撰寫SQL程式碼 ▸▸

```
use ch5_DB
SELECT *
FROM 老師資料表 AS A FULL OUTER JOIN 課程資料表 AS B ON A. 老師編號 =B. 老師編號 ;
```

三、自我合併（Join Itself）

定義 ▸▸ 它是一種比較特殊的合併方式，其原理是利用一個資料表模擬成兩個不同的資料表來處理。

使用時機 ▸▸

想找出某一公司員工的所屬單位主管；並且，單位主管也是屬於公司的員工。

例如 ▸▸ 我們想建立一個教職員的單位職稱及主管的資料表，如下所示：

教職員(編號，姓名，單位職稱，主管)

在上面的資料表中，「主管」欄位是指該教職員的直屬長官的編號。其內容如圖5-39所示：

◉ 資料庫名稱：ch5_DB.mdf

編號	姓名	單位職稱	主管代號
1	一心	校長	Null
2	二聖	院長	1
3	三多	資管系主任	2
4	四維	企管系主任	2
5	五福	資管系老師	3
6	六合	資管系老師	3
7	七賢	資管系老師	3
8	八德	資管系助教	3
9	九如	資管系五福老師的研究助理	5
10	十全	企管系陳老師	4

❖ 圖5-39

由圖5-39中，如果想找出教職員姓名為「五福」的所屬單位主管時，則必須要遵循以下三個步驟：

步驟一：先找出欲查詢教職員姓名為「五福」，並取得其所屬單位主管的「編號」為3。

步驟二：再利用主管的「編號」為3來查詢教職員編號為3的紀錄。

步驟三：最後，透過教職員編號為3，即可取得其主管的姓名為「三多」。

查詢原理▶▶

將一個資料表利用兩個不同「別名」來進行合併動作。因此，我們可以在圖5-39中先命名第一個別名為「員工」資料表；再命名第二個別名為「主管」資料表。因此，我們就可以利用這兩個資料表來進行「內部合併」或「外部合併」。

範例 1

查詢教職員姓名為「五福」的所屬單位主管的「姓名」及「單位職稱」。

❖圖5-40

分析▶▶

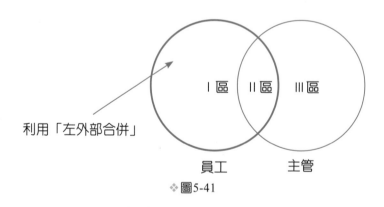

利用「左外部合併」

員工　　　主管

❖圖5-41

解答▶▶

```
use ch5_DB
SELECT A. 姓名 AS 員工 , B. 姓名 AS 主管 , B. 單位職稱
FROM 教職員資料表 AS A LEFT JOIN 教職員資料表 AS B ON A. 主管代號 =B. 編號
WHERE A. 姓名 = '五福'
```

範例 2 利用子查詢

請列出教職員「編號」、「姓名」，及其主管的「主管代碼」、「主管姓名」（利用自我查詢）。

	編號	姓名	主管代號	主管姓名
1	1	一心	NULL	NULL
2	2	二聖	1	一心
3	3	三多	2	二聖
4	4	四維	2	二聖
5	5	五福	3	三多
6	6	六合	3	三多
7	7	七賢	3	三多
8	8	八德	3	三多
9	9	九如	5	五福
10	10	十全	4	四維

❖圖5-42

解答▸▸

```
use ch5_DB
SELECT 編號, 姓名, 主管代號,
 (Select 姓名 from 教職員資料表 B where A.主管代號=B.編號) AS 主管姓名
FROM 教職員資料表 AS A;
```

範例 3 利用外部合併

請列出教職員「編號，姓名」及其主管的「主管代碼及主管姓名」（利用自我查詢）。

	員工	主管
1	一心	NULL
2	二聖	一心
3	三多	二聖
4	四維	二聖
5	五福	三多
6	六合	三多
7	七賢	三多
8	八德	三多
9	九如	五福
10	十全	四維

❖圖5-43

解答▸▸ 假設A是員工，B是主管。

```
use ch5_DB
SELECT A.姓名 AS 員工, B.姓名 AS 主管
FROM 教職員資料表 AS A LEFT JOIN 教職員資料表 AS B ON A.主管代號=B.編號;
```

範 例 4

請列出教職員「姓名」及其主管的「主管姓名」（利用自我查詢）。

	員工	主管
1	一心	NULL
2	二聖	一心
3	三多	二聖
4	四維	二聖
5	五福	三多
6	六合	三多
7	七賢	三多
8	八德	三多
9	九如	五福
10	十全	四維

❖圖5-44

解答▶▶　假設A是員工，B是主管。

```
use ch5_DB
SELECT A.姓名 AS 員工, B.姓名 AS 主管
FROM 教職員資料表 AS A LEFT JOIN 教職員資料表 AS B ON A.主管代號=B.編號;
```

範 例 5

請列出所有老師的主管之「主管姓名」（利用自我查詢）。

	老師姓名	單位職稱	主管姓名
1	五福	資管系老師	三多
2	六合	資管系老師	三多
3	七賢	資管系老師	三多
4	十全	企管系老師	四維

❖圖5-45

解答▶▶　假設A是員工，B是主管。

```
use ch5_DB
SELECT A.姓名 AS 老師姓名, A.單位職稱, B.姓名 AS 主管姓名
FROM 教職員資料表 AS A, 教職員資料表 AS B
WHERE A.主管代號=B.編號 AND Right(A.單位職稱, 2)='老師';
```

5-2-5 除法（Division）

定義▶▶ 此種運算如同數學上的除法一般，有二個運算元：第一個關聯表R1當作「被除表格」；第二個關聯表R2當作「除表格」。其中，「被除表格」的屬性必須比「除表格」中的任何屬性中的值域都要與「被除表格」中的某屬性之值域相符合。

代表符號▶▶ R1÷R2

SQL語法▶▶

Select指令的Where部分中以NOT EXISTS⋯NOT取代除法（Divide）的功能。

關聯式代數	SQL
有除法（Divide） **相當於**	沒有除法（Divide） ① 利用FORALL指令 ② 以WHERE部分NOT EXISTS⋯NOT來替代

概念圖▶▶

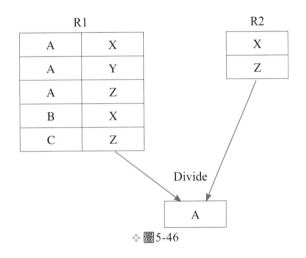

❖圖5-46

基本型格式▶▶

```
SELECT 目標屬性
FROM 目標表格
WHERE NOT EXISTS
    (SELECT *
    FROM 除式表格
    WHERE NOT EXISTS
        (SELECT *
        FROM 被除式表格
        WHERE 目標表格.合併屬性1=被除式表格.合併屬性1
        AND 除式表格.合併屬性2=被除式表格.合併屬性2))
```

範 例 1　📀 資料庫名稱：ch5_DB.mdf

　　假設有三個檔案，分別為：學生檔、成績檔及課程檔。請列出所有學生均選修的課程。

學生檔

	學號	姓名
#1	S0001	張三
#2	S0002	李四
#3	S0003	王五
#4	S0004	李安
#5	S0005	陳明

選課檔

	學號	課號	成績
#1	S0001	C001	56
#2	S0001	C005	73
#3	S0002	C002	92
#4	S0002	C005	63
#5	S0003	C004	92
#6	S0003	C005	70
#7	S0004	C003	75
#8	S0004	C004	88
#9	S0004	C005	68
#10	S0005	C005	NULL

課程檔

	課號	課名	學分數	必選修
#1	C001	資料結構	4	選
#2	C002	資訊管理	3	選
#3	C003	系統分析	3	選
#4	C004	統計學	2	選
#5	C005	資料庫系統	4	必

❖圖5-47

分析 ▶▶　1. 分析的方法：辨識「目標屬性」及「相關表格」。

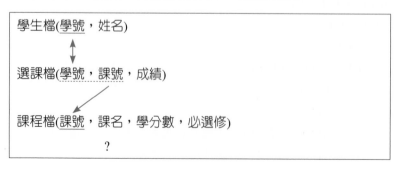

2. 分析題型：屬於「間接合併」，指合併時必須要借助中間表格。

解答 ▸▸

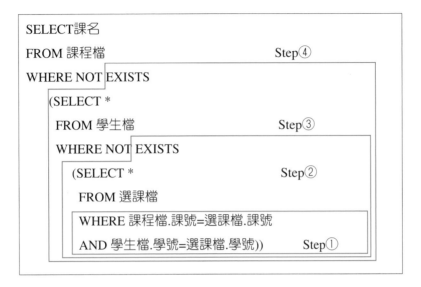

```
SELECT課名
FROM 課程檔                              Step④
WHERE NOT EXISTS
    (SELECT *
    FROM 學生檔                         Step③
    WHERE NOT EXISTS
        (SELECT *                       Step②
        FROM 選課檔
        WHERE 課程檔.課號=選課檔.課號
        AND 學生檔.學號=選課檔.學號))      Step①
```

執行結果 ▸▸

❖ 圖5-48

範 例 2

資料庫名稱：ch5_DB.mdf

假設有三個檔案，分別為：學生檔、成績檔及課程檔。請列出所有學生均選修的課程，且選修成績及格（≧60）的課程名稱及學分數。

分析 ▸▸   1. 分析的方法：辨識「目標屬性」及「相關表格」。

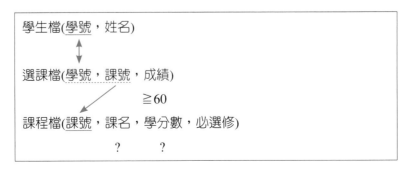

學生檔(學號，姓名)

選課檔(學號，課號，成績)
                    ≧60
課程檔(課號，課名，學分數，必選修)
            ?   ?

2. 分析題型：屬於「間接合併」，指合併時必須要借助中間表格。

解答▶▶

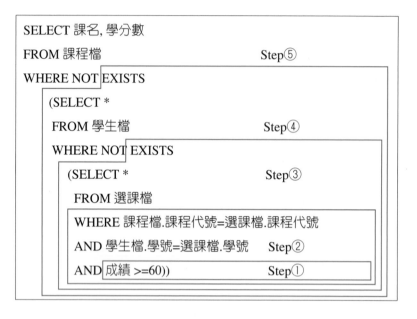

```
SELECT 課名, 學分數
FROM 課程檔                              Step⑤
WHERE NOT EXISTS
    (SELECT *
    FROM 學生檔                          Step④
    WHERE NOT EXISTS
        (SELECT *                       Step③
        FROM 選課檔
        WHERE 課程檔.課程代號=選課檔.課程代號
        AND 學生檔.學號=選課檔.學號      Step②
        AND 成績 >=60))                  Step①
```

分析執行的步驟

步驟1▶▶ 選修成績及格（≧60）

學號	課號	成績
S0001	C005	73
S0002	C002	92
S0002	C005	63
S0003	C004	92
S0003	C005	70
S0004	C003	75
S0004	C004	88
S0004	C005	68
S0005	C005	60

❖ 圖5-49

步驟2 ▸▸ 合併（Join）。

學生檔.學號	姓名	課程檔.課號	課名	學分數	必選修
S0001	張三	C005	資料庫系統	4	必
S0002	李四	C002	資訊管理	3	選
S0002	李四	C005	資料庫系統	4	必
S0003	王五	C004	統計學	2	選
S0003	王五	C005	資料庫系統	4	必
S0004	陳明	C003	系統分析	3	選
S0004	陳明	C004	統計學	2	選
S0004	陳明	C005	資料庫系統	4	必
S0005	李安	C005	資料庫系統	4	必

❖圖5-50

步驟3 ▸▸ EXISTS之後，保留「學生檔」與「課程檔」的合併資料。

學生檔.學號	姓名	課程檔.課號	課名	學分數	必選修
S0001	張三	C005	資料庫系統	4	必
S0002	李四	C002	資訊管理	3	選
S0002	李四	C005	資料庫系統	4	必
S0003	王五	C004	統計學	2	選
S0003	王五	C005	資料庫系統	4	必
S0004	陳明	C003	系統分析	3	選
S0004	陳明	C004	統計學	2	選
S0004	陳明	C005	資料庫系統	4	必
S0005	李安	C005	資料庫系統	4	必

❖圖5-51

步驟4▶▶ EXISTS之後，保留「課程檔」。

課程檔.課號	課名	學分數	必選修
C005	資料庫系統	4	必
C005	資料庫系統	4	必
C005	資料庫系統	4	必
C005	資料庫系統	4	必

❖圖5-52

步驟5▶▶ 執行FOR ALL（即NOT EXISTS …NOT）之後的結果。

	課名	學分數
#1	資料庫系統	4

❖圖5-53

範 例 ③

資料庫名稱：ch5_DB.mdf

　　假設有三個檔案，分別為：客戶檔、訂單檔及產品檔。請列出客戶電話「07」開頭，且訂購所有產品的客戶姓名。

客戶檔

	客戶代號	客戶姓名	客戶電話
#1	C01	張三	03-3667177
#2	C02	李四	07-7878788
#3	C03	林六	07-6454555
#4	C04	王五	04-2710000
#5	C05	陳明	07-3355444

訂單檔

	客戶代號	產品代號	數量
#1	C01	P12	28
#2	C01	P23	38
#3	C01	P52	49
#4	C02	P12	95
#5	C02	P23	6

#6	C02	P44	96
#7	C02	P52	7
#8	C03	P23	8
#9	C04	P52	18
#10	C05	P12	35
#11	C05	P23	42
#12	C05	P44	2
#13	C05	P52	3

產品檔

	產品代號	品名	單價
#1	P12	羽球拍	780
#2	P23	桌球鞋	520
#3	P44	桌球衣	250
#4	P52	桌球皮	990

❖圖5-54

分析 ▸▸　1. 分析的方法：辨識「目標屬性」及「相關表格」。

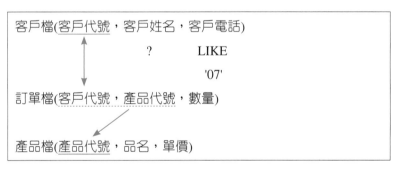

2. 分析題型：屬於「間接合併」，指合併時必須要借助中間表格。

解答▶▶

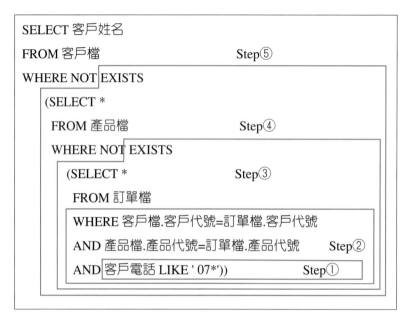

```
SELECT 客戶姓名
FROM 客戶檔                          Step⑤
WHERE NOT EXISTS
    (SELECT *
     FROM 產品檔                      Step④
     WHERE NOT EXISTS
        (SELECT *                    Step③
         FROM 訂單檔
         WHERE 客戶檔.客戶代號=訂單檔.客戶代號
         AND 產品檔.產品代號=訂單檔.產品代號      Step②
         AND 客戶電話 LIKE ' 07*'))             Step①
```

分析執行的步驟

步驟1▶▶ 找出電話「07」開頭的客戶。

客戶檔

	客戶代號	客戶姓名	客戶電話
#1	C01	張三	03-3667177
#2	C02	李四	07-7878788
#3	C03	林六	07-6454555
#4	C04	王五	04-2710000
#5	C05	陳明	07-3355444

客戶代號	客戶姓名	客戶電話
C02	李四	07-7878788
C03	林六	07-6454555
C05	陳明	07-3355444

❖ 圖5-55

步驟2▸▸ 合併（Join）。

客戶檔　　　　　產品檔　　　　　訂單檔

客戶檔.客戶代號	客戶姓名	客戶電話	產品檔.產品代號	品名	單價	訂單檔.客戶代號	訂單檔.產品代號	數量
C02	李四	07-7878788	P52	桌球皮	990	C02	P52	7
C02	李四	07-7878788	P44	桌球衣	250	C02	P44	96
C02	李四	07-7878788	P23	桌球鞋	520	C02	P23	6
C02	李四	07-7878788	P12	羽球拍	780	C02	P12	95
C03	林六	07-6454555	P23	桌球鞋	520	C03	P23	8
C05	陳明	07-3355444	P52	桌球皮	990	C05	P52	3
C05	陳明	07-3355444	P44	桌球衣	250	C05	P44	2
C05	陳明	07-3355444	P23	桌球鞋	520	C05	P23	42
C05	陳明	07-3355444	P12	羽球拍	780	C05	P12	35

❖ 圖5-56

步驟3▸▸ EXISTS之後，保留「客戶檔」與「產品檔」的合併資料。

客戶檔.客戶代號	客戶姓名	客戶電話	產品檔.產品代號	品名	單價
C02	李四	07-7878788	P52	桌球皮	990
C02	李四	07-7878788	P44	桌球衣	250
C02	李四	07-7878788	P23	桌球鞋	520
C02	李四	07-7878788	P12	羽球拍	780
C03	林六	07-6454555	P23	桌球鞋	520
C05	陳明	07-3355444	P52	桌球皮	990
C05	陳明	07-3355444	P44	桌球衣	250
C05	陳明	07-3355444	P23	桌球鞋	520
C05	陳明	07-3355444	P12	羽球拍	780

❖ 圖5-57

步驟4▸▸ EXISTS之後，保留「客戶檔」。

客戶檔.客戶代號	客戶姓名	客戶電話
C02	李四	07-7878788
C05	陳明	07-3355444

❖ 圖5-58

步驟5▸▸ 執行FOR ALL（即NOT EXISTS…NOT）之後的結果。

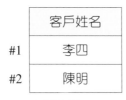

	客戶姓名
#1	李四
#2	陳明

❖ 圖5-59

執行結果 ▶▶

❖ 圖5-60

5-3
集合運算子 ●●●●●

定義 ▶▶ 在集合運算時，其所有的屬性和資料型態必須相同。

集合運算子種類 ▶▶

　　1. 聯集（Union），以符號∪表示。

　　2. 交集（Intersection），以符號∩表示。

　　3. 差集（Difference），以符號—表示。

5-3-1　交集（Intersection）

定義 ▶▶ 是指關聯表R_1與關聯表R_2做「交集」時，將原來在兩個關聯式中都有出現的值組（紀錄）組合在一起，成為新的關聯式R_3。

代表符號 ▶▶ 　$R_1 \cap R_2$

SQL語法 ▶▶

From 　關聯表R_1　 Intersect 　關聯表R_2

概念圖 ▶▶

R_1	
A	B
a1	b1
a3	b3

∩

R_2	
A	B
a1	b1
a2	b2

=

$R_3 = R_1 \cap R_2$	
A	B
a1	b1

❖ 圖5-61

格式▸▸

關聯式代數	SQL
A∩B　　　相當於	Select * From A Intersect B

範例▸▸　列出97與98學年度「都有」在網路開課的老師名單。

97學年度網路開課老師表

	教師編號	姓名
#1	T0001	張三
#2	T0002	李四
#3	T0003	王五
#4	T0004	李安

98學年度網路開課老師表

	教師編號	姓名
#1	T0001	張三
#2	T0004	李安
#3	T0005	小雄
#4	T0006	碩安

❖圖5-62

解答▸▸

SQL 指令
use ch5_DB SELECT * FROM　[97 學年度網路開課老師表] INTERSECT SELECT * FROM　[98 學年度網路開課老師表]

執行結果▸▸　選取兩資料表「都有」的資料列。

	教師編號	姓名
#1	T0001	張三
#2	T0004	李安

❖圖5-63

說明：選取兩資料表「都有」的資料列。

● **隨堂練習** ●

O 假設某一數位學堂之教學訓練中心，有台北與高雄兩家公司，其開課表如圖5-64所示：

「台北」數位學堂開課表

	課號	課名
#1	C0001	資料庫
#2	C0002	資料結構
#3	C0003	程式設計
#4	C0004	演算法

「高雄」數位學堂開課表

	課號	課名
#1	C0001	資料庫
#2	C0004	演算法
#3	C0005	統計學
#4	C0006	系統分析

❖圖5-64

請問利用哪一種運算可以找出「台北」與「高雄」數位學堂「都有」開設的課程呢？

A 交集運算。

5-3-2　聯集（Union）

定義▶▶　是指關聯表R_1與關聯表R_2做「聯集」時，會重新組合成一個新的關聯表R_3；而新的關聯表R_3中的紀錄為原來兩個關聯表的所有紀錄，若有重複的紀錄，則只會出現一次。

代表符號▶▶　$R_1 \cup R_2$

SQL語法▶▶

From　關聯表R_1　Union　關聯表R_2

概念圖▶▶

R_1

A	B
a1	b1
a3	b3

$\cup$

R_2

A	B
a1	b1
a2	b2

$=$

$R_3 = R_1 \cup R_2$

A	B
a1	b1
a2	b2
a3	b3

❖圖5-65

對應的SQL語法▸▸

關聯式代數	SQL
A∪B　　　相當於 ➜	Select * From A Union B

範 例　1

列出97與98學年度有在網路開課的老師名單。

97學年度網路開課老師表

	教師編號	姓名
#1	T0001	張三
#2	T0002	李四
#3	T0003	王五
#4	T0004	李安

98學年度網路開課老師表

	教師編號	姓名
#1	T0001	張三
#2	T0004	李安
#3	T0005	小雄
#4	T0006	碩安

❖圖5-66

解答▸▸　　資料庫名稱：ch5_DB.mdf

SQL 指令
use ch5_DB SELECT * FROM　　[97 學年度網路開課老師表] UNION SELECT * FROM　　[98 學年度網路開課老師表]

執行結果▸▸

	教師編號	姓名
#1	T0001	張三
#2	T0002	李四
#3	T0003	王五
#4	T0004	李安
#5	T0005	小雄
#6	T0006	碩安

❖圖5-67

說明：聯集運算乃在選取兩資料表「所有」的資料列，但重複的資料列只取一次。

範例 2 💿 資料庫名稱：ch5_DB.mdf

請將「甲班成績單」合併「乙班成績單」之後，再依照成績的高低存入「資管系成績單」中。

甲班成績單

	學號	姓名	成績
#1	S0001	一心	20
#2	S0002	二聖	25
#3	S0003	三多	60
#4	S0004	四維	80
#5	S0005	五福	100

乙班成績單

	學號	姓名	成績
#1	S0011	張三	30
#2	S0012	李四	50

❖圖5-68

解答▶▶

SQL 指令
USE ch5_DB
GO
SELECT *   INTO 資管系成績單
FROM   甲班成績單
UNION
SELECT * FROM   乙班成績單
ORDER BY 成績 DESC

執行結果▶▶

	學號	姓名	成績
#1	S0005	五福	100
#2	S0004	四維	80
#3	S0003	三多	60
#4	S0012	李四	50
#5	S0011	張三	30
#6	S0002	二聖	25
#7	S0001	一心	20

❖圖5-69

●● 隨堂練習 ●●

◐ 假設某一數位學堂之教學訓練中心，有台北與高雄兩家公司，其開課表如圖5-70所示：

「台北」數位學堂開課表

	課號	課名
#1	C0001	資料庫
#2	C0002	資料結構
#3	C0003	程式設計
#4	C0004	演算法

「高雄」數位學堂開課表

	課號	課名
#1	C0001	資料庫
#2	C0004	演算法
#3	C0005	統計學
#4	C0006	系統分析

❖圖5-70

請問，利用哪一種運算可以找出「台北」與「高雄」數位學堂所開設的全部課程呢？

Ⓐ
聯集運算。

5-3-3 差集（Difference）

定義▶▶ 是指將一個關聯表R_1中的紀錄減去另一個關聯表R_2的紀錄，形成新的關聯表R_3的紀錄。亦即關聯表R_1差集關聯表R_2之後的結果，則為關聯表R_1減掉$R_1 R_2$兩關聯共同的值組。

代表符號▶▶ $R_1 - R_2$

SQL語法▶▶

From 關聯表R_1 Except 關聯表R_2

概念圖▶▶

R_1

A	B
a1	b1
a3	b3

−

R_2

A	B
a1	b1
a2	b2

=

$R_3 = R_1 - R_2$

A	B
a3	b3

❖圖5-71

格式 ▸▸

關聯式代數	SQL
A − B　　　　　　　　相當於	Select * From A Except B

事實上，差集的運算相當於將關聯表R_1中的紀錄減去R_1與R_2共有的紀錄，也就是R_1-R_2＝R_1-$(R_1 \cap R_2)$。

範例 ▸▸ 　列出97學年度有在網路開課，但沒有在98學年度網路開課的老師名單。

97學年度網路開課老師表

	教師編號	姓名
#1	T0001	張三
#2	T0002	李四
#3	T0003	王五
#4	T0004	李安

98學年度網路開課老師表

	教師編號	姓名
#1	T0001	張三
#2	T0004	李安
#3	T0005	小雄
#4	T0006	碩安

❖圖5-72

解答 ▸▸ 　此功能只能在SQL Server上執行。

SQL 指令
use ch5_DB SELECT * FROM 　[97學年度網路開課老師表] Except SELECT * FROM 　[98學年度網路開課老師表]

執行結果 ▸▸

	教師編號	姓名
#1	T0002	李四
#2	T0003	王五

❖圖5-73

●●隨堂練習 ●●●

Q1

假設某一數位學堂之教學訓練中心,有台北與高雄兩家公司,其開課表如圖5-74所示:

「台北」數位學堂開課表

	課號	課名
#1	C0001	資料庫
#2	C0002	資料結構
#3	C0003	程式設計
#4	C0004	演算法

「高雄」數位學堂開課表

	課號	課名
#1	C0001	資料庫
#2	C0004	演算法
#3	C0005	統計學
#4	C0006	系統分析

❖圖5-74

請問,利用哪一種運算可以找出「台北」數位學堂有開設;而「高雄」沒有開設的課程呢?並且寫出運算式及結果。

A

1. 差集運算。

2. 「台北」數位學堂開課表-「高雄」數位學堂開課表。

課號	課名
C0002	資料結構
C0003	程式設計

❖圖5-75

Q2

當我們在進行聯集、交集、差集運算時,請問必須要具備哪些條件?

A

1. 兩資料表的資料行(欄位)個數必須相同。

2. 相對應的資料行(欄位)之資料型態必須一致。

5-4

巢狀結構查詢 ●●●●●

定義▶▶ 是指在Where敘述中再嵌入另一個查詢敘述，此查詢敘述稱為「子查詢」。
換言之，您可以將「子查詢」的結果拿來作為另一個查詢的條件。

注意 「子查詢」可以獨立地被執行，其執行結果稱為「獨立子查詢」。

分類▶▶ 1. 傳回單一值（＝）

2. 傳回多值（IN）

3. 測試子查詢是否存在（利用EXIST）

建立資料庫

第一個案例──以「學生選課系統」為例

在本單元中，為了方便撰寫SQL語法所需要的資料表，我們以「學生選課系統」的資料庫系統為例，建立資料庫關聯圖，以便後續的查詢分析之用，如圖5-76所示。

💿 資料庫名稱：ch5_hwDB1.mdf

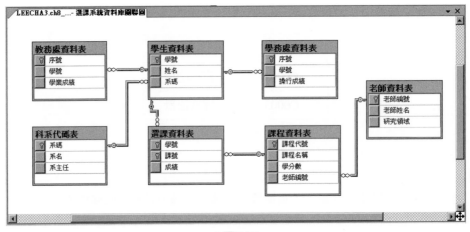

❖圖5-76

因此，我們利用SQL Server建立七個資料表，分別為：

一、學生資料表

	學號	姓名	系碼
#1	S0001	張三	D001
#2	S0002	李四	D002
#3	S0003	王五	D003
#4	S0004	陳明	D001
#5	S0005	李安	D004

❖ 圖5-77

二、科系代碼表

	系碼	系名	系主任
#1	D001	資管系	林主任
#2	D002	資工系	陳主任
#3	D003	工管系	王主任
#4	D004	企管系	李主任
#5	D005	幼保系	黃主任

❖ 圖5-78

三、選課資料表

	學號	課號	成績
#1	S0001	C001	56
#2	S0001	C005	73
#3	S0002	C002	92
#4	S0002	C005	63
#5	S0003	C004	92
#6	S0003	C005	70
#7	S0004	C003	75
#8	S0004	C004	88
#9	S0004	C005	68
#10	S0005	C005	NULL

❖ 圖5-79

四、課程資料表

	課號	課名	學分數	老師編號
#1	C001	資料結構	4	T0001
#2	C002	資訊管理	4	T0001
#3	C003	系統分析	3	T0001
#4	C004	統計學	4	T0002
#5	C005	資料庫系統	3	T0002
#6	C006	數位學習	3	T0003
#7	C007	知識管理	3	T0004

❖ 圖5-80

五、老師資料表

	老師編號	老師姓名	研究領域
#1	T0001	張三	數位學習
#2	T0002	李四	資料探勘
#3	T0003	王五	知識管理
#4	T0004	李安	軟體測試

❖ 圖5-81

六、教務處資料表

	序號	學號	學業成績
#1	1	S0001	60
#2	2	S0002	70
#3	3	S0003	80
#4	4	S0004	90

❖ 圖5-82

七、學務處資料表

	序號	學號	操行成績
#1	1	S0001	80
#2	2	S0002	93
#3	3	S0003	75
#4	4	S0004	60

❖ 圖5-83

5-4-1 比較運算子「=」

定義▸▸ 由於主查詢的條件中使用了比較運算子「=」，所以子查詢就只能傳回一個結果。一旦子查詢傳回了一個以上的結果，那麼主查詢的Where子句中的條件就無法成立了。

使用時機▸▸ 子查詢就只能傳回一個結果，否則會出現如圖5-84的畫面：

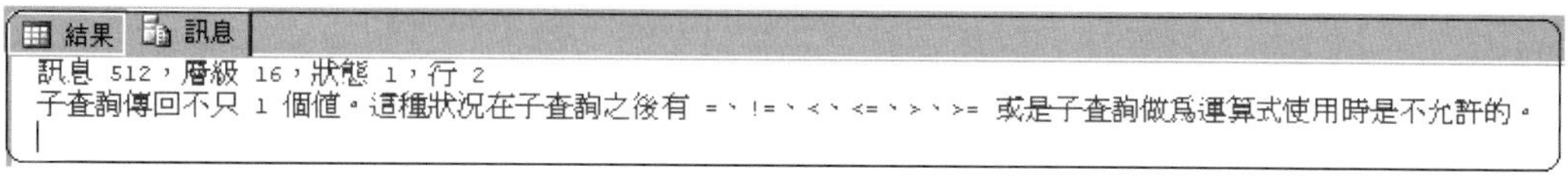

```
訊息 結果  訊息
訊息 512，層級 16，狀態 1，行 2
子查詢傳回不只 1 個值。這種狀況在子查詢之後有 =、!=、<、<=、>、>= 或是子查詢做為運算式使用時是不允許的。
```

❖圖5-84

範例▸▸ 利用子查詢來找出選修「資料庫系統」的學生學號及姓名。

解答▸▸ （資料表見第5-4節第一個案例）

SQL 指令
use ch5_hwDB1
SELECT A. 學號 , 姓名
FROM 學生資料表 AS A, 選課資料表 AS B   }主查詢
WHERE A. 學號 =B. 學號 AND B. 課號 =
(SELECT C. 課號 FROM 課程資料表 AS C   }子查詢
WHERE 課名 = ' 資料庫系統 ');

子查詢就只能傳回一個結果

執行結果▸▸

	學號	姓名
#1	S0001	張三
#2	S0002	李四
#3	S0003	王五
#4	S0004	陳明
#5	S0005	李安

❖圖5-85

●●隨堂練習●●

Q1

📀 資料庫名稱：ch5_DB.mdf

假設有一個「學生成績表」，其目前的欄位名稱及內容如圖5-86所示：

	學號	姓名	資料庫	資料結構	程式設計
1	S0001	一心	100	85	80
2	S0002	二聖	70	75	90
3	S0003	三多	85	75	80
4	S0004	四維	95	100	100
5	S0005	五福	80	65	70
6	S0006	六合	60	55	80
7	S0007	七賢	45	45	70
8	S0008	八德	55	30	50
9	S0009	九如	70	65	70
10	S0010	十全	60	55	80

❖圖5-86

請撰寫一段「子查詢」的SQL指令來查詢哪些同學的「資料庫」成績高於平均成績。

A

SQL 指令
USE ch5_DB
SELECT *
FROM 學生成績表
WHERE 資料庫 > (SELECT AVG(資料庫)
FROM 學生成績表);

執行結果：

	學號	姓名	資料庫	資料結構	程式設計
1	S0001	一心	100	85	80
2	S0003	三多	85	75	80
3	S0004	四維	95	100	100
4	S0005	五福	80	65	70

❖圖5-87

●●隨堂練習●●●

Q2

🔘 資料庫名稱：ch5_DB.mdf

假設有一個「學生成績表」，其目前的欄位名稱及內容如圖5-88所示：

	學號	姓名	資料庫	資料結構	程式設計
1	S0001	一心	100	85	80
2	S0002	二聖	70	75	90
3	S0003	三多	85	75	80
4	S0004	四維	95	100	100
5	S0005	五福	80	65	70
6	S0006	六合	60	55	80
7	S0007	七賢	45	45	70
8	S0008	八德	55	30	50
9	S0009	九如	70	65	70
10	S0010	十全	60	55	80

❖圖5-88

請撰寫一段「子查詢」的SQL指令來查詢哪些同學的「資料庫」成績是最高分。

A

SQL 指令
USE ch5_DB
SELECT *
FROM 學生成績表
WHERE 資料庫 = (SELECT MAX(資料庫)
FROM 學生成績表);

執行結果：

	學號	姓名	資料庫	資料結構	程式設計
1	S0001	一心	100	85	80

❖圖5-89

5-4-2 IN集合條件

定義▶▶ 如果我們想讓子查詢可以傳回一個以上的值，我們可以在主查詢條件之中使用IN運算子來接收子查詢傳回的結果。因為IN可以處理多個值。也就是說，當某列的學號等於IN之內的任何一個學號，此列就會被傳回。

使用時機▶▶ 子查詢可以傳回一個以上的結果。

範例▶▶ 若授課老師想了解有修「資料」開頭的課程之同學時，可以利用子查詢來找出（使用IN）。

解答▶▶ （資料表見第5-4節第一個案例）

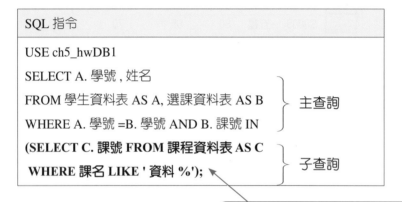

執行結果▶▶

❖圖5-90

5-4-3 EXIST測試子查詢是否存在

定義▶▶ 是指用來判斷子查詢結果是否存在於合併後的結果中。如果存在，則會傳回TRUE；若不存在，則會傳回FALSE。若是TRUE的話，則會執行主查詢；若是FALSE的話，則不會被執行。

範例▶▶ 請利用EXISTS來找出選修「資料庫系統」的學生之學號及姓名。

解答 ▶▶　（資料表見第5-4節第一個實例）

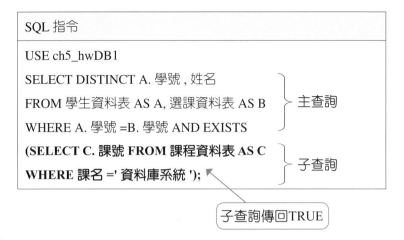

執行結果 ▶▶

❖圖5-91

5-4-4　ALL與ANY集合條件

定義 ▶▶　假設有兩個資料表（主關聯與子關聯），如果想比較主關聯與子關聯資料時，就可以利用ALL與ANY集合條件來篩選資料。

【ALL的例子1】A >ALL B

A集合：　　　　　　取出
　20　25 　60　80　100

B集合：　　　　最大值
　　　　30　50
❖圖5-92

A >ALL B ➜ 是指取出A集合中比B集合「最大值」還要大的資料。

所以，在上面的例子中，顯示的結果為：{60, 80, 100}。

範例 ▶▶　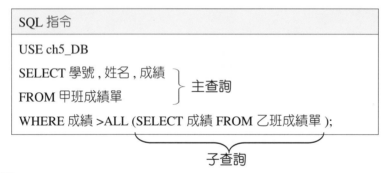資料庫名稱：ch5_DB.mdf

請列出「甲班成績單」中有哪些同學的「成績」比「乙班成績單」中所有同
學的「成績」高。

❖圖5-93

解答 ▶▶

```
SQL 指令

USE ch5_DB
SELECT 學號 , 姓名 , 成績      ⎫
                              ⎬ 主查詢
FROM 甲班成績單               ⎭
WHERE 成績 >ALL (SELECT 成績 FROM 乙班成績單 );
                └──────────────────────┘
                        子查詢
```

執行結果 ▶▶

❖圖5-94

【ALL的例子2】A <ALL B

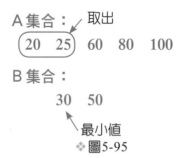

❖圖5-95

A <ALL B ➜ 是指取出A集合中比B集合「最小值」還要小的資料。

所以，在上面的例子中，顯示的結果為：{20, 25}。

範例 ▶▶ 💿 資料庫名稱：ch5_DB.mdf

請列出「甲班成績單」中有哪些同學的「成績」比「乙班成績單」中所有同學的「成績」低。

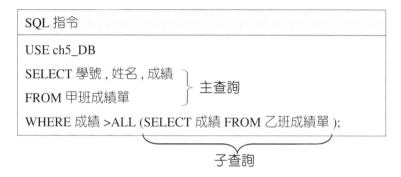

❖圖5-96

解答 ▶▶

SQL 指令
USE ch5_DB
SELECT 學號 , 姓名 , 成績
FROM 甲班成績單
WHERE 成績 >ALL (SELECT 成績 FROM 乙班成績單);

主查詢

子查詢

執行結果 ▶▶

❖圖5-97

【ANY的例子1】 A >ANY B

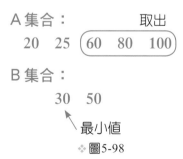

❖圖5-98

A >ANY B ➡ 是指取出A集合中比B集合「最小值」大的資料。
所以，在上面的例子中，顯示的結果為：{60, 80, 100}。

範例 ▶▶　💿 資料庫名稱：ch5_DB.mdf

請列出「甲班成績單」中有哪些同學的「成績」比「乙班成績單」中任何同學的「成績」高。

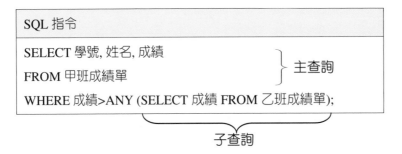

❖圖5-99

解答 ▶▶

SQL 指令

SELECT 學號, 姓名, 成績
FROM 甲班成績單 ⎬ 主查詢
WHERE 成績>ANY (SELECT 成績 FROM 乙班成績單);

子查詢

執行結果 ▶▶

❖圖5-100

【ANY的例子2】A <ANY B

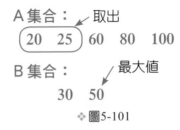

A 集合：　↙取出
⟨20　25⟩　60　80　100

B 集合：　　↙最大值
　　　30　50

❖圖5-101

A <ANY B ➜ 是指取出A集合中比B集合「最大值」小的資料。

所以，在上面的例子中，顯示的結果為：{20, 25}。

範例 ▶▶ 🔘 資料庫名稱：ch5_DB.mdf

請列出「甲班成績單」中有哪些同學的「成績」比「乙班成績單」中任何同學的「成績」低。

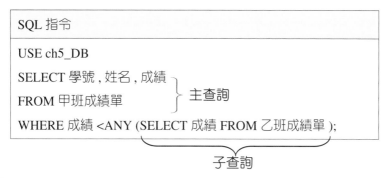

❖圖5-102

解答 ▶▶

SQL 指令
USE ch5_DB
SELECT 學號, 姓名, 成績
FROM 甲班成績單 }主查詢
WHERE 成績 <ANY (SELECT 成績 FROM 乙班成績單);

子查詢

執行結果 ▶▶

❖圖5-103

建立資料庫

第二個案例──以「供應商_採購_產品」為例

在本單元中，我們建立三個資料表，分別為：供應商、採購及產品，以便後續的巢狀查詢分析之用。如圖5-104所示：

🔘 資料庫名稱：ch5_hwDB2.mdf

供應商

	供應商代號	名稱	電話	地址
1	S1	一心公司	07-1234567	高雄市前鎮區
2	S3	二聖公司	07-2345678	高雄市苓雅區
3	S4	三多公司	07-3456789	高雄市三民區
4	S5	四維公司	07-4567890	高雄市左營區

採購

	供應商代號	產品代號	數量
1	S1	P1	2
2	S1	P3	3
3	S1	P5	4
4	S3	P1	4
5	S3	P4	6
6	S4	P1	7
7	S4	P3	9
8	S4	P4	10
9	S4	P5	6
10	S5	P1	11
11	S5	P3	12
12	S5	P4	7
13	S5	P5	6

產品

	產品代號	產品名稱	顏色	訂價	庫存量	已訂購數量	安全存量
1	P5	隨身碟	紅色	5000	50	30	30
2	P1	螢幕	銀白色	4000	10	10	20
3	P2	滑鼠	白色	3000	10	5	20
4	P3	鍵盤	灰色	2000	10	15	4
5	P4	主機外殼	黑色	1000	10	20	4

❖圖5-104

範 例 1 利用EXISTS運算子

取得供應產品代號為P3的供應商名稱（資料表見第5-4節第二個案例）。

分析▶▶ 1. 分析的方法：辨識「目標屬性」及「相關表格」。

(1) 目標屬性：供應商之「名稱」欄位。

(2) 相關表格：供應商、採購。

2. 分析過程：

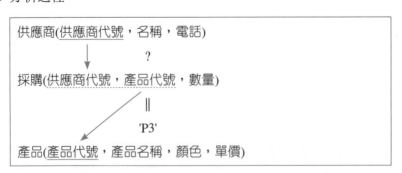

說明▶▶ 因為只須兩個表格，它屬於「直接合併」，指合併時不須借助中間表格。

解答 ▸▸

第一種寫法
USE ch5_hwDB2 Select DISTINCT 名稱 From 供應商, 採購 Where 供應商.供應商代號=採購.供應商代號 AND 產品代號='P3'

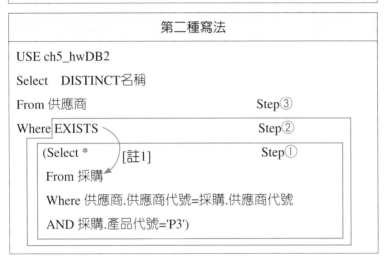

註：判斷採購是否有存在資料，如果「是」則True；「否」則為False。

分析執行的步驟

步驟1 ▸▸ 合併。

	採購			供應商		
	採購· 供應商代號	產品代號	數量	供應商· 供應商代號	名稱	電話
#1	S1	P3	3	S1	一心公司	02454545
#2	S4	P3	9	S4	三多公司	04545454
#3	S5	P3	12	S5	四維公司	02454545

❖ 圖5-105

步驟2▶▶ 存在（True）時，則保留「供應商資料」。

	供應商· 供應商代號	名稱	電話
#1	S1	一心公司	02454545
#2	S4	三多公司	04545454
#3	S5	四維公司	02454545

❖圖5-106

步驟3▶▶ 取出供應商的「名稱」。

	名稱
#1	一心公司
#2	三多公司
#3	四維公司

❖圖5-107

範例 2　利用IN運算子

取得供應產品代號，含P3的供應商（資料表請見5-4節第二個案例）。

分析▶▶　1. 分析的方法：辨識「目標屬性」及「相關表格」。

（1）目標屬性：供應商之「名稱」欄位。

（2）相關表格：供應商、採購。

2. 分析過程：

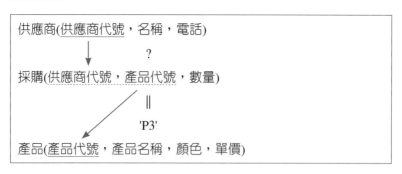

說明▶▶　因為只須兩個表格，它屬於「直接合併」，指合併時不須借助中間表格。

解答 ▸▸

第一種方法：利用JOIN
USE ch5_hwDB2
SELECT DISTINCT 名稱
FROM 供應商, 採購
WHERE 供應商.供應商代號=採購.供應商代號
AND 產品代號='P3'

第二種方法：利用IN運算子
USE ch5_hwDB2
SELECT DISTINCT 名稱
FROM 供應商　　　　　　　Step②
WHERE 供應商.供應商代號 IN
(SELECT 採購.供應商代號
FROM 採購　　　　　　　Step①
WHERE 產品代號='P3')

分析執行的步驟

步驟1 ▸▸ 產生一個表格。

	採購‧供應商代號
#1	S1
#2	S4
#3	S5

❖ 圖5-108

步驟2 ▸▸ IN與產生的表格比對，即可顯示結果。

	名稱
#1	一心公司
#2	三多公司
#3	四維公司

❖ 圖5-109

範 例 ③　利用EXISTS運算子

取得「不」供應產品P3的供應商名稱（資料表見第5-4節第二個案例）。

分析 ▶▶ 　否定型 ➜ 若具有「不…」、「沒有…」的語意時，只能用NOT EXISTS語法。
　　　　注意 不可以使用第一種寫法。

解答 ▶▶

第二種寫法
USE ch5_hwDB2
Select DISTINCT 名稱
From 供應商
Where **NOT** EXISTS
(Select *
From 採購
Where 供應商.供應商代號=採購.供應商代號
AND 產品代號='P3')

執行結果 ▶▶

	名稱
#1	二聖公司

❖圖5-110

範 例 ④　利用IN運算子

取得「不」供應產品P3的供應商名稱（資料表見第5-4節第二個案例）。

分析 ▶▶ 　1. 分析的方法：辨識「目標屬性」及「相關表格」。

　　　　　(1) 目標屬性：供應商之「名稱」欄位。

　　　　　(2) 相關表格：供應商、採購。

　　　　2. 分析過程：

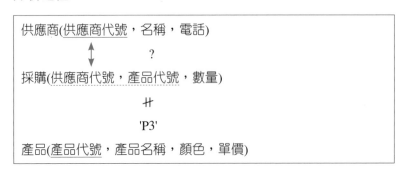

說明▶▶ 因為只須兩個表格，它屬於「直接合併」，指合併時不須借助中間表格。

解答▶▶

否定型只能利用NOT IN運算子
USE ch5_hwDB2
SELECT DISTINCT 名稱
FROM 供應商
WHERE 供應商.供應商代號 NOT IN
(SELECT 採購.供應商代號
FROM 採購
WHERE 產品代號='P3')

執行結果▶▶

名稱
二聖公司

❖ 圖5-111

註：否定型不可以使用【範例2】的第一種寫法。

範例 5　利用IN運算子

取出至少供應一種滑鼠產品的供應商名稱（資料表見5-4節第二個案例）。

分析▶▶　1. 分析的方法：辨識「目標屬性」及「相關表格」。

(1) 目標屬性：供應商之「名稱」欄位。

(2) 相關表格：供應商、採購及產品。

2. 分析過程：

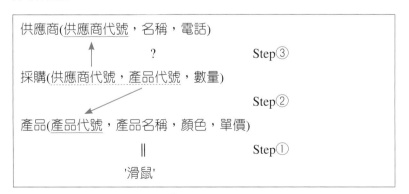

說明▶▶ 因為需要三個表格，它屬於「間接合併」，指合併時需要借助中間表格。

解答 ▶▶

第一種方法：利用JOIN
SELECT DISTINCT 名稱
FROM 供應商, 採購, 產品
WHERE 供應商.供應商代號=採購.供應商代號
AND 產品.產品代號=採購.產品代號
AND 產品名稱='滑鼠'

第二種方法：利用IN運算子
SELECT DISTINCT 名稱
FROM 供應商　　　　　　　　　　Step③
WHERE 供應商.供應商代號 IN
(SELECT 採購.供應商代號
FROM 採購　　　　　　　　　Step②
WHERE 採購.產品代號 IN
(SELECT 產品.產品代號
FROM 產品　　　　　　　Step①
WHERE產品名稱='滑鼠'))

分析執行的步驟

步驟1▶▶ 產生一個產品代號表格。

	產品代號
#1	P3

❖圖5-112

步驟2▶▶ IN與產品代號表格比對。

採購‧供應商代號
S1
S4
S5

❖圖5-113

步驟3▶▶ IN與供應商代號比對，即可顯示結果。

名稱
一心公司
三多公司
四維公司

❖圖5-114

5-4-5 EXISTS運算子取代FORALL功能

定義▸▸ 相當於Relational Algebra的Divide（除法）。SQL的Select指令下，沒有FORALL全稱量詞，以NOT EXISTS…NOT語法來替代。

寫法▸▸

> FORALL　P(條件)=NOT EXISTS P(NOT 條件)

分析▸▸ 全部包含 ➜ 若具有「全部…」、「所有…」的語意時，則用NOT EXISTS……NOT語法。

因此，如果判斷出題目屬於「除法」時，首先必須找出「除式」與「被除式」，通常除式（分母）存在於限制條件中，也就是「所有」語意的指定對象。

基本型格式

> SELECT 目標屬性
> FROM 目標表格
> WHERE NOT EXISTS
> 　(SELECT *
> 　FROM 除式表格
> 　　WHERE NOT EXISTS
> 　　　(SELECT *
> 　　　FROM 被除式表格
> 　　　WHERE 目標表格 . 合併屬性 1= 被除式表格 . 合併屬性 1
> 　　　AND 除式表格 . 合併屬性 2= 被除式表格 . 合併屬性 2))

範 例 1

找出供應所有產品的供應商名稱（資料表見第5-4節第二個案例）。

分析▶▶　1. 分析的方法：辨識「目標屬性」及「相關表格」。

(1) 目標屬性：供應商之「名稱」欄位。

(2) 相關表格：供應商、採購及產品。

2. 分析過程：

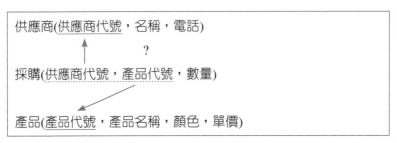

說明▶▶　因為需要三個表格，它屬於「間接合併」，指合併時需要借助中間表格。

解答▶▶

```
SELECT 名稱
FROM 供應商
WHERE NOT EXISTS
    (SELECT *
     FROM 產品
     WHERE NOT EXISTS
         (SELECT *
          FROM 採購
          WHERE 供應商.供應商代號=採購.供應商代號
          AND產品.產品代號=採購.產品代號))
```

執行結果▶▶

	名稱
#1	三多公司
#2	四維公司

❖圖5-115

除式或被除式具有限制條件格式

```
SELECT 目標屬性
FROM 目標表格
WHERE NOT EXISTS
    (SELECT *
     FROM 除式表格
     WHERE 除式限制條件 AND　NOT EXISTS
        (SELECT *
         FROM 被除式表格
         WHERE 目標表格.合併屬性1=被除式表格.合併屬性1
         AND 除式表格.合併屬性2=被除式表格.合併屬性2
         AND 被除式限制條件))
```

範 例 2

找出有供應「主機外殼」產品的供應商名稱（資料表見第5-4節第二個案例）。

解答 ▶▶

```
SELECT 名稱
FROM 供應商
WHERE NOT EXISTS
    (SELECT *
     FROM 產品
     WHERE　產品名稱='主機外殼' AND NOT EXISTS
        (SELECT *
         FROM 採購
         WHERE 供應商.供應商代號=採購.供應商代號
         AND產品.產品代號=採購.產品代號))
```

執行結果 ▶▶

	名稱
#1	一心公司
#2	三多公司
#3	四維公司

❖ 圖5-116

基本題

1.　在關聯式代數中，撰寫「$\pi_{\text{姓名，課程名稱}}(\sigma_{\text{學分數}=3}(\text{學生選課表}))$」時，請問此功能等同於SQL什麼指令？

2.　在關聯式代數中，撰寫「學生表 CROSS JOIN 系碼表」時，請問此功能等同於SQL什麼指令？

3.　請製圖說明「內部合併」與「卡氏積」兩者之間的關係？並簡單說明之。

4.　假設下表為某一所大學的教職員工之主管參考表。

編號	姓名	單位職稱	主管代號
1	一心	校長	Null
2	二聖	院長	1
3	三多	資管系主任	2
4	四維	企管系主任	2
5	五福	資管系老師	3

請列出所有主任的主管之「主管姓名」（利用自我查詢）。

進階題

1. 比較內部合併（Inner Join）與外部合併（Outer Join）的不同情況：

員工	姓名	部門編號
	張三	01
	李四	02
	王五	

部門	編號	部門名稱
	01	生產部
	02	行銷部
	03	會計部

請利用SQL指令撰寫下列5小題關聯式代數的查詢語法，並列印出執行結果。

(1) RESULT1 ← 員工 × 部門

(2) RESULT2 ← 員工 ⋈ 部門編號=編號 部門

(3) RESULT3 ← 員工 ⟞⋈ 部門編號=編號 部門

(4) RESULT4 ← 員工 ⋈⟝ 部門編號=編號 部門

(5) RESULT5 ← 員工 ⟞⋈⟝ 部門編號=編號 部門

2. 在SQL語言中，要從「員工資料表」中，列出「薪資」大於平均薪資值的員工，請撰寫SQL指令來查詢此功能。

3. 利用子查詢來找出選修「課號」為「C005」的學生學號及姓名。（資料表見第5-4節的第一個案例）

4. 若授課老師想了解「資管」系有哪些同學透過網路學習（利用子查詢來找出，使用ANY）。（資料表見第5-4節的第一個案例）

5. 請利用SQL語言的DML來查詢哪一位學生符合助教應該具備的能力。

學生資料表			學生專長表		助教所需資訊技能表	

學號	姓名	系碼
S0001	張三	D001
S0002	李四	D001
S0003	王五	D002
S0004	李安	D003

⊞ 結果　⊟ 訊息

	學號	資訊技能
1	S0001	ASP.NET
2	S0001	SQLSERVER
3	S0001	VB.NET
4	S0002	VB.NET
5	S0002	SQLSERVER
6	S0003	ASP.NET

⊞ 結果　⊟ 訊息

	資訊技能
1	ASP.NET
2	SQLSERVER
3	VB.NET

6. 承第5題,請利用SQL語言的DML來查詢哪些學生尚未繳交「學生專長表」。

7. 承第5題,請利用SQL語言的DML來查詢哪些學生「沒有完全」符合助教應該具備的能力。

8. 請利用SQL語言的DML中的「子查詢」,來查詢「選課資料表」中,哪些同學的「成績」高於平均,並且成績大於(含等於)90分。

CHAPTER 6

SQL Server
Transact-SQL程式設計

本章學習目標

1. 讓讀者瞭解結構化查詢語言（SQL）與Transact-SQL（T-SQL）兩種語言之間的差異。
2. 讓讀者瞭解T-SQL的指令碼及相關運用。

本章內容

6-1

何謂Transact-SQL？　●●●●●

所謂Transact-SQL（T-SQL）是標準SQL語言的增強版，是用來控制Microsoft SQL Server資料庫的一種主要語言。由於目前的標準SQL語言（亦即SQL-92語法）是屬於非程序性語言，使得每一條SQL指令都是單獨被執行，導致指令與指令之間無法傳遞參數。所以，在使用上往往不如傳統高階程式語言來得方便。

有鑑於此，MS SQL Server提供的T-SQL語言，除了符合SQL-92規則（DDL、DML、DCL）之外，另外增加了變數、程式區塊、流程控制及迴圈控制等第三代「程式語言」的功能，使其應用彈性大大的提昇。

6-2

變數的宣告與使用　●●●●●

在一般的程式語言中，每一個變數都必須要宣告才能使用；而在T-SQL語言中也不例外。

變數的分類

1. 區域性變數：是由使用者自行定義，因此，必須要事先宣告。
2. 全域性變數：由系統提供，不需要宣告。

6-2-1　區域性變數（Local Variable）

定義 ▶▶　　是指用來儲存暫時性的資料。

表示方式 ▶▶　　以@為開頭。

宣告方式 ▶▶　　使用DECLARE關鍵字作為開頭，其所宣告的變數之預設值為NULL，
　　　　　　　　我們可以利用SET或SELECT來設定初值。

宣告語法 ▶▶

```
DECLARE @ 變數名稱 資料型態
```

定義 ▶▶　　1. 變數的初始化值都是NULL，而不是0或空白字元。

　　　　　　2. 當同時宣告多個變數時，必須要利用逗號隔開(,)。

範例▶▶

```
DECLARE @X INT, @Y INT        -- 區域變數以 @ 為開頭
```

初值設定之語法▶▶

第一種方法：利用SET設定初值。

```
SET @ 變數名稱 = 設定值
```

第二種方法：利用SELECT設定初值。

```
SELECT @ 變數名稱 = 設定值
```

第三種方法：從資料表中取出欄位值。

```
SELECT @ 變數名稱 = 欄位名稱 From 資料表名稱
```

顯示方式▶◆　使用SELECT或PRINT敘述。

1. SELECT敘述：是以「結果視窗」呈現。

2. PRINT敘述：是以「訊息視窗」呈現。

範例▶▶　請利用SET與SELECT來設定初值，並且利用SELECT與PRINT來顯示結果。

解答▶▶

```
DECLARE @Cus_Id      nchar(10)      -- 區域變數以 @ 為開頭
DECLARE @Cus_Name    nchar(10)
SET @Cus_Id = 'C06'                 -- 設定區域變數初值
SELECT @Cus_Name = ' 王安 '         -- 用 SELECT 也可拿來設定變數初值
SELECT @Cus_Id                      -- 顯示區域變數 (Cus_Id) 的內容
PRINT @Cus_Name                     -- 顯示區域變數 (Cus_Name) 的內容
```

執行結果▶▶

1. 結果視窗	2. 訊息視窗

範 例 1

請利用初值設定的第三種方法，來查詢「客戶代號」為C05的「客戶姓名」資料。

解答▶▶

```
USE ch6_hwDB1
Go
DECLARE @Cus_Id      nchar(10)          -- 區域變數以 @ 為開頭
DECLARE @Cus_Name    nchar(10)
SET @Cus_Id = 'C05'                     -- 設定區域變數初值
Select @Cus_Name= 客戶姓名 From 客戶資料表
Where 客戶代號 =@Cus_Id
Print ' 客戶代號 =' + @Cus_Id + ' 客戶姓名 =' + @Cus_Name
```

執行結果▶▶

❖圖6-1

範 例 2

請利用變數來查詢「選課資料表」中，所有學生中各科目成績在70分(含)以上的名單。

解答▶▶

```
USE ch6_DB
Go
DECLARE @score int
SET @score =70                    -- 設定區域變數初值
Select 學號 , 課號 , 成績
From 選課資料表
Where 成績 >=@score
```

執行結果▶▶

	學號	課號	成績
1	S1005	C001	90
2	S0001	C005	73
3	S0002	C002	92
4	S0003	C004	92
5	S0003	C005	70
6	S0004	C003	75

❖圖6-2

6-2-2 全域性變數（Global Variable）

定義►► 指用來取得系統資訊或狀態的資料。

表示方式►► @@全域變數。

說明►► 在全域性變數前面加入「兩個(@@)符號」，後面不需要「小括號」。

注意►► 它不需要經過宣告，即可使用。

❖ 表6-1 　常用全域性變數一覽表

系統參數	說明
@@CONNECTIONS	傳回 SQL Server 上次啟動之後所嘗試的連接次數，成功和失敗都包括在內。
@@CPU_BUSY	傳回 SQL Server 上次啟動之後所花的工作時間。
@@CURSOR_ROWS	傳回在連接所開啟的最後一個資料指標中，目前符合的資料列數。
@@DATEFIRST	傳回 SET DATEFIRST 之工作階段的目前值。 SET DATEFIRST 會指定每週第一天。U.S. English 預設值是 7，也就是星期日。
@@ERROR	傳回最後執行的 Transact-SQL 陳述式的錯誤號碼。
@@IDENTITY	這是傳回最後插入的識別值之系統函數。
@@LANGUAGE	傳回目前所用的語言名稱。
@@LOCK_TIMEOUT	傳回目前工作階段的目前鎖定逾時設定（以毫秒為單位）。
@@MAX_CONNECTIONS	傳回 SQL Server 執行個體所能接受的最大同時使用者連接數目。傳回的數目不一定是目前所設定的數目。
@@NESTLEVEL	傳回本機伺服器中執行目前預存程序的巢狀層級（最初是 0）。
@@OPTIONS	傳回目前 SET 選項的相關資訊。
@@REMSERVER	傳回符合登入記錄所顯示的遠端 SQL Server 資料庫伺服器的名稱。
@@ROWCOUNT	傳回受到前一個陳述式所影響的資料列數。
@@SERVERNAME	傳回執行 SQL Server 的本機伺服器名稱。
@@SPID	傳回目前使用者處理程序的工作階段識別碼。
@@TRANCOUNT	傳回目前連接的使用中交易數目。
@@VERSION	傳回目前安裝之 SQL Server 的版本、處理器架構、建置日期和作業系統。

資料來源：SQL Server 2008線上叢書
(http://msdn.microsoft.com/zh-tw/library/ms187766.aspx)

範例 1

查詢目前SQL Server伺服器的名稱。

解答▶▶

```
DECLARE @MyServerName    nchar(20)
SET @MyServerName=@@SERVERNAME
SELECT @MyServerName    AS 我的 DB 主機名稱
```

執行結果▶▶

❖ 圖6-3

範例 2

查詢所有學生中各科目成績在70分（含）以上的筆數。

解答▶▶

```
USE ch6_DB
DECLARE @score int
SET @score =70                    -- 設定區域變數初值
Select 學號 , 課號 , 成績
From 選課資料表
Where 成績 >=@score
SELECT @@ROWCOUNT AS [70 分 ( 含 ) 以上的筆數 ]
```

執行結果▶▶

❖ 圖6-4

6-3 註解（Comment）

● ● ● ● ●

定義▶▶ 在程式中加入註解說明，可以使得程式更容易閱讀與了解，也有助於後續的管理與維護工作。註解內的文字是提供給設計者使用，系統不會執行它。

兩種撰寫格式▶▶

1. 單行註解

2. 區塊註解

一、單行註解（Comment）

表示方式▶▶ 以「--」作為開頭字元。

使用時機▶▶ 可以寫在程式碼的後面或單獨一行註解。

舉例▶▶

```
Declare    @R int,    @A int,    @L int        -- 宣告三個變數 R, A, L
```

範例▶▶

```
-- 計算圓的面積與周長
Declare @R int, @A float, @L float   -- 宣告三個變數 R, A, L
Declare @PI float=3.14
SET @R=3                             -- 設定半徑
SET @A=@PI*SQUARE(@R)                -- 計算圓的面積
SET @L=2*@PI*@R                      -- 計算圓的周長
PRINT ' 面積 A=' + CONVERT(CHAR, @A)
PRINT ' 周長 L=' + CONVERT(CHAR, @L)
```

二、區塊註解

表示方式▶▶ 「/*」與「*/」之間的所有內容。

使用時機▶▶ 註解的內容超過一行時。

例如1：

```
/* 註解內容 */
```

例如2：

```
/* 註解
可以包括多行內容 */
```

舉例 ▶▶

```
/* 題目：計算圓的面積與周長
        圓面積公式：PI*R^2
        圓周長公式：2*PI*R
*/
```

範例 ▶▶

```
/* 題目：計算圓的面積與周長
        圓面積公式：PI*R^2
        圓周長公式：2*PI*R
*/
Declare @R int, @A float, @L float    -- 宣告三個變數 R, A, L
Declare @PI float=3.14
SET @R=3                              -- 設定半徑
SET @A=@PI*SQUARE(@R)        -- 計算圓的面積
SET @L=2*@PI*@R                 -- 計算圓的周長
PRINT ' 面積 A=' + CONVERT(CHAR, @A)
PRINT ' 周長 L=' + CONVERT(CHAR, @L)
```

6-4 資料的運算

我們都知道電腦處理資料的過程為：輸入－處理－輸出，其中「處理」程序通常是藉由運算式（Expression）來完成。每一行運算式都是由運算元（Operand）與運算子（Operator）所組合而成。例如：A=B+1，其中「A」、「B」、「1」稱為運算元；「＝」、「＋」則稱為運算子。

一般而言，「運算元」都是變數或常數；而運算子則可分為四種：

1. 指定運算子
2. 算術運算子
3. 關係運算子
4. 邏輯運算子

6-4-1 指定運算子

　　一般初學者在撰寫程式中遇到數學上的等號「＝」時，都會有一些疑問，那就是：何時才是真正的「等號」？何時才能當作「指定運算子」來使用？

　　基本上，在T-SQL中的等號「＝」大部分都是當作「指定運算子」來使用，也就是在某一行運算式中，從「＝」指定運算子的右邊開始看，亦即將右邊的運算式的結果指定給左邊的運算元。

舉例 ▶▶　請宣告A、B兩個變數為整數型態，並分別指定初值為1與2。

```
Declare @A int, @B int
SET @A=1
SET @B=2
```

> **注意** 我們在撰寫運算式時，必須特別小心，不能將常數或二個及二個變數以上放在「＝」指定運算子的左邊。

範例 ▶▶　請在ch6_DB資料庫中，取出「學生資料表」的學生總筆數。

```
USE ch6_DB
Go
DECLARE @Total int
Select @Total=count(*)
From 學生資料表
PRINT ' 學生總筆數 =' + CONVERT(CHAR, @Total)
```

執行結果 ▶▶

❖圖6-5

6-4-2　算術運算子

在程式語言有四則運算；而在T-SQL程式語言中也不例外，其主要的目的就是用來處理使用者輸入的數值資料。而在程式語言的算術運算式中，也是由數學運算式所構成的計算式，因此，在運算時也要注意到運算子的優先順序。如表6-2所示：

❖表6-2　算術運算子的種類

運算子	功能	例子	執行結果
＋（加）	A 與 B 兩數相加	14+28	42
—（減）	A 與 B 兩數相減	26-14	15
＊（乘）	A 與 B 兩數相乘	5*8	40
／（除）	A 與 B 兩數相除	10/3	3.33333333…
％（餘除）	A 與 B 兩數相除後，取餘數	10%3	1

說明：程式語言中的乘法是以星號「＊」代替，數學中則以「×」代替。

範例 ▶▶　請宣告A、B兩個變數為整數型態，並分別指定初值為1與2，再將變數A與B的值相加以後，指定給Sum變數。

```
Declare @A int, @B int, @SUM int
SET @A=1
SET @B=2
SET @SUM =@A+@B
SELECT @SUM AS 'A+B 之和 '
```

執行結果 ▶▶

❖圖6-6

6-4-3 關係運算子

關係運算子是一種比較大小的運算式，因此又稱「比較運算式」。如果我們所想要的資料是要符合某些條件，而不是全部的資料時，那就必須要在Select子句中再使用Where條件式即可。並且也可以配合使用「比較運算子條件」來搜尋資料。若條件式成立的話，則會傳回「True（真）」；若不成立的話，則會傳回「False（假）」。如表6-3所示：

❖表6-3　比較運算子表

運算子	功能	例子	條件式說明
＝（等於）	判斷 A 與 B 是否相等	A=B	成績 =60
!=（不等於）	判斷 A 是否不等於 B	A<>B	成績 !=60
<（小於）	判斷 A 是否小於 B	A<B	成績 <60
<=（小於等於）	判斷 A 是否小於等於 B	A<=B	成績 <=60
>（大於）	判斷 A 是否大於 B	A>B	成績 >60
>=（大於等於）	判斷 A 是否大於等於 B	A>=B	成績 >=60

說明：設A代表「成績欄位名稱」，B代表「字串或數值資料」。

範 例

請利用變數方式，在「選課資料表」中查詢任何課程成績「不及格（60分）」的學生的「學號、課程代號及成績」。

解答▸▸

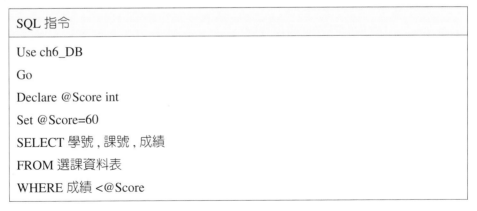

SQL 指令
Use ch6_DB
Go
Declare @Score int
Set @Score=60
SELECT 學號 , 課號 , 成績
FROM 選課資料表
WHERE 成績 <@Score

執行結果▸▸

	學號	課號	成績
1	S0001	C001	56

❖圖6-7

6-4-4 邏輯運算子

在Where條件式中除了可以設定「比較運算子」之外,還可以設定「邏輯運算子」來將數個比較運算子條件組合起來,成為較複雜的條件式。其常用的邏輯運算子如表6-4所示:

❖表6-4 邏輯運算子表

運算子	功能
And（且）	判斷 A 且 B 兩個條件式是否皆成立
Or（或）	判斷 A 或 B 兩個條件式是否有一個成立
Not（反）	非 A 的條件式
Exists（存在）	判斷某一子查詢是否存在

說明:設A代表「左邊條件式」,B代表「右邊條件式」。

範 例 1

請利用變數方式,在「選課資料表」中查詢修課號為「C005」,且成績是「及格（60分）」的學生的「學號及成績」。

解答▶▶

SQL 指令
Use ch6_DB
Go
Declare @Score int
Declare @CNo nchar(10)
Set @Score=60
Set @CNo='C005'
SELECT 學號 , 課號 , 成績
FROM 選課資料表
WHERE 成績 >=@Score And 課號 =@CNo

執行結果▶▶

❖圖6-8

6-5
函數

在SQL Server中的函數種類非常多，除了第4章介紹的函數之外，在本章節中，再進一步介紹以下五種函數。

1. 轉換函數
2. 時間函數
3. 聚合函數
4. 排序函數
5. 常用系統函數

6-5-1 使用「轉換函數」

基本上，在SQL Server中資料要進行運算時，必須要有相同的資料型態；但是，如果遇到不同運算元要運算時，在SQL Server中有兩種轉換方法：

一、隱含轉換（Implicit Conversion）：小轉大

隱含轉換又稱為自動轉換，也就是將表示範圍較小的資料型態轉換成表示範圍較大的資料型態。由於此種轉換方式是由系統自動處理，所以不會出現錯誤訊息。

優點▸▸ 小轉大時，原始資料不會有「失真」現象。

實例▸▸ 小轉大（例如smallint➜int）。

二、強制轉換（Explicit Conversion）：大轉小

「強制轉換」顧名思義，就是將表示範圍較大的資料型態強制轉換成表示範圍較小的資料型態（例如：int➜smallint），或不同資料型態的轉換（例如int➜nchar）。

缺點▸▸ 大轉小或不同型態轉換時，原始資料可能會有「失真」現象。

使用方法▸▸ 指定轉換。

（一）CAST( )

語法▸▸

```
CAST( 運算式 AS 資料型態 )
```

說明▸▸ 指將運算式的結果轉換成指定的資料型態。

例如▸▸

```
CAST(GetDate() As nchar(11))
```

(二) CONVERT( )

語法▶▶

CONVERT(資料型態 , 運算式)

說明▶▶ 指將運算式的結果轉換成指定的資料型態。

例如▶▶

CONVERT(int, rand()*10)

CONVERT(nchar, @Score)

6-5-2 使用「時間函數」

　　T-SQL除了具有SQL語言基本功能之外，還可以提供「時間函數」來搜尋資料。其常用的時間函數如表6-5所示：

❖表6-5 時間函數表

運算子	功能
GetDate( )	取得目前系統的時間
Year( )	取得目前指定日期的西元年
Month( )	取得目前指定日期的月份
Day( )	取得目前指定日期的日期
DatePart( )	取得目前指定日期的各部分格式值
DateName( )	取得目前指定日期的各部分格式之文字名稱
DateAdd( )	取得目前指定日期再加上指定的間隔值
DateDiff( )	取得兩個日期之間的時間間隔單位數目

一、GetDate( )

定義▶▶ 取得目前系統的時間，它可運用於交易資料的追蹤與查詢。

語法▶▶

GetDate( )

舉例▶▶ 建立「學生基本資料表」，並記錄學生的註冊時間。

SQL 指令
use ch6_hwDB1 Go Create Table 學生基本資料表 (　學號 nchar(8) not null, 　姓名 nchar(10) not null, 　註冊時間 datetime default GetDate()) Insert Into 學生基本資料表 (學號 , 姓名) Values('S1001', ' 一心 ')

二、Year( )

定義▶▶ 取得目前指定日期的西元年。

語法▶▶

Year(date)

舉例▶▶ 請查詢出「一心」同學今年註冊的年份。

SQL 指令
use ch6_hwDB1 Go Select 姓名 , YEAR(註冊時間) As 註冊年份 From 學生基本資料表

三、Month( )

定義▶▶ 取得目前指定日期的月份。

語法▶▶

Month(date)

舉例▶▶ 請在ch6_hwDB1資料庫中，查詢在8、9、10三個月份生日的員工姓名及生日。

SQL 指令

use ch6_hwDB1

Go

-- 第一個寫法：

Select 員工姓名 , 生日

From 員工資料表

Where month(生日)>=8 And month(生日)<=10

-- 第二個寫法：

Select 員工姓名 , 生日

From 員工資料表

Where month(生日) between 8 and 10

-- 第三個寫法：

Select 員工姓名 , 生日

From 員工資料表

Where month(生日) In(8, 9, 10)

四、Day( )

定義▶▶　取得目前指定日期的日期。

語法▶▶

Day(date)

舉例▶▶　判斷目前的日期是否為月初（1號），如果是，則印出「月初領薪水」；如果不是，則印出「不是月初」。

SQL 指令

use ch6_hwDB1

Go

if (Day(GetDate())=1)

　　Print ' 月初領薪水 '

else

　　Print ' 不是月初 '

五、DatePart( )

定義 ▶▶ 取得目前指定日期的各部分格式值。

語法 ▶▶

DatePart (datepart, date)

舉例 ▶▶ 查詢「學生基本資料表」中學生姓名「一心」的註冊時間之詳細資料。

SQL 指令

```
use ch6_hwDB1
Go
Declare @MyDate datetime
Set @MyDate=(Select 註冊時間 From 學生基本資料表 Where 姓名 =' 一心 ')
Select DATEPART(YY, @MyDate) As 年份 ,
     DATEPART(qq, @MyDate) As 季節 ,
     DATEPART(mm, @MyDate) As 月份 ,
     DATEPART(dd, @MyDate) As 日期
```

執行結果 ▶▶

	年份	季節	月份	日期
1	2009	4	12	17

❖ 圖6-9

六、DateName( )

定義 ▶▶ 取得目前指定日期的各部分格式之文字名稱。

語法 ▶▶

DateName (datepart, date)

舉例 ▶▶ 查詢「學生基本資料表」中學生姓名「一心」的註冊時間之詳細資料。

SQL 指令

```
use ch6_hwDB1
Go
Declare @MyDate datetime
Set @MyDate=(Select 註冊時間 From 學生基本資料表 Where 姓名 =' 一心 ')
Select DateName(YY, @MyDate) As 年份 ,
     DateName(qq, @MyDate) As 季節 ,
     DateName(mm, @MyDate) As 月份 ,
     DateName(dd, @MyDate) As 日期
```

七、DateAdd( )

定義 ▶▶ 取得目前指定日期再加上指定的間隔值。

語法 ▶▶

> DateAdd (datepart, 間隔值 , date)

舉例 ▶▶ 請查詢「訂單資料表」中客戶的訂單日期與10天必須要送達的日期。

SQL 指令
use ch6_hwDB1
Go
Select 訂單編號 , 訂單日期 , DATEADD(DD, 10, 訂單日期) As 最晚送達日期
From 訂單資料表
Order by 訂單編號

執行結果 ▶▶

	訂單編號	訂單日期	最晚送達日期
1	Od01	2008-06-01 00:00:00.000	2008-06-11 00:00:00.000
2	Od02	2009-07-05 00:00:00.000	2009-07-15 00:00:00.000
3	Od03	2009-08-10 00:00:00.000	2009-08-20 00:00:00.000
4	Od04	2009-10-20 00:00:00.000	2009-10-30 00:00:00.000
5	Od05	2009-10-30 00:00:00.000	2009-11-09 00:00:00.000

❖ 圖6-10

八、DateDiff( )

定義 ▶▶ 取得兩個日期之間的時間間隔單位數目。

語法 ▶▶

> DateDiff (datepart, 開始日期 , 結束日期)

舉例 ▶▶ 請查詢「訂單資料表」中客戶的訂單日期與交貨日期的天數為何。

SQL 指令
use ch6_hwDB1
Go
Select 訂單編號 , 訂單日期 , DateDiff (DD, 訂單日期 , 交貨日期) As 準備天數
From 訂單資料表
Order by 訂單編號

執行結果 ▶▶

	訂單編號	訂單日期	準備天數
1	Od01	2008-06-01 00:00:00.000	141
2	Od02	2009-07-05 00:00:00.000	108
3	Od03	2009-08-10 00:00:00.000	72
4	Od04	2009-10-20 00:00:00.000	1
5	Od05	2009-10-30 00:00:00.000	6

❖圖6-11

6-5-3 使用「聚合函數」

T-SQL除了具有SQL語言基本功能之外,還可以提供「聚合函數」來搜尋資料。其常用的聚合函數如表6-6所示:

❖表6-6 聚合函數

聚合函數	說明
Count(*)	計算個數函數
Count(欄位名稱)	計算該欄位名稱之不具 NULL 值列的總數
Avg	計算平均函數
Sum	計算總和函數
Max	計算最大值函數
Min	計算最小值函數

一、記錄筆數(Count)

語法 ▶▶

```
Count (*)
```

說明 ▶▶ 傳回記錄筆數。

範例 ▶▶ 請在「ch6_DB」資料庫中,利用變數來取得「學生資料表」中全班人數之後,再列印出來。

```
use ch6_DB
Declare @Total Int
Select @Total = Count(*)
FROM 學生資料表
Print ' 全班學生人數為 : ' +Convert(Char(3), @Total)+' 人 '
```

二、平均數（Avg）

語法▶▶

```
Avg( 數值型態的欄位名稱 )
```

說明▶▶　傳回平均數。

範例▶▶　請在「ch6_DB」資料庫中，利用變數來取得「資料庫成績單」學生「成績」
　　　　平均之後，再列印出來。

```
use ch6_DB
Declare @Average Int
 -- 列出學生「資料庫」平均成績
Select @average = Avg( 成績 )
From 資料庫成績單
Print ' 學生「資料庫」平均成績 :' +Convert(Char(6), @average)+' 分 '
```

三、總和（Sum）

定義▶▶　Sum函數是用來傳回一組記錄在某欄位內容值的總和。

語法▶▶

```
Sum( 數值型態的欄位名稱 )
```

範例▶▶　請在「ch6_DB」資料庫中，利用變數來取得「選課資料表」中全班「總分」
　　　　之後，再列印出來。

```
use ch6_DB
Declare @SUM Int
Select @SUM = SUM( 成績 )
FROM 選課資料表
Print ' 全班總分 : ' +Convert(Char(3), @SUM)
```

四、最大值（Max）

定義▶▶　Max函數用來傳回一組記錄在某欄位內容值中的最大值。

語法▶▶

```
Max( 欄位名稱 )
```

範例▶▶　請在「ch6_DB」資料庫中，利用變數來取得「選課資料表」中全班「最高
　　　　分」之後，再列印出來。

```
use ch6_DB
Declare @MAX Int
Select @MAX = MAX( 成績 )
FROM 選課資料表
Print ' 全班最高分 : ' +Convert(Char(3), @MAX)
```

五、最小值（Min）

定義 ▶▶ Min函數用來傳回一組記錄在某欄位內容值中的最小值。

語法 ▶▶

```
Min( 欄位名稱 )
```

範例 ▶▶ 請在「ch6_DB」資料庫中，利用變數來取得「選課資料表」中全班「最低分」之後，再列印出來。

```
use ch6_DB
Declare @MIN Int
Select @MIN = MIN( 成績 )
FROM 選課資料表
Print ' 全班最低分 : ' +Convert(Char(3), @MIN)
```

6-5-4 使用「排序函數」

基本上，在SQL語法中，我們可以利用Order by來排序資料表中的記錄順序，但是，如果欲顯示排序後的「排名」結果，那就必須要透過「排序函數」。

排序分類

1. ROW_NUMBER( )：當有相同的值時，仍有不同的編號。

2. RANK( )：當有相同的值時，則會有相同的編號，並且在下一筆記錄的編號「會」自動跳號。

3. DENSE_RANK()：當有相同的值時，則會有相同的編號，並且在下一筆記錄的編號「不會」自動跳號。

一、ROW_NUMBER( )

定義 ▶▶ 依照資料的筆數進行排序,當有相同的值時,仍有不同的編號。

範例 ▶▶ 有六位學生的成績如下:

原始成績	90	80	80	70	70	60
排名	1	2	3	4	5	6

請在「ch6_DB」資料庫中,利用ROW_NUMBER( )函數來進行成績的排序,當有同分時,仍依不同的名次排序。

解答 ▶▶

SQL 指令
use ch6_DB
Select 學號 , 姓名 , 成績 , ROW_NUMBER ()Over(Order by 成績 DESC) As 排名次
From 資料庫成績單

執行結果 ▶▶

❖圖6-12

二、RANK( )

定義 ▶▶ 依照資料的筆數進行排序,當有相同的值時,則會有相同的編號。並且在下一筆記錄的編號「會」自動跳號。

範例 ▶▶ 有六位學生的成績如下:

原始成績	90	80	80	70	70	60
排名	1	2	2	4	4	6

請在「ch6_DB」資料庫中,利用RANK( )函數來進行成績的排序,當有同分時,則會有相同的名次。

解答 ▶▶

SQL 指令
use ch6_DB
Select 學號 , 姓名 , 成績 , RANK()Over(Order by 成績 DESC) As 排名次
From 資料庫成績單

執行結果▶▶

❖ 圖6-13

三、DENSE_RANK( )

定義▶▶ 依照資料的筆數進行排序，當有相同的值時，則會有相同的編號。並且在下一筆記錄的編號「不會」自動跳號。

範例▶▶ 有六位學生的成績如下：

原始成績	90	80	80	70	70	60
排名	1	2	2	3	3	4

請在「ch6_DB」資料庫中，利用RANK( )函數來進行成績的排序，當有同分時，則會有相同的名次。並且在下一筆記錄的名次「不會」自動跳號。

解答▶▶

SQL 指令
use ch6_DB Select 學號 , 姓名 , 成績 , DENSE_RANK()Over(Order by 成績 DESC) As 排名次 From 資料庫成績單

執行結果▶▶

❖ 圖6-14

6-5-5　使用「常用系統函數」

基本上，在SQL語法中，我們常用的系統函數有以下五種：

1. CASE函數
2. CURRENT_USER函數
3. SYSTEM_USER函數
4. IDENTITY函數
5. SNULL函數

一、CASE函數：多重選擇結構

在日常生活中，我們所面臨的決策可能不只一種情況，也有可能有兩種情況，甚至兩種以上的不同情況。在前面已經介紹過兩種情況的結構，但是，如果我們所面對的情況有兩種以上時，則必須要使用多重選擇結構。常見的有兩種結構：

1. 巢狀IF結構（下一單元會有詳細說明）
2. 逐一比對結構Case

語法▶▶

```
CASE
    WHEN    條件式 1    THEN    敘述 1
    WHEN    條件式 2    THEN    敘述 2
    ……
    ……
    WHEN    條件式 N    THEN    敘述 N
    ELSE    敘述 N
    END
```

範例▶▶　請利用CASE函數來設計「選擇題型式」。

解答▶▶

```
DECLARE @i int, @answer nvarchar(20)
SET @i=2
Print ' 下列何者是 DBMS？(1)Excel (2)SQL Server (3)Word'
SET @answer =
 CASE @i
    WHEN 1 THEN '(1)Excel'
    WHEN 2 THEN '(2)SQL Server'
    WHEN 3 THEN '(3)Word'
END
PRINT '[ 答案：]' + @answer
```

執行結果▶▶

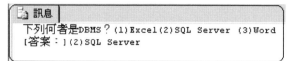

❖ 圖6-15

實作▶▶ 請利用CASE WHEN列出客戶指定排序（1.台北市2.台中市3.台南市4.高雄市 5.其他　用升冪)

1. 排序前

	客戶代號	客戶姓名	電話	城市	區域
1	C04	李安	02-2710000	台北市	大安區
2	C03	王六	06-6454555	台南市	永康市
3	C05	陳明	07-3355777	高雄市	三民區
4	C02	李四	07-7878788	高雄市	三民區
5	C01	張三	08-3667177	屏東縣	內埔鄉

❖ 圖6-16

2. 排序後

	客戶代號	客戶姓名	電話	城市	區域
1	C04	李安	02-2710000	台北市	大安區
2	C03	王六	06-6454555	台南市	永康市
3	C05	陳明	07-3355777	高雄市	三民區
4	C02	李四	07-7878788	高雄市	三民區
5	C01	張三	08-3667177	屏東縣	內埔鄉

❖ 圖6-17

解答▶▶

```
use ch6_hwDB1
Select *
From 客戶資料表
ORDER BY
Case when 城市 =' 台北市 ' then 1
    when 城市 =' 台中市 ' then 2
    when 城市 =' 台南市 ' then 3
    when 城市 =' 高雄市 ' then 4
    else 5
  End
, 城市 asc
```

二、CURRENT_USER函數

語法▶▶

```
CURRENT_USER
```

說明▶▶ 傳回目前使用者的名稱。這個函數相當於USER_NAME()。

範例▶▶ 顯示目前使用者的名稱。

> DECLARE @MyUserName　nchar(20)
>
> SET @MyUserName=CURRENT_USER
>
> SELECT @MyUserName　AS　目前使用者的名稱

執行結果▶▶

❖圖6-18

三、SYSTEM_USER函數

語法▶▶

> SYSTEM_USER

說明▶▶ 如果未指定預設值，則可將系統提供的目前登入值插入資料表中。

範例▶▶ 顯示目前使用者的名稱。

> DECLARE @MySYSTEM_USER　nchar(20)
>
> SET @MySYSTEM_USER=SYSTEM_USER
>
> SELECT @MySYSTEM_USER　AS 目前系統使用者的名稱

執行結果▶▶

❖圖6-19

四、IDENTITY函數

語法▶▶

> IDENTITY(資料型態 [, 自動編號起始值 , 每次遞增值]) AS 流水號欄位

說明▶▶ 在資料表中增加一個流水號欄位名稱。

範例▶▶ 請利用IDENTITY函數對「選課資料表」中的選課記錄產生自動編號。

```
use ch6_hwDB1
go
Select IDENTITY(int, 1, 1) as 序號 , 客戶姓名 , 電話
Into 客戶備份表
From 客戶資料表

Select *
From 客戶備份表  } 查詢結果
```

執行結果▶▶

	序號	客戶姓名	電話
1	1	張三	08-3667177
2	2	李四	07-7878788
3	3	王六	06-6454555
4	4	李安	02-2710000
5	5	陳明	07-3355777

❖圖6-20

五、ISNULL函數

語法▶▶

```
ISNULL ( 檢查欄位 , 指定的取代值 )
```

說明▶▶ 以指定的取代值來取代NULL。

範例▶▶ 請在ch6_DB資料庫中,將「選課資料表」中缺考(Null)的成績設定為50分。

```
use ch6_DB
go
SELECT 學號,AVG(成績)AS 平均成績              --執行前
FROM dbo.選課資料表
Group by 學號

SELECT 學號,AVG(ISNULL(成績, 50))AS 平均成績    --執行後
FROM dbo.選課資料表
Group by 學號
```

執行結果▶▶

	學號	平均成績
1	S0001	64
2	S0002	77
3	S0003	81
4	S0004	77
5	S0005	NULL

❖圖6-21 執行前

	學號	平均成績
1	S0001	64
2	S0002	77
3	S0003	81
4	S0004	77
5	S0005	50

❖圖6-22 執行後

6-6 流程控制

●●●●●

在傳統的結構化程式設計中有三種結構，而在T-SQL中也不例外。

1. 循序（Sequential）：簡單命令式的指令，如X=Y+Z。
2. 選擇（Selection）：需做決策時，用IF-ELSE指令。
3. 迴圈（Repetition）：當需反覆時，用WHILE指令。

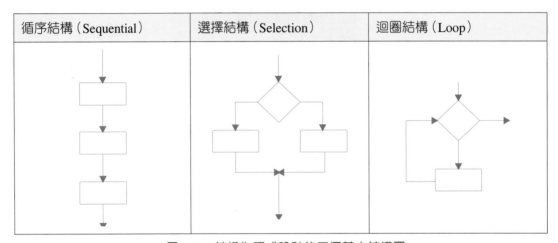

循序結構（Sequential）	選擇結構（Selection）	迴圈結構（Loop）

❖圖6-23　結構化程式設計的三個基本結構圖

除此之外，表6-7中為T-SQL常用來控制流程的關鍵字：

❖表6-7　T-SQL控制流程關鍵字

關鍵字	說明
Begin/End	定義程式區塊
IF-THEN	條件判斷式
CASE　WHEN	搭配 Order by 之條件判斷式
WHILE	重複結構
Break	中止最內層的 While 迴圈
Continue	啟動 While 迴圈
Goto label	跳到指定的 label 之後的程式
Waitfor	設定程式延遲執行
Return	結束並傳回值
Execute	執行程式

6-6-1 Begin/End

定義▶▶ 指用來定義程式區塊。基本上，Begin/End都會與If/Else搭配使用。

語法▶▶

```
Begin
        敘述區塊
End
```

範例▶▶ 顯示全班同學資料。

```
Use ch6_DB
Go
Begin
   Select *
   From    學生資料表
End
```

6-6-2 IF-ELSE

定義▶▶ If的中文意思就是「如果…就…」。在單一選擇結構中，只會執行條件成立時的敘述。

語法▶▶

```
If  (條件式)
   Begin
     敘述區塊 1
   End
Else
   Begin
     敘述區塊 2
   End
```

其中，「條件式」是一關係運算式或邏輯運算式。

說明▶▶ 1. 以If為首的條件式必須放在( )之內，之後的敘述放在它後面。

2. 如果「條件式」成立（True），就執行後面的「敘述區塊1」；如果「條件式」不成立（False），就執行後面的「敘述區塊2」。

範例 1

判斷目前的時間是早上或中午的程式。

```
declare @time datetime=getdate()-- 取得系統目前的時間
declare @Welcome Nvarchar(13)
if (datepart (hh, @time)<12)
   Begin
   set @welcome=N' 早安 '
   End
else
   Begin
   set @welcome=N' 午安 '
   End
Select @welcome
```

範例 2

請利用變數及If/Else來查詢學號S1001同學所修課程代號為C001的成績及判斷是否及格。

```
Use ch6_DB
GO
Declare @score int
-- 印出學號 S1001 同學所修課程代號為 C001 的成績
SELECT @score= 成績
FROM 選課資料表
WHERE   學號 ='S1001' And 課號 ='C001'
-- 判斷是否及格
BEGIN
IF @score >= 60
     PRINT   ' 學號 S1001 同學所修課程代號為 C001 的成績是：及格 '
ELSE
     PRINT   ' 學號 S1001 同學所修課程代號為 C001 的成績是：不及格 '
END
```

6-6-3 多重選擇結構

在日常生活中，我們所面臨的決策可能不只一種情況，也有可能有兩種情況，甚至兩種以上的不同情況。在前面已經介紹過兩種情況的結構；但是，如果我們所面對的情況有兩種以上時，則必須要使用多重選擇結構。常見的有兩種結構：

1. IF/ELSE IF/ELSE條件式判斷
2. CASE...WHEN條件式判斷

一、逐一比對結構：IF/ELSE IF/ELSE

此種結構是雙重結構的改良版，它可以使用於多種選擇情況。

語法►►

```
If  ( 條件式 1)
   Begin
      敘述區塊 1
   End
Else if( 條件式 2)
   Begin
      敘述區塊 2
   End
Else
   Begin
      敘述區塊 3
   End
```

說明►► 如果「條件式1」不成立，就繼續往下判斷「條件式2」，依樣畫葫蘆的判斷下去，直到所有的條件式判斷完為止；否則，就執行「敘述區塊3」。

使用時機►► 當條件式有兩種以上時。

範例►► 請在ch6_DB資料庫中，利用If/Else If /Else函數在「選課資料表」中找出全班最高「成績」的等級，其等級的分類規則如下：

條件：(1) 90(含)分以上為：優等

(2) 80~89分為：甲等

(3) 70~79分為：乙等

(4) 60~69分為：丙等

(5) 60分以下為：丁等

解答 ▶▶

```
use ch6_DB
declare @Level char(13)
Declare @Max_Score int
Select @Max_Score=Max( 成績 )
From 選課資料表
if (@Max_Score>=90)
 print ' 全班最高分 =' + CONVERT(CHAR, @Max_Score)+ '【優等】'
else if (@Max_Score>=80 AND @Max_Score<90)
 print ' 全班最高分 =' + CONVERT(CHAR, @Max_Score)+ '【甲等】'
else if (@Max_Score>=70 AND @Max_Score<80)
 print ' 全班最高分 =' + CONVERT(CHAR, @Max_Score)+ '【乙等】'
else if (@Max_Score>=60 AND @Max_Score<70)
 print ' 全班最高分 =' + CONVERT(CHAR, @Max_Score)+ '【丙等】'
else
 print ' 全班最高分 =' + CONVERT(CHAR, @Max_Score)+ '【丁等】'
```

二、逐一比對結構：CASE…WHEN

If/Else If/Else與CASE…WHEN結構具有相同的功能，但如果條件很多時，使用If/Else If/Else結構就很容易混亂了。因此，當程式中的條件式（Condition）超過兩個以上時，最好使用CASE…WHEN結構，它可以使程式較為精簡，且可讀性較高。

語法 ▶▶

```
CASE
WHEN 條件式 1    THEN      敘述 1
    WHEN 條件式 2    THEN      敘述 2
    ………………
    ………………
    WHEN 條件式 N    THEN      敘述 N
    ELSE    敘述 N+1
END
```

說明 ▶▶ 當條件式1成立時，則執行敘述1；條件式2成立時，則執行敘述2；如果所有的條件式都不成立時，則執行敘述N+1。

使用時機▶▶　當條件式有兩種以上時。

範例▶▶　請在ch6_DB資料庫中，利用CASE WHEN函數將「選課資料表」中「成績」
　　　　依照分數來分等級，其規則如下：

條件：(1) 90(含)分以上為：優等
　　　 (2) 80~89分為：甲等
　　　 (3) 70~79分為：乙等
　　　 (4) 60~69分為：丙等
　　　 (5) 60分以下為：丁等

　　　　請在查詢之後，顯示：「學號，課號，成績，等級」四個欄位資料。

解答▶▶

```
use ch6_DB
Select 學號 , 課號 , 成績 ,
Case
    when ( 成績 >=90) then ' 優等 '
    when ( 成績 >=80 AND 成績 <90) then ' 甲等 '
    when ( 成績 >=70 AND 成績 <80) then ' 乙等 '
    when ( 成績 >=60 AND 成績 <70) then ' 丙等 '
    else ' 丁等 '
End AS 等級
From 選課資料表
```

執行結果▶▶

	學號	課號	成績	等級
1	S0001	C001	56	丁等
2	S0001	C005	73	乙等
3	S0002	C002	92	優等
4	S0002	C005	63	丙等
5	S0003	C004	92	優等
6	S0003	C005	70	乙等
7	S0004	C003	75	乙等
8	S0004	C004	88	甲等
9	S0004	C005	68	丙等
10	S0005	C005	NULL	丁等

❖ 圖6-24

6-6-4　WHILE迴圈結構

定義▶▍　在一般的程式語言中，如果預先已知道了迴圈要執行的次數，使用for計數迴圈是一個很好的選擇，但T-SQL語言中並沒有for計數迴圈可以使用，其主要的原因就是資料庫中的資料表之記錄筆數，我們無法預先知道，所以使用While迴圈會是一個很好的選擇。While迴圈是屬於前測試迴圈，當條件式「成立（True）」時，則執行迴圈敘述。

語法▶▍

```
While( 條件式 )
   Begin
      {SQL 語法 | 敘述區塊 }
      [BREAK]
      {SQL 語法 | 敘述區塊 }
      [CONTINUE]
   End
```

說明▶▍　1. While指當條件式成立時，才會反覆執行迴圈內的敘述區塊。

2. 先判斷While指令後的條件式是否成立，若是，則執行迴圈內的敘述區塊之後，再一次判斷該條件是否成立，若是則繼續；否則跳出While迴圈之外。

範例1　計算1+2+…+10的程式。

```
declare @i int=1, @sum int=0
while (@i<=10)
begin
   set @sum+=@i
   set @i+=1
End
Select @sum
```

範例2　列印出1~10中的偶數值。

```
DECLARE @i int
SET @i=0
WHILE @i<10
   BEGIN
      SET @i = @i + 1
      IF @i % 2 = 0
         PRINT    CONVERT(char, @i) + ' 是偶數 '
      END
```

3. break敘述會使程式強迫跳離迴圈，繼續執行迴圈外下一個敘述，若其出現在巢狀迴圈內，則跳離該層迴圈。而break敘述在While迴圈中的比較如下：

While 迴圈

While(條件式)
  Begin
    程式區塊 1;
    break; ─────┐
    程式區塊 2; │
  End   │
    程式區塊 3; ◀─┘

範例3　利用break來設計1+2+…+10的程式。

```
declare @i int=1, @sum int=0
while (1=1)
begin
        set @sum+=@i
        set @i+=1
        if @i>10 break
End
Select @sum
```

4. continue則是強迫程式跳到迴圈的起頭，當遇到其敘述時，停止執行迴圈主體，而到迴圈的最前面開始處繼續執行。而continue敘述在While迴圈中的比較如下：

While 迴圈

While(條件式) ◀─────┐
  Begin   │
    程式區塊 1;   │
    continue; ─────┘
    程式區塊 2;
  End
    程式區塊 3;

範例4　利用continue來設計1+3+…+9的程式。

```
declare @i int=0, @sum int=0
WHILE @i<10
begin
    set @sum+=@i
    set @i+=1
    if (@i% 2=0)
    continue
    Print 'i=' + CONVERT(char, @i) + ' sum=' + CONVERT(char,
    @sum)
End
```

6-6-5　WaitFor

一、WaitFor Delay 'time'

定義▶▶　指定程式暫停一段時間，而暫停的時間由Delay後面的'time'來決定。

語法▶▶

```
WaitFor    Delay 'time'
```

說明▶▶　time的格式為：hh:mm:ss，最多可以暫停24小時。

範例▶▶　延遲10秒後，公佈及格名單。

```
WaitFor    Delay '00:00:10'
Use ch6_DB
GO
SELECT    學號, 課號, 成績
FROM 選課資料表
WHERE    成績 >=60
```

二、WaitFor Time 'time'

定義▶▶　指系統先等待一段時間之後，再使用者指定的某一個時間點繼續執行。其中
'time'可以使用datetime格式，但無法使用日期部分。

語法▶▶

```
WaitFor    Time    'time'
```

說明▶▶ time的格式為：hh:mm:ss。

範例▶▶ 每天早上10時整，公佈訂單資料。

```
WaitFor    Time '10:00:00'
Use ch6_DB
GO
SELECT    訂單編號 , 訂單日期
FROM     訂單資料表
```

6-6-6 Return

定義▶▶ 指強迫結束目前正在執行中的程序。

語法▶▶

```
Return( 傳回值 )
```

說明▶▶ Return一般用在主程式呼叫預存程序時，將其預存程序傳回值給主程式。

範例▶▶ 計算圓的面積與周長。

```
Create Procedure Circle_Area
(@R int,
 @pi decimal(3, 2)
)
AS
Return(@pi*@R*@R)
Go


--- 計算圓的面積與周長
Declare @CArea decimal
Exec @CArea =Circle_Area 3, 3.14
Select ' 半徑為 3 的圓面積 =' + CONVERT(char, @CArea)
```

6-6-7 Execute批次執行命令

定義 ▶▶ 指用來批次執行T-SQL的批次命令。

語法 ▶▶

```
EXEC(sql 指令 )
```

範例 ▶▶ 請利用EXEC批次命令來查詢成績介於70到80分之間的學生。

```
Use ch6_DB
Go
-- 印出成績是 70 到 80 分之間的學生
DECLARE @sql VARCHAR(256)
SET @sql='SELECT *   FROM 選課資料表   WHERE 成績
   BETWEEN 70 AND 80   ORDER BY 成績 '
EXEC(@sql)   -- 執行 sql 指令
```

6-7 Try/Catch例外處理

定義 ▶▶ 當我們撰寫完成的程式，在執行階段產生錯誤或不正常狀況，稱之為例外。在Transact-SQL中提供Try/Catch語法來專門處理例外狀況。其目的就是對於可能出現的錯誤，可以利用Try/Catch結構來捕捉可能的錯誤，並且我們也可以針對可能的錯誤，自行撰寫所需的錯誤處理程序。

語法 ▶▶

```
BEGIN TRY
    -- 可能會產生錯誤的程式區段
   {SQL 語法 | 敘述區塊 }
END TRY
BEGIN CATCH
    -- 定義產生錯誤時的例外處理程式碼
    [{SQL 語法 | 敘述區塊 } ]
END CATCH
```

實例▶▶

```
BEGIN TRY
    -- 可能會產生錯誤的程式區段
  Declare @x int, @y int, @z int
  Set   @x = 10
  Set   @y = 0;
  Set   @z = @x / @y
END TRY
BEGIN CATCH
    -- 定義產生錯誤時的例外處理程式碼
    print ' 兩個數相除，分母不能為 0!'
END CATCH
print 'x/y=' + CONVERT(char, @z)
```

執行結果▶▶

訊息
兩個數相除，分母不能為0!

❖圖6-25

基本題

1. 請說明SQL與T-SQL兩種語言之間的差異？

2. 請說明T-SQL語言中的「區域性變數」與「全域性變數」的不同之處？

3. 請問在「區域性變數」初值設定之語法中，可以利用哪些方法來設定初值呢？

4. 請問在T-SQL語言中，撰寫「註解」有哪兩種方法，並說明使用時機為何？

5. 請查詢「員工資料表」中，近10年（含）以後的新進員工的姓名、年齡、到職日期。

6. 請查詢「員工資料表」中，年資未滿10年（含）的新進員工的姓名、年資、到職日期。

7. 在T-SQL語言中，排序函數可分為三種，請說明這三種排序函數的差異性？

8. 以T-SQL語言撰寫找出A、B兩數中絕對值較大者程式。（假設：A= -50　B=10）

9. 請利用Getdate()函數來取得目前的西元年，再判斷是否為閏年。

   規則：(1) 凡是能被4整除而不能被100整除者為閏年。

   　　　(2) 可以被400整除者亦為閏年。

10. 請問，在T-SQL語言中，先設定三科成績，再求出最高分者。（請利用巢狀if結構）

11. 假設雄雄書局所賣的DB電腦書籍，其定價600元，有下面各種折扣方式：

1~5本書	不打折
6~10本書	照定價打9折
11~30本書	照定價打8.5折
31~50本書	照定價打8折
50本以上	照定價打7折

    試設計一個程式，能輸入訂書量，計算出總售價。

12. 請利用變數來查詢「產品資料表」中產品的個數與平均訂價。

13. 請在ch6_DB資料庫中，取出「資料庫系統」第一名的學生名單。

14. 請在ch6_DB資料庫中，取出「學生資料表」的學生總筆數之後，判斷是奇數或偶數呢？

15. 請利用Exists方式，查詢是否有不及格的學生，如果有則顯示〞No-AllPass〞，否則顯示〞AllPass〞。

16. 請在ch6_hwDB1資料庫中，查詢在2009年下訂單的客戶代號與姓名。

17. 請查詢「員工資料表」中，在2005年（含）以後的新進員工的姓名、年齡、到職日期。

18. 請在「ch6_DB」資料庫中，利用變數來取得「選課資料表」中已經的「成績」記錄的筆數之後，再列印出來。

19. 請在「ch6_DB」資料庫中，利用變數來取得「學生成績表」一心同學的「資料庫」成績之後，再列印出來。

20. 請在「ch6_DB」資料庫中，計算全班最高分與平均分數的差距。

21. 請在「ch6_DB」資料庫中，計算全班最低分與平均分數的差距。

進階題

1. 請利用變數先取得平均訂價，再查詢「產品資料表」大於平均訂價的產品名稱與訂價。

2. 請在ch6_DB資料庫中，取出「選課資料表」中已有選修「課號為C005」的學生總筆數之後，判斷是奇數或偶數呢？

3. 請在ch6_DB資料庫中，取出「選課資料表」中已有選修「課號為C005」，並利用Exists方式來判斷是否有不及格的學生，如果有則顯示〞No-AllPass〞，否則顯示〞AllPass〞《假設：及格為70分（含）以上》。

4. 承上一題，如果查詢結果是〞No-AllPass〞時，請再顯示不及格同學的學號、姓名、課程名稱及成績。

5. 請在「ch6_DB」資料庫中，承以上兩題，利用變數來將全班「資料庫」平均成績與一心同學的「資料庫」成績做比較，其比較結果可能會有以下三種情況，並列印出來。

   (1) 一心之資料庫成績「高於」平均成績。

   (2) 一心之資料庫成績「等於」平均成績。

   (3) 一心之資料庫成績「低於」平均成績。

本章習題

6. 請在ch6_hwDB1資料庫中，利用CASE WHEN函數將「客戶備份表」中「序號」轉換成「英文字」，其規則如下：

條件：(1)1代表：one   (2)2代表：two   (3)3代表：three

       (4)4代表：four   (5)5代表：five   (6)超過5則顯示other

請在查詢之後，顯示：「序號、客戶姓名、英文序號」三個欄位資料。

原來資料表內容：

	序號	客戶姓名	電話
1	1	張三	08-3667177
2	2	李四	07-7878788
3	3	王六	06-6454555
4	4	李安	02-2710000
5	5	陳明	07-3355777

轉換後資料表內容：

	序號	客戶姓名	英文序號
1	1	張三	one
2	2	李四	two
3	3	王六	three
4	4	李安	four
5	5	陳明	five

7. 請在ch6_hwDB1資料庫中，利用CASE WHEN函數將「客戶資料表」中「性別」代號轉換成「男」或「女」，其規則如下：

條件：(1) 1代表：男

     (2) 2代表：女

請在查詢之後，顯示：「客戶代號、客戶姓名、中文性別」三個欄位資料。

原來資料表內容：

	客戶代號	客戶姓名	性別	婚姻	電話	城市	區域
1	C01	張三	1	1	08-3667177	屏東縣	內埔鄉
2	C02	李四	1	0	07-7878788	高雄市	三民區
3	C03	王六	2	1	06-6454555	台南市	永康市
4	C04	李安	2	0	02-2710000	台北市	大安區
5	C05	陳明	2	0	07-3355777	高雄市	三民區

轉換後資料表內容：

	客戶代號	客戶姓名	中文性別
1	C01	張三	男
2	C02	李四	男
3	C03	王六	女
4	C04	李安	女
5	C05	陳明	女

8. 承上一題，請再將「客戶資料表」中「婚姻」代號轉換成「單身」或「已婚」，其規則如下：

   條件：(1)0代表：單身

   　　　(2)1代表：已婚

   請在查詢之後，顯示：「客戶代號、客戶姓名、性別、婚姻」四個欄位資料。

	客戶代號	客戶姓名	性別	婚姻
1	C01	張三	男	已婚
2	C02	李四	男	單身
3	C03	王六	女	已婚
4	C04	李安	女	單身
5	C05	陳明	女	單身

9. 假設現在有一個桌球用品的電子商務資訊系統，其桌球的進銷存數量，如下「進銷存資料表」所示。請您利用T-SQL指令計算出「累計庫存量」。

   進銷存資料表

	進銷序號	進貨數量	出貨數量
1	D001	200	0
2	D002	500	0
3	D003	0	-300
4	D004	0	-600
5	D005	300	0
6	D006	1000	0
7	D007	0	-300
8	D008	0	-1000
9	D009	900	0
10	D010	1000	0
11	D011	0	-900
12	D012	0	-700

   執行後的「累計庫存量」

	進銷序號	進貨數量	出貨數量	累計庫存量
1	D001	200	0	200
2	D002	500	0	700
3	D003	0	-300	400
4	D004	0	-600	-200
5	D005	300	0	100
6	D006	1000	0	1100
7	D007	0	-300	800
8	D008	0	-1000	-200
9	D009	900	0	700
10	D010	1000	0	1700
11	D011	0	-900	800
12	D012	0	-700	100

NOTE

CHAPTER **7**

SQL Server

交易管理

7-1
何謂交易管理

●●●●●

　　交易（Transaction）乃是一連串不可分割的資料庫操作指令的集合。當交易裡的每一個操作指令都成功時，該筆交易才算成功；否則交易就算失敗，必須恢復到交易前的資料狀態。

　　什麼是交易功能呢？我們先看看銀行金錢往來的情況。舉個簡單的例子，一個客戶從A銀行轉帳至B銀行，要做的動作為從A銀行的帳戶扣款、B銀行的帳戶加上轉帳的金額，兩個動作必須同時成功，只要有任何一個動作失敗，則此次轉帳失敗。如圖7-1交易程序圖所示。

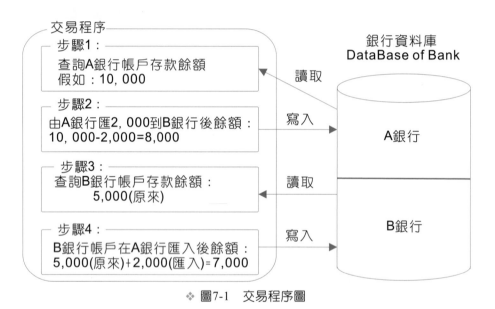

❖ 圖7-1　交易程序圖

　　在圖7-1中，要完成一個交易必須要經過四個步驟，萬一在進行步驟4之前，銀行的資訊系統主機電源中斷，或是發現到B銀行的帳戶不存在時，那要怎麼辦呢？這樣的話，在步驟2提出來的2,000元已經不在A銀行的帳戶了，也不在B銀行的帳戶，那2,000元走去那裡呢？該不會銀行多賺了2,000元吧！

　　為了不讓這樣的情況發生，我們可以使用「交易管理」來把一些對於資料庫的操作（A銀行扣掉2,000元與B銀行存入2,000元）視為同一個交易動作。因此，當交易裡的每一個操作指令都成功時，該筆交易才算成功；否則交易就算失敗，必須恢復到交易前的資料狀態。因此，在步驟2被扣掉的2,000元，會因為交易失敗而自動被恢復到交易前的資料狀態。

我們可以撰寫下列的演算法來了解整個交易的過程：

```
Begin Transaction              '開始交易
Dim A_account, B_account, Temp_account As Integer
A_account =10,000
B_account =5,000
Temp_account=2,000
A_account=A_account - (Temp_account)
B_account=B_account + (Temp_account)
  If A_account =8,000 And B_account=7,000 Then
      COMMIT                   '確認交易
  Else
      ROLLBACK                 '用來將所有資料恢復到交易前的狀態
  End If
End Transaction                '結束交易
```

由以上的演算法，我們大略可以得知：在資料庫中的交易要有三個基本的命令：BeginTransaction、Commit和Rollback。BeginTransaction標示交易的開始。發生在BeginTransaction和下一個命令（不是Rollback就是Commit）之間的任何事物會被視為交易的一部分。如圖7-2交易流程圖所示。

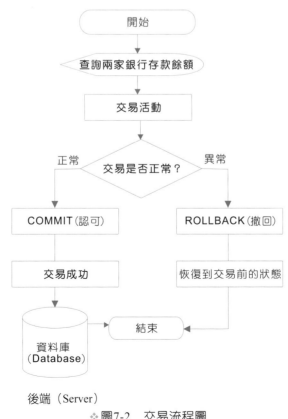

❖圖7-2 交易流程圖

7-1-1　交易管理的四大特性

交易管理（Transaction Management）是資料庫系統中最重要的議題之一。主要目的是為了維持資料之間的一致性（Consistency）、完整性（Completeness）與正確性（Correctness），並且還要具有並行控制（Concurrency）的功能。而交易進行時，如何達到以上的目的，其最主要原因就是交易管理具有四個特性——ACID。ACID四種特性分別為：

1. 單元性（Atomicity）

2. 一致性（Consistency）

3. 隔離性（Isolation）

4. 持久性（Durability）

一、單元性（Atomicity）

將交易過程中，所有對資料庫的操作視為同一個單元工作，其中可能包括許多步驟，這些步驟必須全部執行成功；否則，整個交易宣告失敗。所以，整個交易視為一個不可分割的邏輯單位。但是，在單元工作中，如果其中有一個操作尚未完成，則整個交易必須回到初始狀態。回到初始狀態的程序稱為**復原**（Recovery, Rollback）。

範例

假設現在有兩個交易，分別為T1與T2，時間由t1~t6，實際交易過程如下所示：

時間	交易T1	交易T2	
t1	Read (A)	│	
t2	A=A-2,000	│	
t3	Write (A)	│	②不會真正寫入資料庫
t4		Read (B)	①發生錯誤
t5		B=B+2,000	
t6		Write (B)	

（左側直排文字：整個交易視為不可分割的單位）

❖圖7-3　交易的不可分割性

因此，如果在交易t4時間Read(B)的讀取操作發生錯誤，交易管理需要避免t3時間Write(A)的資料庫寫入操作，並不會真正寫入資料庫，因為資料庫單元操作沒有全部執行，就都不能執行。

↘ 延 伸 學 習

　　資料庫的單元工作是由許多步驟所組成,而每一步驟就是每一句SQL命令的執行。其基本的架構如下:

```
Begin Transaction        --開始交易
  SQL命令1
  SQL命令2
  ......
  SQL命令N
if (產生錯誤)             --進行ROLLBACK的動作
  Rollback Transaction
else
  Commit Transaction    --交易成功
End Transaction         --結束交易
```

說明▸▸　以上的交易操作(SQL命令1,SQL命令2,…,SQL命令N),只要其中之一個SQL命令產生錯誤時,將會導到整個交易失敗,並且執行Rollback Transaction。

二、一致性(Consistency)

　　是指交易過程所異動的資料在**交易前**與**交易後**必須一致,資料庫的資料必須仍然滿足完整性限制條件(可以利用資料表中的Check與Foreign Key),即維持資料的一致性。如圖7-4所示:

❖圖7-4　交易的一致性

　　因為,DBMS需要維持資料庫資料的一致性;同樣的,交易管理也必須要維持一致性。

範 例

　　假設「張三」客戶欲從A銀行轉出2,000元到B銀行，交易前，「張三」在A銀行和B銀行的總和是15,000元；在交易完成後，A銀行和B銀行的總和必須還是15,000元，因此，在交易前後的帳戶總額是相同的。如下表所示：

1. 「匯款前」，張三客戶的存款餘額如下：

A銀行客戶存款表

序號	帳戶	姓名	存款
#1	A001	張三	10000

B銀行客戶存款表

序號	帳戶	姓名	存款
#1	B001	張三	5000

總共：15,000

2. 「匯款後（成功）」張三客戶的存款餘額如下：

A銀行客戶存款表

序號	帳戶	姓名	存款
#1	A001	張三	8000

B銀行客戶存款表

序號	帳戶	姓名	存款
#1	B001	張三	7000

總共：15,000

滿足一致性

三、隔離性（Isolation）

　　是指多筆交易在同時進行時，雖然各交易是並行執行，不過各交易之間應該滿足獨立性。也就是說，一個交易不會影響到其他交易的執行結果，或被其他交易所干擾。

範 例

　　假設「張三」同學欲從A銀行提領2,000元，而「張三父親」想由B銀行轉出5,000元到「張三」的A銀行存摺中，若「張三」同學的交易先執行，則「張三父親」的交易必須等待「張三」同學的交易完成之後，才能將5,000元匯入到「張三」同學的帳戶內。其中，「張三父親」帳戶扣款的動作，可與「張三」同學的交易同時並行執行，不必等待。也就是透過交易特性中的「隔離性」完成。

實例分析▶▶ 現在有兩個交易，分別為T1與T2，時間由t1~t5，實際交易過程如下所示：假設：A的預設值=10。

時間	交易T1	交易T2
t1	Read (A)	|
t2	A=A+10	|
t3	Write (A)	|
t4		Read (A) ◀────── 不正確(Dirty Read)
t5	Abort（撤回）	

❖圖7-5　交易的隔離性

說明▶▶ 當交易T1在時間t1時，會讀取A的預設值10，並且在t2時間將10改為20。而交易T2在時間t4讀取A值，結果T1在時間t5時Abort（撤回），形成交易T2所讀取的資料是不正確的，也必須要被Abort（撤回）。

分析▶▶ 交易T1的資料更新到一半尚未完成確認（Commit）時，卻被交易T2來讀取，因此，交易T2只是取得交易T1的暫時性資料，此現象就稱為Dirty Read。

解決方法▶▶ 利用鎖定（Lock）資料的方式來隔離交易。

四、持久性（Durability）

是指當交易完成，執行確認交易（Commit）後，資料庫會保存交易後的結果。因此，若系統發生錯誤或故障，等系統恢復正常時，原交易的結果仍必須存在，也不能有遺失的現象。如圖7-6所示：

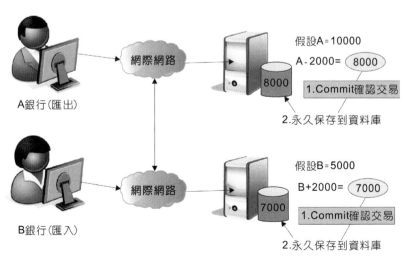

❖圖7-6

【兩種機制與ACID分析】

資料庫系統的交易管理是指「並行控制」和「回復技術」兩個機制的合稱，因此，我們可以將兩種機制與ACID分析如下：

1. 「並行控制」機制是要維持「隔離性」和「一致性」。

2. 「回復技術」機制是維持交易處理的「單元性」和「持續性」。

7-1-2 交易的狀態與進行

一、交易的狀態

一個交易狀態是由活動狀態（Active）、部分確認（Partially Committed）、確認（Committed）、失敗（Failed）及終止（Terminated）等五個狀態組合而成。如圖7-7交易狀態轉換圖所示：

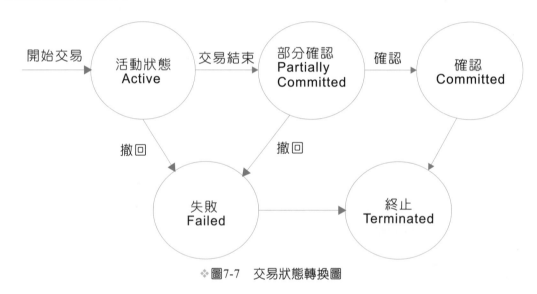

❖圖7-7　交易狀態轉換圖

【交易狀態轉換圖說明】

1. 活動狀態（Active State）

當「交易開始（Begin Transaction）」執行時，即進入「活動狀態（Active State）」，在此狀態中可以對資料庫進行一系列的讀（Read）及寫（Write）動作。

範例 1 網路銀行轉帳的例子

假設某一位家長欲轉帳2,000元給就讀遠方學校的兒子當作生活費用,因此,他必須要在ATM進行以下的操作動作:

步驟一:上網連到指定的網路銀行之網站。

步驟二:輸入「身分證字號/統一編號/客戶編號」。

輸入「使用者名稱」

輸入「簽入密碼」後,再按「登入」

系統會自動檢查是否正確。如果正確時,則再進行以下的步驟。

步驟三:查詢目前的帳戶餘額。

步驟四:轉帳的操作動作……。

❖圖7-8

以上步驟三與步驟四就是所謂的「活動狀態(Active State)」。

2. 部分確認狀態(Partially Committed State)

是指在對資料庫進行各種單元操作完成之後,也就是交易結束,此時即可進入「部分確認狀態(Partially Committed State)」,在此狀態中,「同步控制」動作將會去檢查是否干擾其他正在執行中的交易。

範例 2 接續範例1網路銀行轉帳的例子

步驟五:匯款的操作動作完成之後,將會出現如下的畫面:

> 請再確認轉帳資訊
> 轉出帳號:A123456789
> 轉入帳號:B123456789
> 轉帳金額 新台幣2,000元
> 請您再確認以上的轉帳資訊是否正確?
> 「確認」「取消」

以上步驟就是所謂的「部分確認狀態(Partially Committed State)」。

3. 確認狀態（Committed State）

當「活動狀態」與「部分確認狀態」檢查動作都成功之後，即可進入「確認狀態（Committed State）」，亦即將交易過程真正的寫入資料庫中，表示此筆交易成功。

範 例 ③　接續範例 1、2 網路銀行轉帳的例子

步驟六：在按「確認」交易動作之後，將會出現如下的畫面：

> 轉帳成功
> 交易時間：2010/10/18 17:44:24
> 跨行序號：9896877
> 轉出帳號：A123456789
> 轉入帳號：B123456789
> 轉帳金額：新台幣2,000元
> 轉帳手續費：新台幣12元
> 交易備註：家長轉帳2,000元給就讀遠方學校的兒子

以上步驟就是所謂的「確認狀態（Committed State）」。

4. 失敗狀態（Failed State）

當「活動狀態」或「部分確認狀態」檢查動作其中一項失敗時，會被要求進入「失敗狀態」。在此狀態中，交易將會寫入「UNDO取消」動作，以回復到交易未執行前的狀態。

5. 放棄或終止狀態（Aborted or Terminated State）

是指在「交易失敗」或「交易成功」之後，最後都必須執行交易終止，亦即結束交易（End Transaction）。

由圖7-7中了解，若要結束交易功能的話，有**兩種情況**：

下達確認（Commit）或撤回（Rollback）指令這兩種情況，才會使交易結束。因此，如果在交易處理當中，執行操作成功時，則可以使用確認（Committed）指令。執行確認指令之後，交易的處理結果就會真正被反映到資料庫中。

如果在交易處理當中，執行操作失敗，則可以執行撤回（Rollback）指令。執行撤回指令之後，原來的交易操作會變成無效；亦即資料會回到原本執行處理之前的狀態。

二、交易的進行

一個完整且成功的交易，必須要經過一連串的交易動作，因此，我們必須要了解每一個交易動作的目的。如下所示：

1. BEGIN TRANSACTION（又可寫成BEGIN TRAN）

定義 ▶▶ 表示開始執行交易。如果交易成功，就使用確認交易COMMIT TRAN指令結束。

格式 ▶▶

```
BEGIN TRAN
   ............
COMMIT TRAN
```

但是，如果交易失敗，回復交易是使用ROLLBACK TRAN指令結束。

格式 ▶▶

```
BEGIN TRAN
   ............
ROLLBACK TRAN
```

2. READ或WRITE

定義 ▶▶ 表示對資料庫進行讀寫動作。

範例 ▶▶ 新增（寫入動作）一筆記錄到「學生資料表」中。

```
BEGIN TRAN
INSERT 學生資料表 VALUES('S001', '張三')
-----------
------
----------------
COMMIT TRAN
```

3. 同步控制的動作檢查

定義 ▶▶ 對資料庫的各種操作完成之後，即可進入部分確認狀態，並且準備進入 Commit。在此時，某些同步控制動作將檢查其是否干擾其他正在執行中的交易；同時，也會有某些復原協定會去檢查。

```
BEGIN TRAN
INSERT 學生資料表 VALUES('S001', '張三')
IF @@ERROR<>0
   ROLLBACK TRAN
ELSE
   COMMIT TRAN
```

註：在Transaction中的每一項操作結束後都必須檢查@@ERROR，如果有錯誤產生時，則@@ERROR就不等於0。

4. COMMIT TRANSACTION

（又可寫成COMMIT TRAN、COMMIT或COMMIT WORK）

定義▶▶ 確認交易（Commit）：如果交易執行過程沒有錯誤，下達COMMIT指令，將交易更改的資料實際寫入資料庫，以便執行下一個交易，如下所示：

```
BEGIN TRAN
INSERT 學生資料表 VALUES('S001', '張三')
IF @@ERROR<>0
    ROLLBACK TRAN
ELSE
    COMMIT TRAN
```

確認交易成功，並且保證交易的資料更新一定會反應到資料庫中，因此，其對資料庫所做的改變會被確認，而不會被UNDO掉。

5. ROLLBACK TRANSACTION

（又可寫成ROLLBACK TRAN, ROLLBACK或ROLLBACK WORK）

定義▶▶ 回復交易（Rollback）：如果交易執行過程有錯誤，就下達ROLLBACK指令放棄交易，並將資料庫回復到交易前狀態，如下所示：

```
BEGIN TRAN
INSERT 學生資料表 VALUES('S001', '張三')
IF @@ERROR<>0
    ROLLBACK TRAN
ELSE
    COMMIT TRAN
```

6. UNDO

與ROLLBACK動作相似，但是只會被用來回復到未進行單一動作前的狀態，而不是整個交易。

7. REDO

這是要重複執行某一交易中的動作，以確定所有已被確認的交易動作已經成功的作用在資料庫中。

範 例 1 確認對資料庫所做的交易

SQL 指令
Begin Transaction;
INSERT INTO 產品資料表 VALUES('A005', ' 桌球衣 ', '1200');
COMMIT ;
Select * From 產品資料表

產品資料表

	產品代號	品名	單價
#1	C001	羽球拍	3000
#2	B004	桌球鞋	2300
#3	A005	桌球衣	1200

❖圖7-9

範 例 2 回復對資料庫所做的交易

SQL 指令
Begin Transaction;
INSERT INTO 產品資料表 VALUES('D001', ' 網球拍 ', '3000');
INSERT INTO 產品資料表 VALUES('D002', ' 網球 ', '100');
Rollback ;
Select * From 產品資料表

產品資料表

	產品代號	品名	單價
#1	C001	羽球拍	3000
#2	B004	桌球鞋	2300

❖圖7-10

實作 ▶▶ 假設有A、B兩家銀行，其存款客戶資料及存款如下：

1. 「匯款前」的A銀行與B銀行之客戶存款資料

A銀行客戶存款表

序號	帳戶	姓名	存款
#1	A001	張三	10000
#2	A002	李四	20000
#3	A003	王五	30000

B銀行客戶存款表

序號	帳戶	姓名	存款
#1	B001	一心	5000
#2	B002	二聖	15000
#3	B003	三多	25000

2. 「匯款後（成功）」A銀行與B銀行之客戶存款資料

A銀行客戶存款表

序號	帳戶	姓名	存款
#1	A001	張三	8000
#2	A002	李四	20000
#3	A003	王五	30000

B銀行客戶存款表

序號	帳戶	姓名	存款
#1	B001	一心	7000
#2	B002	二聖	15000
#3	B003	三多	25000

現在A銀行的客戶「張三」欲匯款2,000元給B銀行的客戶「一心」。如果交易成功的話，最後A銀行的「張三」必須變成8,000元；B銀行的「一心」會變成7,000元。但是，如果交易失敗的話，A銀行的「張三」必須結餘10,000元，B銀行的「一心」為5,000元。而不能發生A銀行的「張三」為10,000元（未扣款），B銀行的「一心」也為7,000元（已入款）的情況；或A銀行的「張三」為8,000元（已扣款），B銀行的「一心」卻為5,000（未入款）等情況。

解答 ▶▶ 🔘 ch7-1-2_SQLQuery1.sql

```
declare @Temp_account money
set @Temp_account =2000
use ch7_DB

Begin Transaction              -- 開始交易
-- 指從 A 銀行的張三，扣除 2000 元
    update dbo.A 銀行客戶存款表
    set 存款 = 存款 -@Temp_account
    where 帳戶 ='A001'
```

```
    --@error 指用來判斷交易是否有錯誤產生
    --@@ROWCOUNT 指用來判斷資料庫的操作是否有改變資料列的資料
    if @@error<>0 OR @@ROWCOUNT<>1
    Rollback Transaction            -- 取消交易


-- 指在 B 銀行的一心，匯入 2000 元
    update dbo.B 銀行客戶存款表
    set 存款 = 存款 +@Temp_account
    where 帳戶 ='B001'
    if @@error<>0 OR @@ROWCOUNT<>1
    Rollback Transaction            -- 取消交易
    else
    Commit Transaction              -- 確認交易


-- 顯示 A 銀行的「張三」帳戶餘額
select *
from dbo.A 銀行客戶存款表
where 帳戶 ='A001'


-- 顯示 B 銀行的「一心」帳戶餘額
select *
from dbo.B 銀行客戶存款表
where 帳戶 ='B001'
```

顯示結果▸▸

1. 顯示A銀行的「張三」帳戶餘額

	帳戶	姓名	存款
1	A001	張三	8000

2. 顯示B銀行的「一心」帳戶餘額

	帳戶	姓名	存款
1	B001	一心	7000

隨堂練習

Q1 承上一實作題,假設A銀行的「張三」帳戶餘額小於2,000元,在匯款之前尚未查詢,因此,欲匯出2,000元給B銀行的「一心」時,請問資料庫要如何實作呢?

A 💿 ch7-1-2_SQLQuery2.sql

```
use ch7_DB
-- 交易成功
Begin Transaction                 -- 開始交易
    declare @Temp_account money
    set @Temp_account =2000
    -- 先判斷 A 銀行的張三存款餘額
    Begin Transaction             -- 開始交易
    if(select 存款 from A 銀行客戶存款表 where 帳戶 ='A001') >=2000
        Begin
        update dbo.A 銀行客戶存款表
        set 存款 = 存款 -@Temp_account
        where 帳戶 ='A001'
        -- 指在 B 銀行的一心,匯入 2,000 元
        update dbo.B 銀行客戶存款表
        set 存款 = 存款 +@Temp_account
        where 帳戶 ='B001'
        if @@error<>0 OR @@ROWCOUNT<>1
        Rollback Transaction          -- 取消交易
        else
        Commit Transaction            -- 確認交易
        end
    else
        Rollback Transaction          -- 取消交易

-- 顯示 A 銀行的「張三」帳戶餘額
select *
from dbo.A 銀行客戶存款表
where 帳戶 ='A001'

-- 顯示 B 銀行的「一心」帳戶餘額
select *
from dbo.B 銀行客戶存款表
where 帳戶 ='B001'
```

Q2

承上一實作題，假設A銀行的「張三」帳戶，欲匯出2,000元給B銀行的「一心」，但是，一心客戶已經改為「B111」。請問會產生什麼結果呢？

A

匯款失敗，所以A銀行的「張三」帳戶餘額與B銀行的「一心」帳戶餘額不變。

7-2 交易的進行模式

● ● ● ● ●

一個功能完整及安全的資訊系統，在某一交易執行時，如果發生系統中斷，系統就必須要確保交易進行中資料的一致性及正確性。在SQL Server中提供三種模式來進行交易。

1. 自動認可交易（Auto Commit Transaction）

2. 外顯交易（Explicit Transaction）

3. 隱含交易（Implicit Transaction）

7-2-1 自動認可交易（Auto Commit Transaction）

此種交易模式是SQL Server資料庫管理系統的「預設模式」，它是將個別的T-SQL指令視為一個交易。因此，當T-SQL指令對資料庫的操作「成功」時，就會自動執行Commit確認；否則，就會被Rollback復原。

概念圖 ▶▶ 個別交易成功就會被執行。

```
T-SQL指令1  ⎫
T-SQL指令2  ⎬
----------  ⎬── --每一條T-SQL指令都是個別的交易
----------  ⎬   （當個別交易成功時，自動執行Commit；否則執行Rollback）
T-SQL指令N  ⎭
```

❖ 圖7-11

【利用SQL Server實作】加選三門課程（2筆成功，1筆失敗）

假設在SQL Server中建立三個資料表及資料庫關聯圖，如下：

學生表

	學號	姓名
1	S1001	張三
2	S1002	李四
3	S1003	王五
4	S1004	陳明
5	S1005	李安

課程表

	課號	課名	學分數	必選修
1	C001	資料結構	4	選
2	C002	資訊管理	3	選
3	C003	系統分析	3	選
4	C004	統計學	2	選
5	C005	資料庫系統	4	必

選課表

	學號	課號	成績
1	S1001	C001	56
2	S1001	C005	73
3	S1002	C002	92
4	S1002	C005	63
5	S1003	C004	92
6	S1003	C005	70
7	S1004	C003	75
8	S1004	C004	88
9	S1004	C005	68
10	S1005	C005	NULL

資料庫關聯圖

學生表		選課表		課程表
▢ 學號		▢ 學號		▢ 課號
姓名		▢ 課號		課名
		成績		學分數
				必選修

❖ 圖7-12

解答 ▸▸ 🔘 ch7-2-1_SQLQuery1.sql

```
use ch7_DB
--加選三門課程(2筆成功，1筆失敗)
    Insert Into dbo.選課表(學號, 課號, 成績)
    values('S1001', 'C003', 61)          --第1筆加選成功
    Insert Into dbo.選課表(學號, 課號, 成績)
        values('S1001', 'C004', 71)      --第2筆加選成功
        Insert Into dbo.選課表(學號, 課號, 成績)
        values('S1001', 'C010', 71)          --加選失敗
```

--查詢加選後的結果

Select *

From dbo.選課表

(1 個資料列受到影響)

(1 個資料列受到影響)

訊息 547，層級 16，狀態 0，行 7

INSERT 陳述式與 FOREIGN KEY 條件約束 "FK_ 選課表 _ 課程表 " 衝突。衝突發生在資料庫 "ch7_DB"，資料表 "dbo. 課程表 ", column ' 課號 '。

陳述式已經結束。

執行結果▶▶ ＜新增了二門課程＞

❖圖7-13

說明▶▶　在「自動認可」模式中，每一個交易僅僅由一個T-SQL陳述式組成。因此，不必擔心每一個交易的明確開始和結束。亦即每一個陳述式被SQL Server執行之後，即可立即被認可。

【利用VB與SQL Server整合實作】利用「自動認可交易」模式

加選三門課程（2筆成功，1筆失敗）

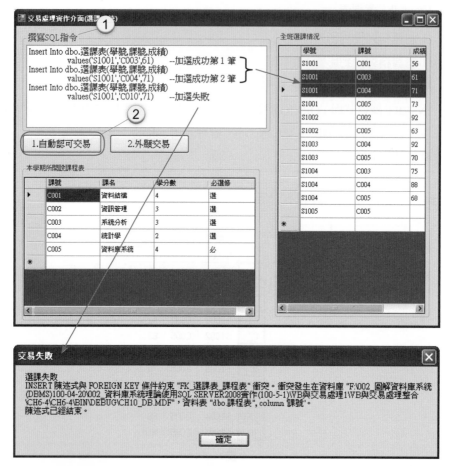

（程式碼見附書光碟「ch7／ch7-2／VB與交易處理整合／VB與交易處理整合.sln」）

❖圖7-14

7-2-2　外顯交易（Explicit Transaction）

　　此種交易模式是透過Begin Transaction來開始進行交易，並且以Rollback Transaction或Commit Transaction指令來結束交易。當T-SQL指令對資料庫的一連串操作必須要全部「成功」時，才會執行Commit Transaction確認；否則，就會全部被執行 Rollback Transaction復原。

概念圖▶▶ 只有全部成功才會被執行。

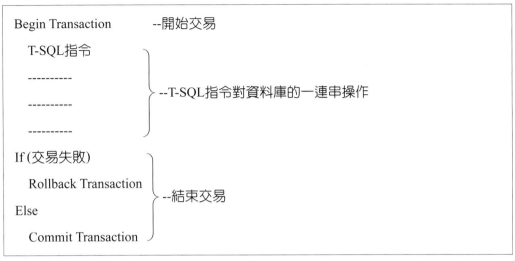

❖圖7-15

第一種寫法：使用自訂函數（AddClass）

解答▶▶ ch7-2-2_SQLQuery1.sql

```
use ch7_DB
-- 加選三門課程 (2 筆成功，1 筆失敗 )
Begin Transaction AddClass
    Insert Into dbo. 選課表 ( 學號 , 課號 , 成績 )
    values('S1001', 'C003', 61)     -- 第 1 筆加選成功
    Insert Into dbo. 選課表 ( 學號 , 課號 , 成績 )
    values('S1001', 'C004', 71)     -- 第 2 筆加選成功
    Insert Into dbo. 選課表 ( 學號 , 課號 , 成績 )
    values('S1001', 'C010', 71)     -- 加選失敗
if @@error<>0    -- 如果有產生錯誤時，則會全部 Rollback
        Rollback Transaction AddClass
else
        Commit Transaction AddClass


-- 查詢加選後的結果
Select *
From dbo. 選課表
```

```
(1 個資料列受到影響 )
(1 個資料列受到影響 )
訊息 547，層級 16，狀態 0，行 8
INSERT 陳述式與 FOREIGN KEY 條件約束 "FK_ 選課表 _ 課程表 " 衝突。衝突發
生在資料庫 "ch7_DB"，資料表 "dbo. 課程表 ", column ' 課號 '。
陳述式已經結束。
```

執行結果▶▶　　＜沒有新增成功；因為如果有產生錯誤時，則會全部Rollback＞

	學號	課號	成績
1	S1001	C001	56
2	S1001	C005	73
3	S1002	C002	92
4	S1002	C005	63
5	S1003	C004	92
6	S1003	C005	70
7	S1004	C003	75
8	S1004	C004	88
9	S1004	C005	68
10	S1005	C005	NULL

❖ 圖7-16

第二種寫法：自動ROLLBACK

解答▶▶　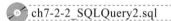 ch7-2-2_SQLQuery2.sql

```
use ch7_DB
set xact_abort on    -- 當有發生錯誤時會自動 ROLLBACK
-- 加選三門課程 (2 筆成功，1 筆失敗 )
Begin Transaction
    Insert Into dbo. 選課表 ( 學號 , 課號 , 成績 )
    values('S1001', 'C003', 61)    -- 第 1 筆加選成功
    Insert Into dbo. 選課表 ( 學號 , 課號 , 成績 )
    values('S1001', 'C004', 71)    -- 第 2 筆加選成功
    Insert Into dbo. 選課表 ( 學號 , 課號 , 成績 )
    values('S1001', 'C010', 71)    -- 加選失敗
Commit Transaction
```

第三種寫法：使用TRY...CATCH

解答 ▶▶ ch7-2-2_SQLQuery3.sql

```
use ch7_DB
Begin Try
-- 加選三門課程 (2 筆成功，1 筆失敗 )
Begin Transaction
    Insert Into dbo. 選課表 ( 學號 , 課號 , 成績 )
    values('S1001', 'C003', 61)    -- 第 1 筆加選成功
    Insert Into dbo. 選課表 ( 學號 , 課號 , 成績 )
    values('S1001', 'C004', 71)    -- 第 2 筆加選成功
    Insert Into dbo. 選課表 ( 學號 , 課號 , 成績 )
    values('S1001', 'C010', 71)    -- 加選失敗
Commit Transaction
End Try
Begin Catch
    if (error_number()<>0)
    begin
        -- 列印 ' 加選輸入錯誤 '
        RAISERROR (' 加選輸入錯誤 .', 16, 1);
        Rollback Transaction
    end
End Catch
```

【利用VB與SQL Server整合實作】利用「外顯交易」模式

只有全部成功才會被執行

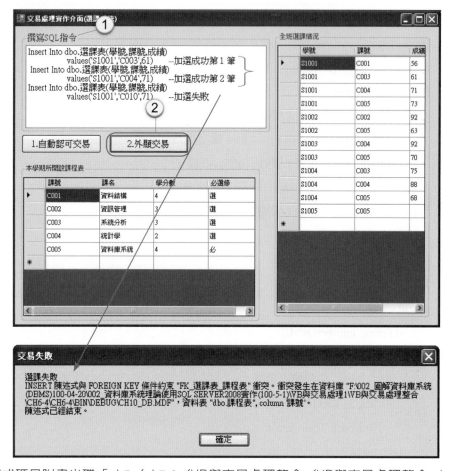

(程式碼見附書光碟「ch7／ch7-2／VB與交易處理整合／VB與交易處理整合.sln」)

❖圖7-17

7-2-3 隱含交易（Implicit Transaction）

此種交易模式是透過「set implicit_Transactions on」的設定，來啟動隱含交易。因此，它不需要在開始交易時下達「Begin Transaction」。必須要在T-SQL指令對資料庫的一連串操作全部「成功」時，才會執行Commit Transaction確認；否則就會全部被執行Rollback Transaction復原。

概念圖▶▶ 只有全部成功才會被執行。

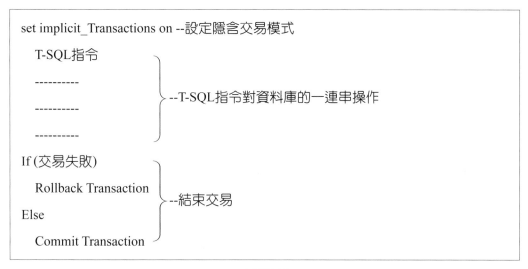

```
set implicit_Transactions on --設定隱含交易模式
    T-SQL指令
    ----------                   --T-SQL指令對資料庫的一連串操作
    ----------
    ----------
If (交易失敗)
    Rollback Transaction          --結束交易
Else
    Commit Transaction
```

❖圖7-18

解答▶▶　ch7-2-3_SQLQuery1.sql

```
use ch7_DB
-- 加選三門課程 (2 筆成功，1 筆失敗 )
set implicit_Transactions on
    Insert Into dbo. 選課表 ( 學號 , 課號 , 成績 )
    values('S1001', 'C003', 61)    -- 第 1 筆加選成功
    Insert Into dbo. 選課表 ( 學號 , 課號 , 成績 )
    values('S1001', 'C004', 71)    -- 第 2 筆加選成功
    Insert Into dbo. 選課表 ( 學號 , 課號 , 成績 )
    values('S1001', 'C010', 71)     -- 加選失敗
if @@error<>0    -- 如果有產生錯誤時，則會全部 Rollback
        Rollback Transaction
else
        Commit Transaction
```

7-3

巢狀交易（Nested Transaction）

● ● ● ● ●

除了以上三種交易模式之外，我們也可以使用「巢狀交易（Nested Transaction）」是指在交易處理中再包含另一個交易。它的使用時機是「預存程序」或「觸發程序」的交易。T-SQL指令對資料庫的一連串操作必須要全部「成功」，才會執行Commit Transaction確認；否則就會全部被執行Rollback Transaction復原。

概念圖▶▶ 只有全部成功才會被執行。

❖圖7-19

解答 ▶▶  ch7-3_SQLQuery1.sql

```
use ch7_DB
-- 加選三門課程 (2 筆成功，1 筆失敗 )
Begin Transaction OuterTransaction
    -- 外層交易
    Insert Into dbo. 選課表 ( 學號 , 課號 , 成績 )
    values('S1001', 'C003', 61)        -- 第 1 筆加選成功
    -- 內層交易
    Begin Transaction InnerTransaction
    Insert Into dbo. 選課表 ( 學號 , 課號 , 成績 )
    values('S1001', 'C004', 71)        -- 第 2 筆加選成功
    if @@error<>0   -- 如果有產生錯誤時，則會全部 Rollback
        Rollback Transaction InnerTransaction
    else
        Commit Transaction InnerTransaction
    -- 外層交易
    Insert Into dbo. 選課表 ( 學號 , 課號 , 成績 )
    values('S1001', 'C010', 71)        -- 加選失敗
    if @@error<>0   -- 如果有產生錯誤時，則會全部 Rollback
        Rollback Transaction OuterTransaction
    else
        Commit Transaction OuterTransaction
```

7-4 設定交易儲存點

●●●●●

定義 ▶▶ 是指在較龐大的交易過程中，需花費較長的執行時間，因此，如果即將完成交易之前，發生無法預測的錯誤時，系統就必須要再執行Rollback，所以，又要再花費長時間重新執行一次。因此，適時的設定交易儲存點時，就不必回復整個交易。

概念圖 ▶▶

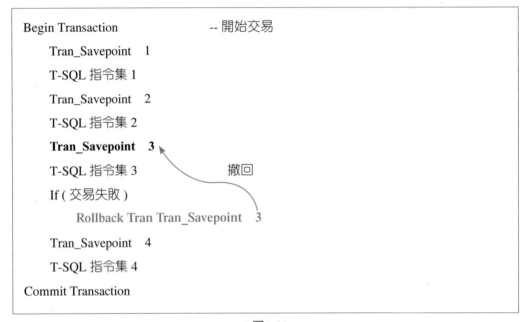

```
Begin Transaction              -- 開始交易
    Tran_Savepoint    1
    T-SQL 指令集 1
    Tran_Savepoint    2
    T-SQL 指令集 2
    Tran_Savepoint    3
    T-SQL 指令集 3                  撤回
    If ( 交易失敗 )
        Rollback Tran Tran_Savepoint    3
    Tran_Savepoint    4
    T-SQL 指令集 4
Commit Transaction
```

❖ 圖7-20

說明 ▶▶ 以上T-SQL指令集1、2、4三個交易會被執行；而T-SQL指令集3會被撤回。

解答 ▶▶ 🔘 ch4-3_SQLQuery1.sql

```
use ch7_DB
-- 加選四門課程 (4 筆成功 )
Begin Transaction AddClass
    Save Tran P1
        Insert Into dbo. 選課表 ( 學號 , 課號 , 成績 )
        values('S1005', 'C001', 60)        -- 第 1 筆加選成功
```

```
Save Tran P2
    Insert Into dbo. 選課表 ( 學號 , 課號 , 成績 )
    values('S1005', 'C002', 70)        -- 第 2 筆加選成功
Save Tran P3
    Insert Into dbo. 選課表 ( 學號 , 課號 , 成績 )
    values('S1005', 'C003', 80)        -- 第 3 筆加選成功
Save Tran P4
    Insert Into dbo. 選課表 ( 學號 , 課號 , 成績 )
    values('S1005', 'C010', 90)
    if @@error<>0                      -- 如果有產生錯誤時，則會全部 Rollback
        Rollback Tran P4               -- 撤回
Save Tran P5
    Insert Into dbo. 選課表 ( 學號 , 課號 , 成績 )
    values('S1005', 'C004', 90)        -- 第 4 筆加選成功
Commit Transaction AddClass


-- 查詢加選後的結果
Select *
From dbo. 選課表
```

執行結果 ▶▶

	學號	課號	成績
1	S1001	C001	56
2	S1001	C005	73
3	S1002	C002	92
4	S1002	C005	63
5	S1003	C004	92
6	S1003	C005	70
7	S1004	C003	75
8	S1004	C004	88
9	S1004	C005	68
10	S1005	C001	60
11	S1005	C002	70
12	S1005	C003	80
13	S1005	C004	90
14	S1005	C005	NULL

	學號	課號	成績
1	S1001	C001	56
2	S1001	C005	73
3	S1002	C002	92
4	S1002	C005	63
5	S1003	C004	92
6	S1003	C005	70
7	S1004	C003	75
8	S1004	C004	88
9	S1004	C005	68
10	S1005	C005	NULL

❖ 圖7-21

7-5

交易的隔離等級 ●●●●●

　　隔離性是交易的保證之一，表示交易與交易之間不互相干擾，好像同一個時間只有自己在交易一樣。隔離性保證的基本方式是在資料庫層面，也就是對資料庫或相關欄位鎖定，因此，在同一時間內只允許一個交易進行更新或讀取。

　　隔離交易的基本方式是鎖定資料庫，但是，在實務上，如果鎖定整個資料庫時，將會導致嚴重的效能問題。因此，實務上會根據資料讀、寫或更新的頻繁性，來設定不同的交易隔離層級（Transaction Isolation Level）。

　　基本上，在SQL Server中，常用交易隔離的等級有四種：

一、Read Uncommitted（讀取未認可）：最低級別的隔離性。

定義▶| 　指某個交易可以讀取另一個交易已更新但尚未Commit的資料。此種交易隔離等級是最差的方式，也就是完全沒有隔離效果，因為可能會讀取某一交易正在進行中，但是尚未被Committed的中間結果。因此，此種讀取方式又稱為「Dirty Read」。

解決方法▶| 　利用Read Committed。

語法▶|

```
SET TRANSACTION ISOLATION LEVEL
READ UNCOMMITTED
```

使用時機▶| 　查詢歷史性的資料。

注意▶| 　這種隔離層級讀取錯誤資料的機率太高，一般不會採用。

二、Read Committed（讀取認可）：SQL Server預設的等級

定義▶| 　這個等級比Read Uncommitted嚴格一些，它只允許讀取已認可的資料（已經成為資料庫永久部分的資料）。所以允許unrepeatable read，但不允許dirty read，亦即不允許讀取尚未執行Commit的資料。

存在問題▶| 　當交易1讀取資料之後，不會在乎交易2更改資料，造成不一致現象。

解決方法▶| 　利用Repeatable Read。

語法▶|

```
SET TRANSACTION ISOLATION LEVEL
READ COMMITTED
```

三、Repeatable Read（可重複讀取）

定義 ▸▸ 此種交易隔離等級比Read Commited嚴格一些，它會鎖定查詢中的資料，以防止其他交易更改資料，因此，可以確保每次交易所讀取的資料是相同的。

存在問題 ▸▸ 當交易1讀取資料時，交易2卻可以「新增」與「刪除」資料。

解決方法 ▸▸ 利用SERIALIZABLE。

語法 ▸▸

```
SET TRANSACTION ISOLATION LEVEL
REPEATABLE READ
```

四、Serializable（序列化）：最高級別的隔離性

定義 ▸▸ 此種交易隔離等級是最嚴格的等級，也就是說，某一交易所使用的所有資料表，全部都會被鎖定。亦即同一個時間只能有一個交易，即所謂的交易循序進行。因此，無法提供並行交易處理，以避免資料表被其他交易進行新增、修改及刪除的操作。

語法 ▸▸

```
SET TRANSACTION ISOLATION LEVEL
SERIALIZABLE
```

7-6 並行控制的必要性

● ● ● ●

定義 ▸▸ 並行控制就是使多個交易可以在同時間存取同一個資料項目，而這些交易之間不會互相干擾，即確保並行執行的交易間的隔離性（Isolation）。

為何並行控制是必要的，其原因如下四點：

1. 遺失更新的問題（Lost Update）

2. 未確認相依的問題（Uncommitted Dependency Problem；Dirty Read）

3. 不一致分析的問題（Inconsistent Analysis Problem）

4. 無法重複的讀取（Nonrepeatable Read）

7-6-1 遺失更新的問題（Lost Update）

當多個交易以交錯的方式執行，而且針對相同的資料項目做存取的動作，會使得此資料項目內容值不正確，亦即交易已經更新的資料被另一個交易覆寫，使用某一個交易動作無效。此時稱為遺失更新（Lost Update）。亦即某個交易對欄位進行更新的資訊，因另一個交易的介入而遺失。

範例

假設現在有兩個交易，分別為T1與T2，時間由t1~t5，實際交易過程如下所示：（假設x的預設值=10）

時間	交易T1	交易T2
t1	<read(x), T1>	|
t2		<read(x), T2>
t3	<write(x, 10, 100)>	|
t4		<write(x, 10, 60)>
t5	<read(x), T1>	

❖圖7-22

說明▶▶ 交易T1在時間t3更改資料項x值為100；而在時間t4時卻被交易T2覆寫（Overwrite）為60，因此，交易T1在時間t5再讀取x值時，卻是60而不是100。此種問題稱為交易T1在時間t3有更新動作遺失（Lost）現象。所以，以上的排序「一定不是」可序列化的排程（因為有遺失更新的問題）。

【利用SQL Server實作】

假設現在有兩個交易，分別為交易T1與T2。而交易T1和T2同時線上預訂高鐵火車座位，目前高鐵火車座位數尚餘100個，交易T1希望預訂10個座位；交易T2預訂20個座位。最後高鐵火車訂位資料庫的座位數卻還有80個，因此，交易T1在時間t5再讀取x值時，卻是80而不是70。因此，交易T1等於沒有執行，因為交易T1更新的座位數已經被交易T2覆寫。

時間	交易T1	交易T2
t1	<read(x), T1>	|
t2		<read(x), T2>
t3	<write(x, 100, 90)>	|
t4		<write(x, 100, 80)>
t5	<read(x), T1>	

❖圖7-23

解答 ▸▸　　 ch7-6-01(交易1).sql 　　與　 ch7-6-01(交易2).sql

交易T1	交易T2
use ch7_DB SET TRANSACTION ISOLATION LEVEL READ UNCOMMITTED; ---------交易1---------------- Begin Transaction select * from dbo.高鐵訂位表	SET TRANSACTION ISOLATION LEVEL READ UNCOMMITTED;--適用READ_ ONLY ---------**交易2**---------------- select * from dbo.高鐵訂位表
---------**交易2**---------------- --請執行「ch7-6-01(交易2).sql」 ==>step2	---------**交易2**---------------- UPdate dbo.高鐵訂位表 set 目前座位數=80
---------交易1---------------- UPdate dbo.高鐵訂位表 set 目前座位數=90 commit	
---------**交易2**---------------- --請執行「ch 7-6-01(交易2).sql」 ==>step4	
---------交易1---------------- select * from dbo.高鐵訂位表	

step1　step2　step3　step4　step5

執行結果 ▸▸

	目前座位數
1	80

❖ 圖7-24

【利用VB與SQL Server實作】

(程式碼見附書光碟「ch7／ch7-6-1／VB與交易處理整合／VB與交易處理整合.sln」)

❖ 圖7-25

7-6-2 未確認相依的問題
(Uncommitted Dependency Problem；Dirty Read)

又稱為暫時更新問題，即對尚未認可的資料進行讀取，亦即第一個交易修改資料；而第二個交易在第一個交易「確認前」讀取修改的資料。如果第一個交易中途發生故障，必須撤回（回復），則第二個交易將取得不正確的資料。

範 例

現在有兩個交易，分別為T1與T2，時間由t1~t4，實際交易過程如下所示（假設x的預設值=10）：

時間	交易T1	交易T2
t1	\<read(x), T1\>	|
t2	\<write(x, 10, 100)\>	\<read(x), T2\>
t3	|	\<write(x, 100, 60)\>
t4	Abort(撤回)	

❖ 圖7-26

說明 ▶▶ 交易T1在時間t2更改資料項x值為100，並且被交易T2讀取（read），但交易T1在時間t4時Abort（撤回），因此，導致交易T2在t2時間所讀取交易T1的中間結果，產生錯誤現象。

範 例

　　交易T1和T2存取同一位學生的成績記錄，交易T1在時間t2因為成績登記錯誤，將那位學生的成績從80分改為90分；交易T2在時間t3讀取的是尚未確認交易的中間結果資料（90分），它是一個錯誤的結果。

時間	交易T1	交易T2
t1	\<read(x), T1\>	|
t2	\<write(x, 80, 90)\>	|
t3	|	\<read(x), T2\>
t4	|	|
t5 ▼	Abort(撤回)	|

❖圖7-27

實作1▶▶　💿 ch7-6-02A(交易1).sql 　與　💿 ch7-6-02A(交易2).sql

交易T1	交易T2
use ch7_DB SET TRANSACTION ISOLATION LEVEL READ COMMITTED;--Default ----------交易1----------------- Begin Transaction --讀取 select * from dbo.學生成績表 --寫入 UPdate dbo.學生成績表 set 成績=成績+10 ----------**交易2**----------------- --請執行「7-6-02A(交易2).sql」 ----------交易1----------------- Rollback Transaction	use ch7_DB SET TRANSACTION ISOLATION LEVEL READ COMMITTED;--Default select * from dbo.學生成績表 /* 無法完成.等待中......(可解決DIRTY READ)) */

step1　step2　step3

實作2 ▸▸ 解決方法：READ COMMITTED

💿 ch7-6-02A(交易1).sql 與 💿 ch7-6-02A(交易2).sql

交易T1	交易T2
use ch7_DB SET TRANSACTION ISOLATION LEVEL READ COMMITTED;--Default ---------交易1---------------- Begin Transaction --讀取 select * from dbo.學生成績表 --寫入 UPdate dbo.學生成績表 set 成績=成績+10 ----------交易2---------------- --請執行「7-6-02A(交易2).sql」 ----------交易1---------------- Rollback Transaction	use ch7_DB SET TRANSACTION ISOLATION LEVEL READ COMMITTED;--Default select * from dbo.學生成績表 /* 無法完成.等待中......(可解決DIRTY READ)) */

step1 ... step2 ... step3

7-6-3 不一致分析的問題（Inconsistent Analysis Problem）

又稱為不正確總計問題（Incorrect Summary Problem），指一個交易正在計算一群資料項目的聚合函數（Aggregate Function：指用來計算及統計的函數）時，其中某些資料項目被另一個交易更新，而造成聚合函數無法得到正確的結果。例如：SUM()、AVERAGE()、COUNT()、MAX()、MIN()。

範 例

現在有兩個交易，分別為T1與T2，時間由t1~t7，實際交易過程如下所示：假設x的預設值=10，y的預設值=20。交易T1欲求出SUM=2x+y=40。

時間	交易T1	交易T2
t1	SUM=0	|
t2	<read(x), T1>	|
t3	SUM=SUM+2x	|
t4	|	<read(y), T2>
t5	|	<write(y), T2, 20, 60)>
t6	<read(y), T1>	
t7	SUM=SUM+y	

❖圖7-28

說明 ▸▸ 　交易T1在時間t2讀取資料項X值為10，並且在時間t3時，SUM的值指定為 20(=2*10)；在時間t4，交易T2讀取Y，並且在時間t5更改Y為60。因此，導致 交易T1在時間t7時的SUM值為80，而不是40，產生不正確的錯誤現象。

範 例

　　交易 T1 和 T2 存取同一位客戶在銀行的 X 和 Y 兩個帳戶，交易前，兩個帳戶餘 額分別為 700 和 300 元。交易 T1 是計算兩個帳戶的存款總額；交易 T2 分別在 x 帳戶 提出 200 元和 y 帳戶存入 200 元。

時間	交易T1	交易T2
t1	SUM=0	|
t2	<read(x), T1>	|
t3		<read(x), T2>
t4		<read(y), T2>
t5		<write(x), T2, 700, 500>
t6		<write(y), T2, 300, 500>
t7	<read(y), T1>	
t8	Sum=x + y	

❖圖7-29

說明 ▸▸ 　交易T1在時間t2讀取資料項X值為700；而交易T2在時間t3時讀取X值，並在 時間t4時讀取Y值，在時間t5更改X為500，並在時間t6更改Y為500。因此， 導致交易T1在時間t8時的SUM值為1200，而不是1000，產生不正確的錯誤現 象。

實作1▶▶ ● ch7-6-03(交易1).sql 與 ● ch7-6-03(交易2).sql

交易T1	交易T2
step1 use ch7_DB SET TRANSACTION ISOLATION LEVEL READ COMMITTED;--Default; ----------交易1----------------- Begin Transaction DECLARE @SUM INT, @X INT SET @SUM=0 select @X=X帳戶 from dbo.銀行帳戶表 print 'X=' + CONVERT(char, @X) ----------**交易2**----------------- --請執行「ch7-6-03(交易2).sql」	step2 use ch7_DB SET TRANSACTION ISOLATION LEVEL READ COMMITTED;--Default; Begin Transaction UPdate dbo.銀行帳戶表 set X帳戶=500 UPdate dbo.銀行帳戶表 set Y帳戶=500 Commit Transaction
step3 ----------交易1----------------- DECLARE @X INT SET @X=700 DECLARE @Y INT select @Y=Y帳戶 from dbo.銀行帳戶表 print 'Y=' + CONVERT(char, @Y) print 'SUM=' + CONVERT(char, @X+@Y) Commit Transaction /*造成剛才讀取的"X帳戶=700"與目前讀取的"X帳戶=500"不一致現象。 　因為交易1在尚未執行確認之前，交易2就去「update」。 */	

執行結果▶▶

X=700
Y=500
SUM=1200

❖圖7-30

實作2 ▶▶ 交易一（解決方法：Repeatable READ）

ch7-6-03A(交易1).sql 與 ch7-6-03A(交易2).sql

交易T1	交易T2
use ch7_DB SET TRANSACTION ISOLATION LEVEL REPEATABLE READ; ---------交易1---------------- Begin Transaction DECLARE @SUM INT, @X INT SET @SUM=0 select @X=X帳戶 from dbo.銀行帳戶表 print 'X=' + CONVERT(char, @X) ---------**交易2**---------------- --請執行「ch7-6-03(交易2).sql」 ---------交易1---------------- DECLARE @X INT SET @X=700 DECLARE @Y INT select @Y=Y帳戶 from dbo.銀行帳戶表 print 'X=' + CONVERT(char, @X) print 'Y=' + CONVERT(char, @Y) print 'SUM=' + CONVERT(char, @X+@Y) Commit Transaction	use ch7_DB SET TRANSACTION ISOLATION LEVEL REPEATABLE READ; Begin Transaction UPdate dbo.銀行帳戶表 set X帳戶=500 UPdate dbo.銀行帳戶表 set Y帳戶=500 Commit Transaction /* 無法完成.等待中......(可解決DIRTY READ) */

step1 / step2 / step3

執行結果 ▶▶

❖ 圖7-31

7-6-4　無法重複的讀取（Nonrepeatable Read）

重複的讀取會獲得不一致的資料。當某一交易T1需要讀取同一項目資料兩次或兩次以上時，因為另一個交易T2在其讀取間隔期間內修改該項目，如此，將會導致交易T1存取同一個項目資料會有不同的結果。雖然Repeatable Read可以解決不一致的問題，但是，它卻存在另一個問題，就是：當交易1在查詢時，交易2卻還可以進行新增與刪除的問題。因此，我們可以利用交易隔離中最嚴格的方式（SERIALIZABLE）解決此一問題。

實作1▶▶|　問題：當交易讀取資料時，交易卻可以新增與刪除資料。

　　💿 ch7-6-04(交易1).sql　　與　💿 ch7-6-04(交易2).sql

交易T1	交易T2
use ch7_DB SET TRANSACTION ISOLATION LEVEL REPEATABLE READ; ----------交易1----------------- Begin Transaction select * from dbo.學生表 ----------**交易2**---------- --請執行「ch7-6-04(交易2).sql」 ----------交易1----------------- select * from dbo.學生表 Commit Transaction /*當交易讀取資料時，交易2卻可以新增 資料，導致交易1無法繼續讀取資料。 */	use ch7_DB SET TRANSACTION ISOLATION LEVEL REPEATABLE READ; Begin Transaction 　Insert Into dbo.學生表(學號, 姓名) 　values('S1006', '王霏')

step1

step2

step3

解決方法 ▶▶ SERIALIZABLE。

💿 ch7-6-04A(交易1).sql 與 💿 ch7-6-04A(交易2).sql

交易T1	交易T2

use ch7_DB
 	
SET TRANSACTION ISOLATION
LEVEL
SERIALIZABLE;
----------交易1----------------
Begin Transaction
select *
from dbo.學生表
 	
----------**交易2**----------------
--請執行「ch7-6-04A(交易2).sql」
	use ch7_DB
	
	SET TRANSACTION ISOLATION
	LEVEL
	SERIALIZABLE;
	
	Begin Transaction
	    Insert Into dbo.學生表(學號, 姓名)
	    values('S1007', '七賢')
	    delete from dbo.學生表
	    where 學號='S1006'
	Commit Transaction
	/*
	無法完成.等待中......(可解決交易查詢
	1，而交易2卻新增與刪除的問題)
	*/

step1 (標示於交易T1左側)

step2 (標示於交易T2右側)

交易T1 下方：
----------交易1----------------
Commit Transaction   step3

針對並行控制的四個問題，SQL Server提供四種不同交易隔離等級，如表7-1所示：

❖表7-1 常用全域性變數一覽表

隔離層級 並行控制四問題	Read Uncommitted	Read Committed	Repeatable Read	Serializable
遺失更新問題 （Lost Update）	☑	☑	☑	☑
未確認問題 （Uncommitted；Dirty Read）	☒	☑	☑	☑
不一致問題 （Inconsistent）	☒	☒	☑	☑
無法重複的讀取 （Nonrepeatable read）	☒	☒	☒	☑

注意 Read Uncommitted出錯的機率太大，大部分的應用程式會選用Read Committed 或Repeatable Read的隔離層級；而Serializable執行完全的鎖定，交易只能循序進行，嚴重傷害系統效能。

本章習題

基本題

1. 請說明「交易（Transaction）」的定義。

2. 請詳細說明交易的四個特性（ACID）。

3. 請繪出「交易狀態轉換圖」的過程。

4. 請針對資料庫的影響來說明「部分確認狀態（Partially Committed State）」
   與「確認狀態（Committed State）」兩者之間的差異。

5. 請問，在「交易狀態轉換圖」中，在什麼情況之下會被要求進入「失敗狀
   態」？

6. 請問，在「交易狀態轉換圖」中，在什麼情況之下會被要求進入「放棄或
   終止狀態」？

7. 請問在交易處理當中，如果執行操作成功時，則可以使用哪一個指令來將
   交易的處理結果真正反映到資料庫中。

8. 請問在交易處理當中，如果執行操作失敗時，則可以使用哪一個指令來將
   交易的資料回復到交易前的狀態。

9. 請說明UNDO與REDO之不同點？

10. 請問在SQL Server中提供哪三種模式來進行交易呢？並說明每一種交易的
    情況。

11. 請說明所謂的「巢狀交易（Nested Transaction）」及其使用時機？

12. 請說明為什麼在交易程序中要設定「交易儲存點」？

13. 請問在SQL Server中提供哪四種交易隔離等級呢？

14. 請問在交易處理過程中，為何「並行控制」是必要的呢？請寫出四個原
    因。

進階題

1. 請利用VB 2010來實作交易處理的介面。

   假設有A、B兩家銀行，其存款客戶資料及存款如下：

   (1)「匯款前」的A銀行與B銀行之客戶存款資料

A銀行客戶存款表

序號	帳戶	姓名	存款
#1	A001	張三	10000
#2	A002	李四	20000
#3	A003	王五	30000

B銀行客戶存款表

序號	帳戶	姓名	存款
#1	B001	一心	5000
#2	B002	二聖	15000
#3	B003	三多	25000

   (2) 匯款時，要求的功能如下：

   A. 檢查匯款來源的餘額

   假設A銀行的客戶「張三」匯款2萬元給B銀行的客戶「一心」時，必須要先檢查A銀行的「張三」帳戶餘額是否大於等於2萬元，如果小於2萬元時，則無法進行交易動作。

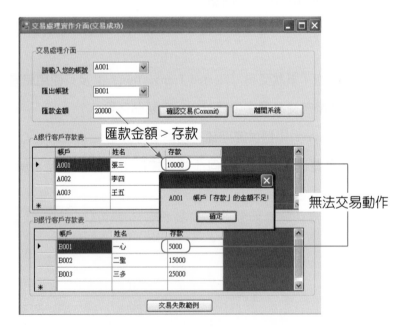

B. 交易成功的情況

假設A銀行的客戶「張三」匯款2,000元給B銀行的客戶「一心」時，必須要先檢查A銀行的「張三」帳戶餘額是否大於等於2,000元，如果大於2,000元時，則代表交易成功，因此，最後A銀行的「張三」必須變成8,000元，B銀行的「一心」會變成7,000元。

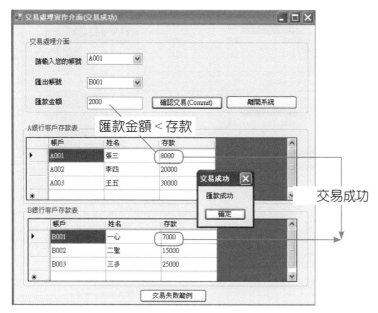

C. 交易失敗的情況

假設A銀行的「張三」帳戶，匯出2,000元給B銀行的帳戶為B004的「四維」，但是帳戶B004在B銀行客戶存款表不存在。因此，顯示「匯款失敗」，且顯示「受款人不存在!」介面，所以A銀行的「張三」帳戶餘額不變。

CHAPTER 8

SQL Server

並行控制

8-1
並行控制的技術 ●●●●●

在第7-6節中,已經介紹在多個交易中,如果同時存取一項資料時,可能會產生四個嚴重的問題:

1. 遺失更新的問題(Lost Update)

2. 未確認相依的問題(Uncommitted Dependency Problem;Dirty Read)

3. 不一致分析的問題(Inconsistent Analysis Problem)

4. 無法重複的讀取(Nonrepeatable Read)

定義 ▶▶ 並行控制主要是用來控制多個交易在同時間存取同一個資料項目時,不會產生互相干擾,以致於產生不一致的情況。

因此,在本章節中,將介紹並行控制的處理方式之相關技術。目前常見的方法有:

1. 排程法(Schedule)

2. 鎖定法(Locking):它是廣被使用的一種並行控制技術。

3. 兩階段鎖定法(Two-Phase Locking;2PL)

4. 時間戳記法

5. 樂觀控制法

8-2
排程(Schedule) ●●●●●

定義 ▶▶ 排程(Schedule)就是不同交易動作所構成的執行順序,主要是針對讀取(Read)和寫入(Write)資料庫單元操作的執行順序。

目的 ▶▶ 解決並行控制的問題。

假設 ▶▶ 排程S是由T1、T2、…、Tn,共有n個不同交易動作所構成的執行順序,這些交易需遵照以下限制:

1. 對於排程S中的每一個交易Ti而言,交易Ti運算動作的順序必須與它們出現在排程S中的順序一樣。

2. 不過,來自其他交易Tj的動作,可以與排程S中交易Ti的動作交錯執行。

範例 ▸▸ 假設有兩個交易T1與交易T2，如下所示：

時間	交易T1	交易T2
t1	Read X	
t2	X=X+2	
t3	Write X	
t4		Read Y
t5		Y=Y-1
t6		Write Y

❖ 圖8-1

8-2-1 循序性排程（Serial Schedules）

定義 ▸▸ 是指循序地一個交易緊接著另一個交易來執行。而此種交易的特性就是資料庫中的單元操作之執行順序不會「交錯」的被執行；否則，便稱為「非循序性排程」。如下所示：

時間	交易T1	交易T2
t1	Read X	
t2	X=X+2	
t3	Write X	
t4	Read Y	
t5	Y=Y-1	
t6	Write Y	
t7		Read X
t8		X=X-5
t9		Write X

❖ 圖8-2

8-2-2 非循序性排程（Non-Serial Schedules）

定義 ▶▶ 是指在排程多個交易的資料庫單元操作時能夠交錯（Interleaving）執行的排程，又稱為交錯執行排程（Interleaved Schedules）。如下所示：

時間	交易T1	交易T2
t1	Read X	
t2	X=X+2	
t3		Read X
t4	Write X	X=X-5
t5	Read Y	
t6		Write X
t7	Y=Y-1	
t8	Read X	
t9	Write Y	

❖ 圖8-3

如果「交錯執行的排程」與「循序性排程」的執行結果相同，我們就可以稱此兩個排程為「等價關係（Equivalent）」，並且也可以稱此交錯執行的排程滿足「可循序性」（Serializable）。

註：所謂「可循序性」（Serializable）排序，是指一定要確保結果是正確的。

8-3
鎖定法（Locking）

● ● ● ● ●

定義 ▶▶ 鎖定法（Locking）是並行控制最常見的處理方法，當交易A執行讀取（Read）或寫入（Write）資料庫單元操作時，會先將資料鎖定（Lock），此時，若交易B同時存取相同資料，因為資料已經被鎖定，所以交易B需要等待，直到交易A解除資料鎖定（Unlock）。

目的 ▶▶ 確保交易和資料的邏輯完整性。

在SQL Server資料庫管理系統中，使用「鎖定」物件來防止多個使用者同時對資料庫做修改，並防止使用者讀取被其他使用者變更的資料。鎖定有助於確保交易與資料的邏輯完整性。

範例 ▶▶ 假設有A、B兩位學生同時選同一門課程，而A同學在第一時間先將第一筆課程代碼C0001給LOCK（步驟1）起來，因此，B同學要選取課程代碼C0001這門課程時，就會顯示「等待中…」。所以，B同學的查詢動作（步驟2）是無效的。因此，必須要等到A同學將課程代碼C0001這門課程解除鎖定（UnLock）時（步驟3），B同學才能再進行Lock（步驟4），就可以再進行選修此課程。

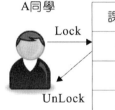

選課資料表

課程代碼	課程名稱	學分數	已選人數/全部人數
C0001	資料庫系統	3	48/50
C0002	資料結構	3	23/50
C0003	系統分析	3	33/50

A同學 Lock UnLock　　B同學 無效 Lock

❖ 圖8-4

由上面學生選課的例子中我們可以了解，當有學生正在選修某一門課程時，DBMS會將此門課程加以鎖定，其他同學都不能存取，此作法可以確保該筆資料在被存取時，是一個循序性排程，以確保資料的正確性，而不會同時被讀取又被寫入，導致不一致的問題發生。

實作1▶▶│ 使用鎖定法（Locking）的情況

解答▶▶│ 🔘 ch8-3(交易1).sql 與 🔘 ch8-3(交易2).sql

交易T1	交易T2

use ch8_DB
 	
SET TRANSACTION ISOLATION LEVEL
READ COMMITTED;--Default
----------交易1-----------------
Begin Transaction
--選課先查詢
select *
from dbo.選課資料表
 	
--選課作業
IF (select 已選人數 from dbo.選課資料表
Where 課號='C005')<50
  Begin
  UPdate dbo.選課資料表
  set 已選人數=已選人數+1
  Where 課號='C005'
  end
 	
----------交易2-----------------
--請執行「ch8-3(交易2).sql」
 	
Rollback Transaction
--選課後查詢
select *
from dbo.選課資料表
	use ch8_DB
	
	SET TRANSACTION ISOLATION LEVEL
	READ COMMITTED;--Default
	
	select *
	from dbo.選課資料表
	/*
	無法完成.等待中......
	*/

step1　　　　　　　　　　　　　　　　　step2　step3

說明▶▶│ 使用鎖定法（Locking）的情況之下，交易1在進行選課時，交易2無法進行查詢選課紀錄。如此可以確保資料的一致性與完整性。

實作2 ▶▶ 沒有使用鎖定法（Locking）的情況。

解答 ▶▶ 🖸 ch8-3A(交易1).sql　　與　🖸 ch8-3A(交易2).sql

交易T1	交易T2

use ch8_DB
SET TRANSACTION ISOLATION
LEVEL
READ UNCOMMITTED;
----------交易1-----------------
Begin Transaction
--選課先查詢
select *
from dbo.選課資料表
 	
--選課作業
IF (select 已選人數 from dbo.選課資料表
Where 課號='C005')<50
　　Begin
　　UPdate dbo.選課資料表
　　set 已選人數=已選人數+1
　　Where 課號='C005'
　　end
 	
----------交易2-----------------
--請執行「ch8-3(交易2).sql」
 	
Rollback Transaction
--選課後查詢
select *
from dbo.選課資料表
	use ch8_DB
	SET TRANSACTION ISOLATION
	LEVEL
	READ UNCOMMITTED;
	
	select *
	from dbo.選課資料表
	/*
	造成交易2讀取交易1在尚未執行確認之
	前的結果。*/

step1 / step2 / step3

說明 ▶▶ 在沒有使用鎖定法（Locking）的情況之下，交易1在進行選課時，交易2也可以進行查詢選課紀錄，將導致交易2讀取交易1在尚未執行確認之前的結果。

8-4 資料庫的鎖定層級

定義▶▌　在一個資訊系統中，如果有多個交易同時存取同一個資料項目時，必須要使用「並行控制」的技術；而在多種的技術中，以鎖定法（Locking）是最常用的方法。因此，在使用鎖定法時，必須要考量資料鎖定之層級。基本上，在大多數的DBMS中都提供以下五種資料鎖定層級。

1. 資料庫層級

2. 資料表層級

3. 儲存區段或儲存頁面層級（Page Lock）

4. 紀錄層級

5. 欄位層級

一、資料庫層級

定義▶▌　是指鎖定整個資料庫系統，所有使用者都無法進行存取動作。

使用時機▶▌　備份整個資料庫。如下圖所示：

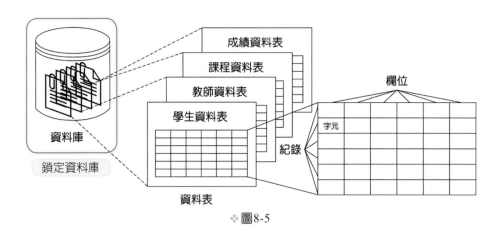

❖圖8-5

二、資料表層級

定義▶▌　是指鎖定資料庫中的某一資料表。

使用時機▶▌　更新某一表單資料時。如下圖所示。

例如▶▌　調整全班同學的成績資料。

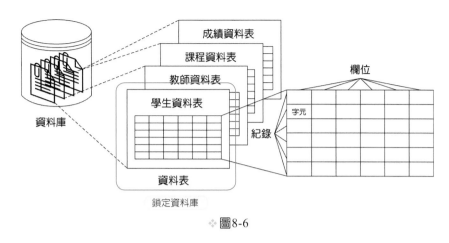

❖ 圖8-6

三、儲存區段或儲存頁面層級（Page Lock）

定義 ▶▶ 是指鎖定實際儲存區段或頁面，一次鎖定一個資料頁（也有可能是好幾筆紀錄）。

使用時機 ▶▶ 實務上最常被使用。如下圖所示：

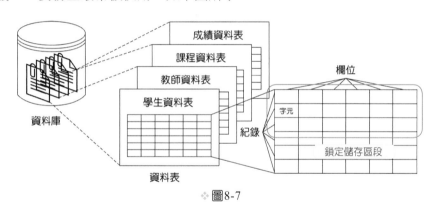

❖ 圖8-7

四、紀錄層級

定義 ▶▶ 是指鎖定資料表中指定的某些紀錄，而未被鎖定的紀錄，其他使用者仍可以進行存取動作。

使用時機 ▶▶ 一次只鎖定一筆紀錄。如下圖所示：

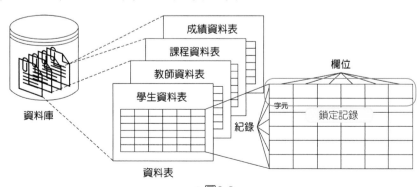

❖ 圖8-8

五、欄位層級

定義 ▶▶ 是指鎖定資料列中指定的欄位;而未被鎖定的欄位,其他使用者仍可以進行存取動作。

使用時機 ▶▶ 更新少數欄位資料時。如下圖所示:

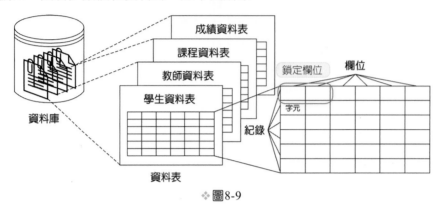

❖圖8-9

❖表8-1 鎖定資料層級

鎖定資料層級	鎖定資源
資料庫層級	鎖定整個資料庫系統
資料表層級	鎖定資料庫中的某一資料表
區段或頁面層級	鎖定實際儲存區段或頁面
紀錄層級	鎖定資料表中指定的某些紀錄
欄位層級	鎖定資料列中指定的欄位

在表8-1中,當鎖定資料「層級越高」時,則「並行性」就「越低」。例如:當我們要備份資料庫時,必須要鎖定整個資料庫系統,因此,將使得所有的使用者無法順序的存取資料。不過,由於使用者都無法上線存取資料,系統消耗也會下降。

8-5 資料庫的鎖定模式

●●●●●

定義 ▶▶ 在資料庫的鎖定模式(Lock Mode)中,基本上可以分為以下三種模式:

1. 二元鎖定(Binary Locking)

2. 共享/互斥鎖定(Shared and Exclusive Locking)

3. 兩階段鎖定(Two Phase Locking)

8-5-1 二元鎖定（Binary Locking）

定義▶▶ 是指資料庫中的某一資料項的鎖定狀態有兩種：第一種是「鎖定」，第二種則為「解除鎖定」。因此，當交易要存取某一資料項時，則此資料項就會被設定為「**鎖定**」**狀態**，直到交易存取完畢之後，才能再將此資料項設定成「**解除鎖定**」。也就是說，交易中的資源在同一個時間只能提供一個交易來進行存取。

操作模式▶▶

基本上，二元鎖定的操作模式，可分為以下兩種：

1. **Lock(X)**：是指將資料項X設定為「鎖定」狀態。其演算法如下：

Begin Transaction	-- 開始交易
If Lock(X) =0 Then	-- 判斷資料項是否為「未鎖定」狀態
Lock(X)=1	-- 設定資料項 X 鎖定為「鎖定」狀態
Else	-- 否則就是已被「鎖定」狀態
Do While Lock(X) =0	-- 等待資料項 X 被「解除鎖定」
Lock(X)=1	-- 設定資料項 X 鎖定為「鎖定」狀態
Loop	
End If	
End Transaction	-- 結束交易

2. **UnLock(X)**：是指將已被鎖定的資料項X，再轉為「非鎖定」狀態，亦即解除資料項X的「鎖定」狀態。

Begin Transaction	-- 開始交易
If Lock(X) =1 Then	-- 判斷資料項是否為「鎖定」狀態
Lock(X)=0	-- 設定資料項 X 鎖定為「非鎖定」狀態
Else	-- 否則就是已被「鎖定」狀態
Do While Lock(X) =1	-- 等待資料項 X 被「鎖定」
Lock(X)=0	-- 設定資料項 X 鎖定為「非鎖定」狀態
Loop	
End If	
End Transaction	-- 結束交易

遵循的規則 ▶▶

1. 在交易進行中，執行讀取Read(X)操作或寫入Write(X)操作之前，必須先執行鎖定操作Lock(X)。

2. 在交易進行中，不可以對同一個資料項目X執行兩次或兩次以上的鎖定Lock(X)動作。例如：在下表中，在t1時間Lock(X)，並且又在t3時間Lock(X)，所以，產生操作失敗。

時間	交易T1	交易T2
t1	<lock(X), T1>	
t2	<read(X), T1>	
t3		<lock(X), T2> 操作失敗
t4		<read(X), T2>
t5	<unlock(X), T1>	
t6	X=X+1	
t7	<lock(X), T1>	
t8	<write(X), T1>	
t9 ▼	<unlock(X), T1>	

❖ 圖8-10

3. 在交易進行中，只能對已被鎖定的資料項X，執行解除鎖定指令UnLock(X)。

4. 在交易進行中，執行所有讀取Read(X)操作和寫入Write(X)操作之後，必須要執行解除鎖定指令UnLock(X)。

8-5-2 共享／互斥鎖定（Shared and Exclusive Locking）

由於二元鎖定（Binary Locking）應遵循的規則比較嚴格。因此，此種作法對於並行處理程度不佳，也就是同一個時間無法提供多個使用者存取同一個資料項。但是，在事實上，如果有多筆交易同時存取某一個資料項目，並且只是執行讀取（Read）動作時，則我們沒有必要將此資料項執行完全鎖定狀態。因此，我們的作法是：只有在執行寫入（Write）動作時，才需要將此資料項鎖定即可。

策略 ▶▶ 將二元鎖定（Binary Locking）中的鎖定狀態分為兩個，分別為：

1. 共享鎖定（Shared Lock）：也稱為「讀取鎖定」（Read Lock）。
2. 互斥鎖定（Exclusive Lock）：也稱為「寫入鎖定」（Write Lock）。

一、共享鎖定（Shared Lock）

定義 ▶▶ 對於正在被操作中的資料，其他交易還是可以參照它，但是不能對它加以變更。

範例 ▶▶ 當使用者1正在操作資料庫中的某一資料項時，使用者2可以對此資料項進行讀取（即參照），但是使用者3就無法對此資料項進行變更。如下圖所示：

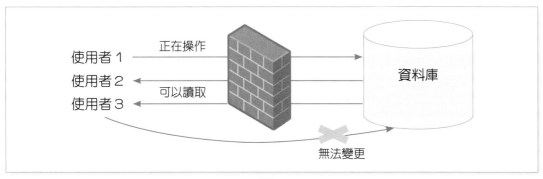

❖圖8-11

特性 ▶▶ 1. 通常用在「讀取」資料時，該筆資料就被設成「共享鎖定」，其他交易還可讀取該資料，但無法更改。

2. 被設定成「共享鎖定」的資料若未經解鎖（Unlock），則無法再被設成「互斥鎖定」。這也是被「共享鎖定」的資料只供「讀取」而無法「修改」的原因。

二、互斥鎖定（Exclusive Lock）

定義 ▶▶ 讓別人無法去參照或操作正被操作中的資料。

特性 ▶▶ 1. 通常發生在「更改」資料時，系統就會將該筆資料設成「互斥鎖定」，這時，其他交易就無法讀取該資料，當然也就無法更改了。

2. 如果某一交易以「互斥鎖定」方式封鎖某資源，則只有該交易被允許更新該資源的資料，直到該交易解除鎖定（Unlock）該資源。

❖表8-2　共享與互斥鎖定之關係表

T1交易 ＼ T2交易	共享鎖定（Shared Lock）或讀取鎖定（Read Lock）	互斥鎖定（Exclusive Lock）或寫入鎖定（Write Lock）
共享鎖定（Shared Lock）或讀取鎖定（Read Lock）	可以（共享）	不可以（互斥）
互斥鎖定（Exclusive Lock）或寫入鎖定（Write Lock）	不可以（互斥）	不可以（互斥）

【共享／互斥鎖定的缺點】

1. 不能保證排程為可序列化

2. 可能會產生死結（Deadlock）

3. 可能會產生餓死（Starvation）狀態

8-5-3 兩階段鎖定法（Two-Phase Locking：2PL）

由於利用鎖定法可能會發生「死結」，因此其改良為「兩階段鎖定法（2PL）」。而所謂的「兩階段鎖定法（Two-Phase Locking）」分為兩個階段來實施鎖定（Lock）與解除鎖定（Unlock）。一個交易開始執行時，便先將它所有需要存取的資料先加以鎖定，此為第一階段；執行完畢後便將所有被它鎖定過的資料解除鎖定，此為第二階段。其兩個階段如下所示：

1. 第一階段：就是鎖定階段，也就是所謂的「擴展階段（Expanding Phase）」或稱為「成長階段（Growing Phase）」。在此階段中，允許加入新的鎖定或升級動作，但不允許解除任何鎖定。

2. 第二階段：就是解除鎖定階段，也就是所謂的「縮減階段（Shrinking Phase）」。在此階段中，允許解除現存鎖定或降級動作，但不允許加入任何新的鎖定。

範例1▶▶ 現在有一個交易T1，時間由t1~t8，實際交易過程如下所示：

時間	交易T1	
t1	<read-lock(x), T1>	擴展階段
t2	<read(x), T1>	擴展階段
t3	<write-lock(y), T1>	擴展階段
t4	<unlock(x), T1>	縮減階段
t5	<read(z), T1>	縮減階段
t6	z=2x+z	縮減階段
t7	<write(z), T1>	縮減階段
t8	<unlock(z), T1>	縮減階段

❖圖8-12

說明▶▶ 交易T1在時間t1到t3時是成長階段（read-lock➜write-lock），在時間t4時解除交易T1的鎖定，並且在時間t5時沒有加入新的鎖定，所以是縮減階段。因此，本交易T1符合2PL。

範例2 ▸▸ 現在有一個交易T1，時間由t1~t9，實際交易過程如下所示：

時間	交易T1	
t1	\<read-lock(x), T1\>	擴展階段
t2	\<read(x), T1\>	
t3	\<write-lock(x), T1\>	
t4	\<unlock(x), T1\>	
t5	\<write-lock(y), T1\>	縮減階段
t6	\<read(z), T1\>	
t7	z=2x+z	
t8	\<write(z), T1\>	
t9 ▼	\<unlock(z), T1\>	

❖圖8-13

說明 ▸▸ 交易T1在時間t1到t3時是成長階段（read-lock➜write-lock），在時間t4時解除交易T1的鎖定，並且在時間t5時又加入新的鎖定，但這個動作不被允許。因此，交易T1不符合2PL。

【兩階段鎖定方法的優缺點】

優點 ▸▸ 可以保證排程是可序列化的。

缺點 ▸▸ 限制並行的程度，可能會產生死結（Deadlock）與餓死（Starvation）現象。

8-6

死結（Deadlock）

●●●●●

定義▶▶ 是指因為多個交易同時要求某筆資料或資源時，彼此之間相互鎖定對方需要的資料，以至交易被卡死，導致多個交易都無法繼續執行的情況。

範例▶▶ 遺失更新問題就一定會產生死結。

假設現在有T1與T2兩個交易同時被執行，如果交易T1把表格R1鎖住，而交易T2把表格R2鎖住，在這種情況之下，假設現在交易T1在把表格R1鎖住的情況下，嘗試要去存取表格R2的資料；而交易T2在把表格R2鎖住的情況下，嘗試要去存取表格R1的資料。

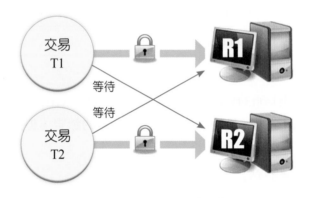

❖圖8-14　死結狀態圖

簡單來說，當兩條連線相互等待對方所握住的資源時，發生死結。

1. 交易T1握住R1資源並等待R2資源。而交易T2握住R2資源並等待R1資源。

2. 此時，交易T1陷入等待，等待交易T2解鎖R2資源；同時交易T2亦陷入等待，等待交易T1解鎖R1資源。

3. 因此，交易T1與交易T2兩條連線互等對方，沒有一條可以執行。

實作▶▶ 假設現在有T1與T2兩個交易同時被執行，如果交易T1把「甲班報名人數表」鎖住；而交易T2把「乙班報名人數表」鎖住。在這種情況之下，假設現在交易T1在把「甲班報名人數表」鎖住的情況下，嘗試要去存取「乙班報名人數表」的資料；而交易T2在把「乙班報名人數表」鎖住的情況下，嘗試要去存取「甲班報名人數表」的資料，此時，就會產生死結的現象。

解答▶▶ 💿 ch8-6(交易1).sql　　與　💿 ch8-6(交易2).sql

交易T1	交易T2
use ch8_DB SET TRANSACTION ISOLATION LEVEL READ COMMITTED;--適用READ_ONLY ---------交易1------------- Begin Transaction select * from dbo.甲班報名人數表 --寫入 UPdate dbo.甲班報名人數表 set 人數=人數+1	use ch8_DB SET TRANSACTION ISOLATION LEVEL READ COMMITTED;--適用READ_ONLY --------交易2----------- Begin Transaction select * from dbo.乙班報名人數表 --寫入 UPdate dbo.乙班報名人數表 set 人數=人數+1
---------交易2--------------- --請執行「ch8-6(交易2).sql」	----------交易1--------------- --請執行「ch8-6(交易1).sql」
----------交易1------------ Declare @Total int=0 declare @T1 int=0 declare @T2 int=0 select @T1=人數 from dbo.甲班報名人數表 select @T2=人數 from dbo.乙班報名人數表 set @Total=@T1+@T2 print '甲、乙兩班總報名人數=' + convert(char, @Total)	---------交易2----------- Declare @Total int=0 declare @T1 int=0 declare @T2 int=0 select @T1=人數 from dbo.甲班報名人數表 select @T2=人數 from dbo.乙班報名人數表 set @Total=@T1+@T2 print '甲、乙兩班總報名人數=' + convert(char, @Total)
---------交易---------------- --請執行「ch8-6(交易2).sql」	

step1　step2　step3　step4

說明▶▶ 這麼一來，交易T1在表格R2的鎖定被解除之前，一直都會處於待機的狀態；
而交易T2也會在表格R1的鎖定被解除之前，一直處於等待的情況。像這樣
子，變成雙方都會進入永久等待狀態的現象，被稱為死結（Deadlock）。

8-7
死結的處理 ●●●●●

1. **死結預防（Deadlock Prevention）**

   指在執行交易之前必須要先檢查多執行緒的所有狀態，以確認是否會導致死結。

2. **死結偵測（Deadlock Detection）**

   在資料庫管理系統中，每間隔某一段時間定期檢查等待狀態的交易是否產生死結情況，如果發現有的話，就必須要強迫回復交易（Rollback）後重新開始。

3. **死結避免（Deadlock Avoidance）**

   在資料庫管理系統中，有三種避免死結的並行控制處理方法。

   (1) 兩階段鎖定法（Two-Phase Locking；2PL）

   (2) 時間戳記法（Time-Stamp Order）

   (3) 樂觀並行控制法（Optimistic Control）

   以上三種避免死結的並行控制處理方法，除了「兩階段鎖定法」之外，其餘兩種方法會在後面章節詳細說明。

8-8
時間戳記法（Time-Stamp Order） ●●●●●

　　它是一種避免死結的並行控制處理方法。每一種RDBMS都必須提供一些機制以處理死結問題。制定交易的優先順序，可以利用所謂的時間戳記法（Time-Stamp Order）。

定義 ▶▶| 它是指並行控制的多個交易，依其執行先後順序，賦予一個時間戳記，一旦有異動想要存取某一資料，則要先將該資料蓋上戳記（Time Stamp）。於是欲存取該資料的異動就要依戳記上的時間先後依序執行。

方法 ▶▶| 交易時間戳記一般有兩種方法來取得識別碼：

　　1. 利用計數器（Counter）產生流水號碼給各交易。

　　2. 利用讀取系統時間來當作各交易識別碼。

8-9
樂觀並行控制法（Optimistic Control）

定義▶▶ 它是一種避免死結的並行控制處理方法。樂觀控制法（Optimistic Control）是指各交易的資料庫單元操作都百分之一百可以順利執行，直到交易確認後，資料庫管理系統才檢查是否造成資料庫的不一致，如果有，就回復交易（Rollback）。

適用時機▶▶ 當「讀取（Read）」頻率高的交易情況。

作法▶▶ 交易前先不鎖定，交易後再鎖定檢查。

優點▶▶ 可以提高資料共享程度。

缺點▶▶ 交易前先不鎖定，若有資料被異動時，則產生交易失敗。

範例▶▶ 樂觀並行控制法（交易成功）

假設現在有三個交易，分別為交易T1、T2及T3，其中交易T1與T2只有查詢（讀取）某一項資料，而沒有進行資料的異動情況；而交易T3則進行更新某一項資料，此時，利用樂觀並行控制法則會成功。

實作1▶▶ 樂觀並行控制法（交易成功）

假設現在有兩位同學要使用選課系統，分別使用交易T1及T2，其中第一位同學的選課操作（交易）T1在查詢（讀取）某一項資料，而沒有進行資料的異動情況；而第二位同學的選課操作（交易）T2進行更新某一項資料，此時，利用樂觀並行控制法則會成功。

解答 ▶▶ ● ch8-9(交易1).sql　　與 ● ch8-9(交易2).sql

交易T1	交易T2

step1
 	
use ch8_DB
SET TRANSACTION ISOLATION LEVEL
READ UNCOMMITTED;
----------交易1-----------------
Begin Transaction
--選課查詢
select *
from dbo.選課資料表
 	
----------交易2-----------------
--請執行「ch8-9(交易2.sql」
 	
step3
--選課查詢
select *
from dbo.選課資料表
	use ch8_DB
	SET TRANSACTION ISOLATION LEVEL
	READ UNCOMMITTED;
	----------交易2-----------------
	--選課先查詢
	select *
	from dbo.選課資料表
	
	--選課作業
	IF (select 已選人數 from dbo.選課資料表
	Where 課號='C005')<50
	　Begin
	　UPdate dbo.選課資料表
	　set 已選人數=已選人數+1
	　Where 課號='C005'
	　end
	
	step2

說明 ▶▶ 交易T1查詢選課紀錄。因此，在未鎖定的情況之下，並沒有任何的異動產生，因此，交易T2可以在事先未鎖定的情況下，進行選課作業。

實作2 ▶▶ 樂觀並行控制法（交易失敗）

假設現在有兩位同學要使用選課系統，分別使用交易T1及T2，其中第一位同學進行選課操作（交易）T1，亦即進行更新某一項資料；而第二位同學則只是查詢操作（交易）T2，此時，利用樂觀並行控制法，則會失敗。

解答 ▸▸ 💿 ch8-9A(交易1).sql 與 💿 ch8-9A(交易2).sql

交易T1	交易T2

use ch8_DB
SET TRANSACTION ISOLATION LEVEL
READ UNCOMMITTED;
----------交易1------------ ==STEP1
Begin Transaction
--選課先查詢
select *
from dbo.選課資料表
 	
--選課作業
IF (select 已選人數 from dbo.選課資料表
Where 課號='C005')<50
　　Begin
　　UPdate dbo.選課資料表
　　set 已選人數=已選人數+1
　　Where 課號='C005'
　　end
 	
----------交易2-----------------
--請執行「ch8-9A(交易2).sql」
 	
--假設「資料庫系統」的已選人數為45人
==STEP2
IF (select 已選人數 from dbo.選課資料表
Where 課號='C005')<>45
　　ROLLBACK TRAN
--未鎖定下，資料有異動，則交易失敗
	use ch8_DB
	SET TRANSACTION ISOLATION LEVEL
	READ UNCOMMITTED;
	
	select *
	from dbo.選課資料表
	
	--假設「資料庫系統」未異動前，已選人
	數為45人
	--如果不是45人，則
	--請執行「8-9A(交易1).sql」 ==STEP2

step1 (交易T1左側)　step2 (交易T2右側)　step3 (交易T1左側)

說明 ▸▸ 交易T1、T2皆可以同時進行選課作業。因此，在未鎖定的情況之下，就會產
生異動情況，因此，必須要進行鎖定，並且檢查該資料是否被異動過（已選
課人數），如果有，則交易失敗。

本章習題

基本題

1. 請說明何謂「並行控制」？

2. 請列出五種「並行控制」常見方法？

3. 請說明何謂「排程（Schedule）」及其目的？

4. 請說明何謂「循序性排程（Serial Schedules）」？

5. 請說明何謂「非循序性排程（Non-Serial Schedules）」？

6. 請說明「鎖定法（Locking）」的目的？

7. 請列表說明DBMS常見的五種資料鎖定層級？

8. 請說明資料庫的三種鎖定模式（Lock Mode）？

9. 請說明何謂「二元鎖定（Binary Locking）」？

10. 請說明「二元鎖定應遵循的規則」？

11. 請說明「共享鎖定（Shared Lock）」的定義及特性？

12. 請說明「互斥鎖定（Exclusive Lock）」的定義及特性？

13. 請說明「兩階段鎖定法」中，每一階段的作法？

14. 請說明何謂「死結（Deadlock）」？

15. 請列出避免死結的處理方法？

16. 請說明何謂「時間戳記法（Time-Stamp Order）」？

17. 請說明何謂「樂觀並行控制法（Optimistic Control）」？

進階題

1. 請說明交易排序所需遵照的限制？

2. 請說明「二元鎖定」可能的缺點有哪些？

3. 假設現在有兩個交易，分別為：T1與T2，實際交易過程如下所示：

時間	交易T1	交易T2
t1	<read_lock(x), T1>	
t2	<read(x), T1>	
t3		<write_lock(x), T2>
t4		<write(x), T2, 10, 20>
t5	<write_lock(y), T1>	
t6		<unlock(x), T2>
t7		<commit, T2>
t8	<unlock(x), T1>	
t9	<write(y), T1, 3, 5>	
t10	<unlock(y), T1>	
t11	<commit, T1>	

擴展階段（t1~t5），縮減階段（t8~t11）

請詳細說明交易T1與交易T2的排程是否符合2PL呢？

4. 請說明形成「死結」的四個條件為何？

NOTE

CHAPTER **9**

SQL Server

回復技術

本章學習目標

1. 讓讀者瞭解資料庫系統的故障種類，以及如何檢視系統紀錄檔中的確認點與檢查點。

2. 讓讀者瞭解資料庫系統在故障之後，如何重新回到一個交易前的正確狀態之各種方法（延遲更新與立即更新）。

本章內容

9-1　資料庫系統的故障種類

　　我們都知道，任何硬體設備及資訊系統都有可能產生不可預期的故障，而資料庫系統也不例外。因此，我們在學習資料庫系統的交易管理單元時，也必須要同時學習資料庫可能的故障種類。而在故障發生時，如何透過DBMS的「回復處理」機制，以確保資料正確性及一致性，這將是本章重要的課題。

　　基本上，資料庫可能產生的故障種類有以下三種：

一、交易失敗（Transaction Failure）

　　是指在執行交易過程中所產生的軟體錯誤。

解決方法▶▶　利用系統日誌（System Journal, System Log）來進行回復處理。

圖解說明▶▶

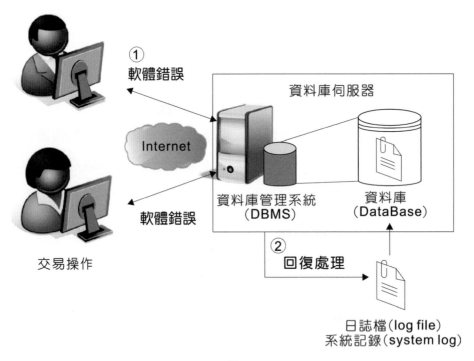

❖ 圖9-1

二、系統故障（System Failure）

因電源中斷、網路問題或其他硬體或軟體錯誤所導致的系統當機。因此，儲存在主記憶體的相關資料都會遺失。

解決方法▶▶ 利用系統日誌（System Journal, System Log）來進行回復處理。

圖解說明▶▶

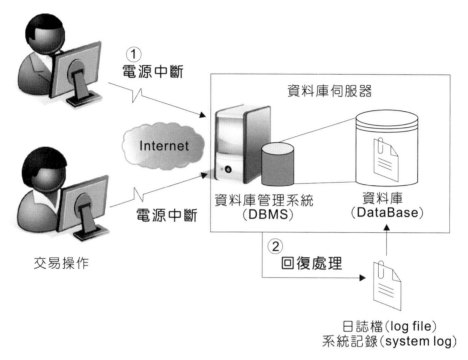

❖ 圖9-2

三、儲存媒體故障（Media Failure）

因磁碟之讀寫頭或磁區損壞的問題，導致儲存失敗。因此，會導致資料庫系統的資料遺失，是屬於資料庫系統最嚴重的一種故障。一般而言，儲存體可以分為兩種：

1. 揮發性儲存體（Volatile Storage）：當系統當機、斷電或停電時，其儲存資料就會消失的儲存結構。例如：主記憶體。

2. 非揮發性儲存體（Nonvolatile Storage）：這種儲存結構不會因為系統當機、斷電或停電而使其儲存的資料消失。例如：硬碟。

解決方法▶▶ 利用儲存設備定期備份資料以回復遺失的資料。

圖解說明▶▶

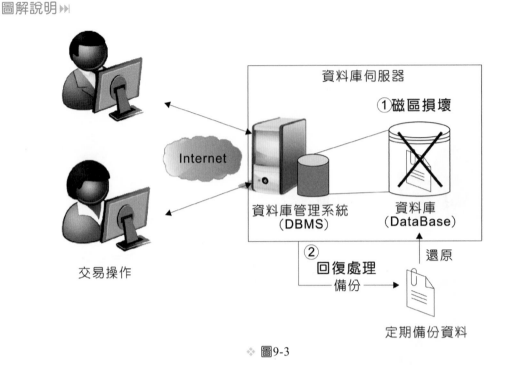

❖ 圖9-3

9-2
系統紀錄（System Log）　　　●●●●●

　　我們都知道，全世界沒有百分之百絕對穩定的資訊系統。那如何解決這些不可預期的故障呢？這時，資料庫管理系統就必須要具備「回復功能」，亦即資訊系統在發生意外情況時，系統自動回復到交易前的狀態。

　　資料庫管理系統（DBMS）為了達到「回復功能」，所以，DBMS在運作時，必須先將使用者的所有交易原始紀錄完整的紀錄下來，以便作為系統故障時，能夠依此紀錄「回復」的重要資訊。而此資訊就稱為「**系統紀錄（System Log）**」。

定義▶▶

　　系統紀錄（System Log）又可稱為日誌檔（Log File），其目的是用來追蹤所有交易動作中可能影響到資料庫某些欄位值（項目值）的所有交易動作，以便日後需要復原時提供訊息。亦即將資料庫系統中任一項交易所進行的磁碟存取動作，完整的紀錄在一個檔案裡。

因此，我們可以清楚得知，使用者在遠端對資料庫進行「交易操作」時，並非直接對資料庫進行讀出與寫入動作。它主要透過DBMS的「交易回復機制」，亦即將使用者對資料庫的讀出與寫入操作，先寫入到「系統紀錄（System Log）」檔中，然後再寫入到「資料檔（Data File）」。如圖9-4所示：

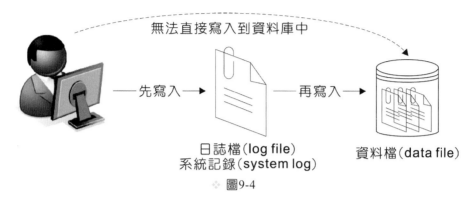

❖ 圖9-4

由於資訊系統的主機（伺服器）通常24小時運作，因此，SQL Server資料庫管理系統的系統日誌（System Log）就是專門用來協助紀錄系統中所有交易操作及相關的事件紀錄。當交易失敗或系統故障時，並未真正損毀實體磁碟上的系統日誌或資料庫，只要針對系統日誌中的紀錄進行復原的動作，可將系統復原。因此，身為一位專業資料庫管理者的我們，就必須要有能力去檢查系統日誌是否正常，才能提供穩定的資訊系統使用環境。

語法 ▶▶

```
[Start_Transaction, T]
[Read, T, X]
[Write, T, X, old_value, new_value]
[Commit, T]
[Abort, T]
```

說明 ▶▶　1. Start_Transaction：開始交易

2. Read：讀取

3. Write：寫入

4. Commit：確認交易

5. Abort：撤回

　　因此，基本上，系統紀錄都是存在於磁碟中，以避免無法預期的障礙而導致交易失敗。除此之外，我們還必須定期的備份到其他輔助記憶裝置上，以確保資料庫的安全。如圖9-5即為某一系統紀錄的內容：

<2012><02><13><00:10 >< starts_Transaction, T1>

<2012><02><13><00:11 ><read, T1, x>

<2012><02><13><00:12 ><write, T1, x, 1, 10>

<2012><02><13><00:13 ><commit, T1 >

<2012><02><13><00:14 ><starts, T2>

<2012><02><13><00:15 ><read, T2, y>

<2012><02><13><00:16 ><check point>

<2012><02><13><00:17 ><write, T2, y, 2, 5 >

<2012><02><13><00:20 >…System crash<系統故障>…

❖ 圖9-5　系統紀錄的內容

　　其中必須紀錄下列事項：

1. Start_Transaction（開始交易）

　　開始執行交易，是以<starts_Transaction, T>表示，其中T是系統給此交易的通用名稱。

2. Read（讀取）

　　表示對資料庫進行讀取動作，是以<read_item, T, X>表示。

3. Write（寫入）

　　表示對資料庫進行寫入動作，是以<write_item, T, X, old value, new value>表示，其中X是要去寫入的資料庫項目。

4. Commit（確認交易）

　　表示確認交易成功結束，是以<commit, T>表示。

5. Check Point（檢查點）

　　表示所有已經確認的交易之寫入動作，真正存入到資料庫中。

9-3 確認點（Commit Point）

定義 ▶▶ 當某個交易中，所有存取資料庫的動作（Read與Write）都已經被成功執行完畢，且所有交易動作（如：Write寫入）會影響資料庫時，都會被紀錄到系統日誌（System Log）中，我們就說此一交易進入確認點。在確認點之後的交易，稱為已確認（Committed）。如圖9-6「確認點運作流程圖」所示。

【確認點之後對資料庫的影響】

1. 所有已確認（Committed）的交易，必須全部紀錄寫入（Write）系統日誌（System Log）中。

2. 系統會寫入一個Commit紀錄到系統日誌（System Log）中。

3. 交易中所有的寫入動作在已確認（Committed）之後，會永久的存入資料庫中。

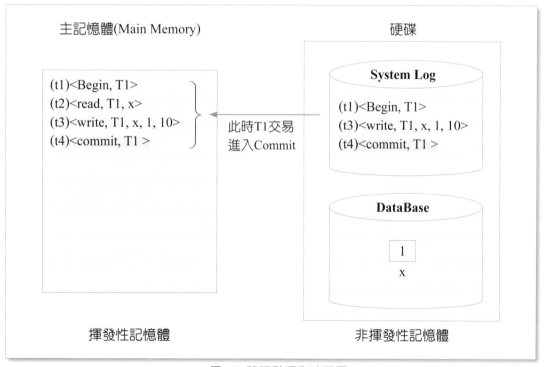

❖ 圖9-6 確認點運作流程圖

9-4 檢查點（Check Point）

●●●●●

定義 ▶▶ 是指由系統（DBMS）定期發動的系統日誌紀錄強迫寫入（System Log Force-Writing），會將檢查點（Check Point）之前已經確認的交易的所有寫入（Write）動作真正儲存到資料庫中。如圖9-7「檢查點運作流程圖」所示。

【檢查點之後對資料庫的影響】

1. 暫停所有正在執行的交易。

2. 將主記憶體中已經確認（Committed）的交易寫入（Write）動作，強迫寫入到磁碟的資料庫中。

3. 系統會自動寫入一個<checkpoint>紀錄到系統紀錄中。

4. 重新開始被暫停的交易。

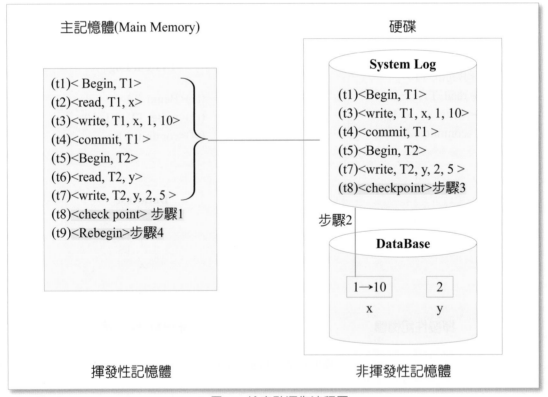

❖ 圖9-7 檢查點運作流程圖

說明 ▶▶ 檢查點（Check Point）是指系統設定的時間（例如：10秒），DBMS會依照「檢查點（Check Point）」所設定的時間值，進行以上四個步驟。

9-5

回復處理（Recovery）

定義▶ 是指在資料庫系統中，當資料庫故障之後，又可以重新回到一個交易前的正確狀態。

方法▶ 1. 延遲更新（Deferred-Update）

2. 立即更新（Immediate-Update）

程序▶ 步驟1：設定Undo（取消）與Redo（重做）的串列之空集合。

UNDO( )串列＝｛ ｝

REDO( )串列＝｛ ｝

步驟2：在交易活動時，將交易進入UNDO( )串列。

步驟3：當交易遇到Commit確認點時，將UNDO( )串列中的交易移到➔REDO( )串列中。

步驟4：當交易遇到CheckPoint檢查點時，移除所有在REDO( )串列的交易。

9-5-1 延遲更新（Deferred-Update）

定義▶ 將交易執行的所有資料庫更新操作都寫到系統日誌（System Log）中，並非真正去更改資料庫中的內容，必須要等到確認點（Commit Point）之後，才能將交易的更改動作真正寫入資料庫中。

使用的演算法▶ no-undo/ Redo

運作流程圖▶

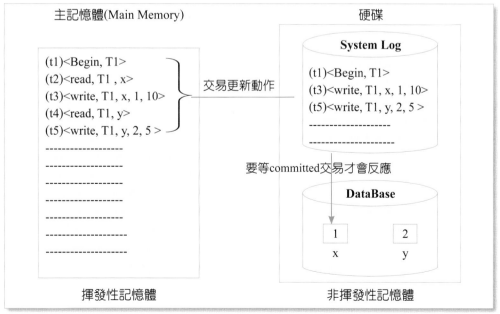

❖ 圖9-8 延遲更新運作流程圖

說明▶▶ 在圖9-8「延遲更新運作流程圖」中,延遲更新時,交易未到達確認點
（Commit Point）之前,資料庫中資料項x與y的內容不會改變。

作法▶▶ 1. 當系統軟體故障時,不需要進行UNDO動作,只要進行REDO動作即可。

【使用的演算法】no-undo/ Redo

2. 未達到確認點（Commit Point）時,不會真正更改到資料庫中的內容,所
以不需要進行UNDO動作,因此,可以忽略原來的交易程序即可。

【使用的演算法】no-undo。

3. 當交易程序到達確認點（Commit Point）時,只要進行REDO動作。也就是
由上而下的動作再執行一次。

【使用的演算法】Redo。

範例▶▶ 某一交易的系統日誌（System Log）的內容如下:

時間由t1~t12,實際交易過程如下所示:

時間	交易	UNDO( )串列	REDO( )串列	交易點分析
t1	<Begin, T1>	{T1}		
t2	<write, T1, x, 1, 5>	{T1}		T1
t3	<write, T1, y, 2, 10>	{T1}		
t4	<commit, T1>		{T1}	commit確認點
t5	<Begin, T2>	{T2}	{T1}	
t6	<write, T2, z, 3, 15>	{T2}	{T1}	
t7	<checkpoint>	{T2}		checkpoint檢查點
t8	<write, T2, x, 5, 55>	{T2}		T2
t9	< Begin, T3>	{T2, T3}		
t10	<write, T3, y, 10, 100>	{T2, T3}		
t11	<commit, T2>	{T3}	{T2}	commit確認點 T3
t12	---System crash---	{T3}	{T2}	
				系統故障

❖ 圖9-9

【分析「復原處理」的過程】

1. 在System Crash（系統故障）之前

   UNDO( )與REDO( )串列的結果如下：

   (1) UNDO( )串列={T3}

   (2) REDO( )串列={T2}

2. 在System Crash（系統故障）之後

   UNDO( )與REDO( )串列的結果如下：

   (1) UNDO( )串列中的交易T3會被忽略，因為沒有真正更改到資料庫中的內容，所以不需要進行UNDO動作。

   (2) REDO( )串列中的交易T2有執行寫入動作，也就是<write, T2, z, 3, 15>與<write, T2, x, 5, 55>交易寫入動作由上而下重新執行一次。

9-5-2 立即更新（Immediate-Update）

定義 ▸▸ 當交易下達所有寫入動作（Write）命令時，交易未到達確認點（Commit Point）之前，就會將交易紀錄<u>真正寫入到資料庫中</u>，並且這些動作也會被紀錄在系統日誌（System Log）。

使用的演算法 ▸▸ undo/No-redo

運作流程圖 ▸▸

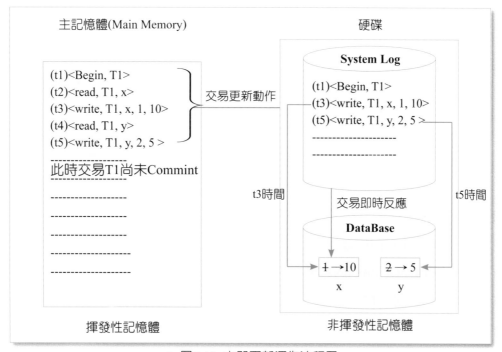

❖ 圖9-10 立即更新運作流程圖

說明▶▶ 在圖9-10「立即更新運作流程圖」中,當立即更新時,交易在未到達確認點(Commit Point)之前,就會立即更改資料庫中資料項x與y的內容。

作法▶▶ 1. 建立未確認的UNDO( )串列,與建立通過檢查點的已確認的REDO( )串列。

2. 當系統軟體故障時,只要進行UNDO動作就可以回復到先前的正確狀態。

範例▶▶ 某一交易的系統日誌(System Log)的內容如下:

時間由t1~t12,實際交易過程如下所示:

時間	交易	UNDO( )串列	REDO( )串列	交易點分析
t1	<Begin, T1>	{T1}		
t2	<write, T1, x, 1, 5>	{T1}		**T1**
t3	<write, T1, y, 2, 10>	{T1}		
t4	<commit, T1>		{T1}	commit確認點
t5	<Begin, T2>	{T2}	{T1}	
t6	<write, T2, z, 3, 15>	{T2}	{T1}	
t7	<checkpoint>	{T2}		checkpoint檢查點
t8	<write, T2, x, 5, 55>	{T2}		**T2**
t9	< Begin, T3>	{T2, T3}		
t10	<write, T3, y, 10, 100>	{T2, T3}		
t11	<commit, T2>	{T3}	{T2}	commit確認點 **T3**
t12	---System crash---	{T3}	{T2}	
				系統故障

❖ 圖9-11

【分析「復原處理」的過程】

1. 在System Crash(系統故障)之前

UNDO( )與REDO( )串列的結果如下:

(1) UNDO( )串列={T3}

(2) REDO( )串列={T2}

2. 在System Crash（系統故障）之後

   UNDO( )與REDO( )串列的結果如下：

   (1) UNDO( )串列中的交易T3的所有寫入動作，都會被執行UNDO動作，也就是執行<write, T3, y, 100, 10>動作。

   > 註：由下而上執行回復的動作。因為已經真正更改到資料庫中的內容，所以必須要進行UNDO動作。

   (2) REDO( )串列中的交易T2有執行寫入動作，也就是<write, T2, z, 3, 15>與<write, T2, x, 5, 55>這兩個交易寫入動作由上而下重新執行一次。

本章習題

基本題

1. 請問資料庫可能產生的故障種類有哪三種呢？並說明每一種故障的解決方法。

2. 請說明何謂「系統紀錄（System Log）」呢？

3. 為什麼使用者在遠端對資料庫進行「交易操作」時，並非直接對資料庫進行讀出與寫入動作，請問它是透過什麼機制來處理？並請繪圖說明之。

4. 當某個交易中所有存取資料庫的動作（Read與Write）都已經被成功執行完畢，請問在確認點之後對資料庫的影響為何？

5. 當某個交易中所有存取資料庫的動作（Read與Write）都已經被成功執行完畢，請問在檢查點（check point）之後對資料庫的影響為何？

進階題

1. 假設資訊系統中有五個交易在執行，最後一次「檢查點」發生在t4，而在時間t10時發生系統故障，如下圖所示，請利用「延遲\更新（Deferred Update）」來列出「復原處理」的過程。

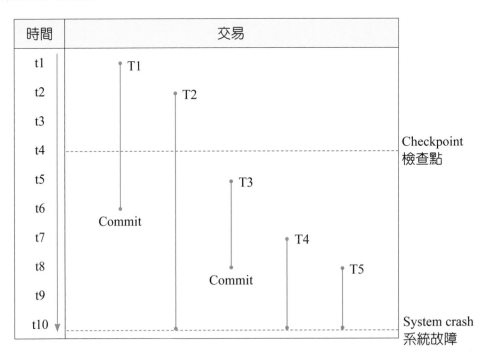

2. 假設資訊系統中有五個交易在執行,最後一次「檢查點」發生在t7,而在時間t10時發生系統故障,如下圖所示,請利用「延遲更新(Deferred Update)」來列出「復原處理」的過程。

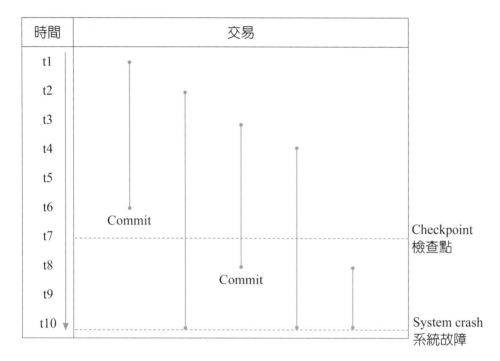

NOTE

CHAPTER **10**

SQL Server

檢視表（View）

本章學習目標

1. 讓讀者瞭解View的意義及如何建立、修改及刪除。
2. 讓讀者瞭解View的種類及各種運用時機。

本章內容

10-1
檢視表（View）

●●●●●

View有人稱為「視界」、「檢視表」或「虛擬資料表」，事實上，不管稱為「視界」或「檢視表」，這些都是由View翻譯過來的名詞，因此，View這個英文字還是最能傳達關聯式資料庫「過濾」的觀念。

定義▶▶ 檢視表（View）其實只是基底表格（Base Table）的一個「小窗口」而已，因為檢視表（View Table）往往只是基底表格的一部分而非全部。

作法▶▶ 我們可以利用SQL結構化查詢語言，將我們需要的資料從各個資料表中挑選出來，整合成一張新的資料表。

概念圖▶▶

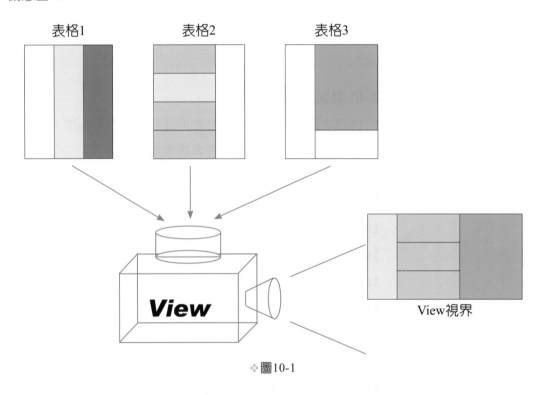

表格1　　　　表格2　　　　表格3

View

View視界

❖圖10-1

View與ANSI/SPARC架構的關係

檢視表（View Table）在關聯式系統中的地位相當於ANSI/SPARC資料庫中，三層綱目架構上的外部層（External Level）。因為它只是在實際資料表之外的一個虛擬資料表，實際上並沒有儲存資料。

「基底表格」與「虛擬資料表」的關係

假設現在有兩個基底表格（Base Table），分別為「課程資料表」及「老師資料表」，在透過SQL查詢之後，合併成一個使用者需求的資料表，即稱為「虛擬資料表」。如下圖所示：

基底表格(Base Table)

課程資料表

課程代碼	課程名稱	老師編號	學分數	必選修
A001	VB程式語言	T001	4	必
A002	互動式網頁程式設計	T001	3	選
A003	計算機概論	T003	2	必
A004	資料庫系統	T004	3	必
A005	網路教學概論	T005	4	選

老師資料表

老師編號	老師姓名	電子信箱	參考書目
T001	李春雄	t001@icemail.nknu.edu.tw	文京出版
T002	鄭忠煌	t002@icemail.nknu.edu.tw	松崗出版
T003	李慶章	t003@mail.tnssh.tn.edu.tw	文魁出版
T004	葉道明	t004@mail.ltsh.ilc.edu.tw	旗標出版
T005	溫嘉榮	t005@mail.ltsh.ilc.edu.tw	全華出版

View Select

檢視表格(View Table)

虛擬資料表

老師姓名	課程名稱	參考書目
李春雄	VB程式語言	文京出版
李春雄	互動式網頁程式設計	文京出版
李慶章	計算機概論	文魁出版
葉道明	資料庫系統	旗標出版
溫嘉榮	網路教學概論	全華出版

圖10-2

說明 ▸▸ 檢視表（View Table）的資料來源在於數個基底表格（Base Table）；也就是說，透過View Select語法的查詢，來建立一個新的虛擬資料表，使用者可以依不同的需求，來撰寫不同的SQL指令，進而查詢出使用者所需要的結果。

10-2 View的用途與優缺點

檢視表View的主要用途，就是可以提供不同的使用者不同的查詢資訊。因此，我們可以歸納為下列幾項用途：

1. 讓不同使用者對於資料有不同的觀點與使用範圍。

   例如：教務處是以學生的「學業成績」為主要觀點。

   學務處是以學生的「操行成績」為主要觀點。

2. 定義不同的視界，讓使用者看到的是資料過濾後的資訊。

   例如：一般使用者所看到的資訊只是管理者的部分子集合。

3. 有保密與資料隱藏的作用。

　　例如：個人可以看到個人全部資訊，但是，無法觀看他人的資料（如：薪資、紅利、年終獎金等）。

4. 絕大部分的視界僅能做查詢，不能做更新。

【View的優點】

1. 降低複雜度

　　如果我們要查詢的資料是來自多個資料表時，利用檢視表View就可以將所要查詢的欄位資料集合成檢視表中的欄位。亦即把複雜的表格關係利用View來表現，較能提高閱讀性。

　　例如：公司老闆所需的摘要式資訊報表。

2. 提高保密性

　　如果我們不想公開整個資料表中的全部欄位資料時，則利用檢視表View就可以有效地隱藏個人的隱私資料，以達成保密措施。亦即針對不同使用者，可產生不同權限設定的View。

　　例如：公司員工只能查詢個人的薪資，無法查詢他人。

3. 提高程式維護性

　　當應用程式透過檢視表View來存取資料表時，如果基底表格的架構改變時，無需改變應用程式，只要修改檢視表View即可。

　　例如：當公司員工升遷為經理時，則查詢的權限直接升級。

【View的缺點】

1. 執行效率差

　　因為檢視表View每次都是經由多個資料表合併產生的，所以，必須花費較多時間。

2. 操作限制較多

　　因為檢視表View在進行「刪除及修改」資料時，必須要符合某些特定的條件才能夠更新。例如：檢視表的建立指令不能包含GROUP BY、DISTINCT、聚合函數。

10-3
建立檢視表（Create View）

定義▶▶ 是指建立「檢視表」（或稱視界、虛擬資料表）。

格式▶▶

```
CREATE 檢視表 View 名稱 [( 欄位 1, 欄位 2, …, 欄位 n)]
[WITH {Encryption | SchemaBinding]
AS
SELECT < 屬性集合 >
FROM < 基底表格 >
[WHERE < 條件 >]          Select_statement
[GROUP BY < 屬性集合 >]
[HAVING < 條件 >]
[WITH Check Option]
```

說明▶▶ 1. WITH Encryption關鍵字：是指建立檢視表的同時設定「加密」之選項。但是，一旦被加密之後的檢視表，就無法再進行解密。因此，必須要再重寫。所以，一般的作法就是：製作二份檢視表，一份是沒有加密（維護使用），另一份則是已加密。

2. WITH SchemaBinding關鍵字：是指用來繫結檢視表底層表格的結構，亦即當檢視表所參考的來源資料表的結構有被異動時，DBMS將會自動產生警告訊息。

3. WITH Check Option關鍵字：是指用來檢查異動資料項是否符合設定的限制條件。

注意 基本上，檢視表中的欄位名稱都是來自於Select_statement中的<屬性集合>，因此，「檢視表」中的欄位名稱之資料型態會與「基底表格」中的欄位名稱相同。

建立來自「單一資料表」的檢視表

定義▶▶ 是指檢視表中的欄位名稱是來自於「單一資料表」。

範例▶▶ 建立一個「學生檢視表」，而資料來源是底層的「學生資料表」。

解答▶▶ 步驟一：撰寫以下的SQL指令。

SQL指令
use ch10_DB go CREATE VIEW 學生檢視表 AS 　　SELECT * 　　FROM 學生資料表

步驟二：按「執行」鈕。

步驟三：查詢執行結果「ch10_DB／檢視／dbo.學生檢視表／選取前1000個資料列」。

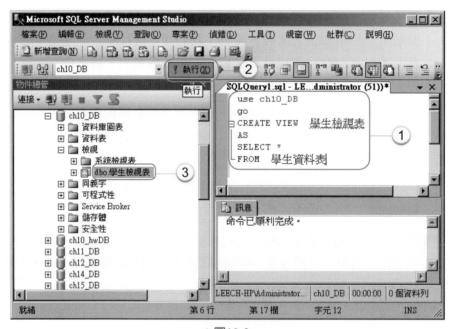

❖圖10-3

❖ 圖10-4

❖ 圖10-5

建立來自「多個資料表」的檢視表

定義▶▶ 是指檢視表中的欄位名稱是來自於「多個資料表」。

範例▶▶ 建立一個「資管系學生檢視表」，而資料來源是底層的「學生資料表」與
「科系代碼表」。

解答▶▶ 步驟一：撰寫以下的SQL指令。

SQL 指令
use ch10_DB
go
CREATE VIEW　資管系學生檢視表
AS
SELECT A. 學號 , 姓名 , 系名 , 系主任
FROM　學生資料表 AS A, 科系代碼表 AS B
WHERE A. 系碼 =B. 系碼 AND 系名 =' 資管系 '

步驟二：按「執行」鈕。

步驟三：查詢執行結果「ch10_DB／檢視／dbo.資管系學生檢視表／選取前
1000個資料列」。

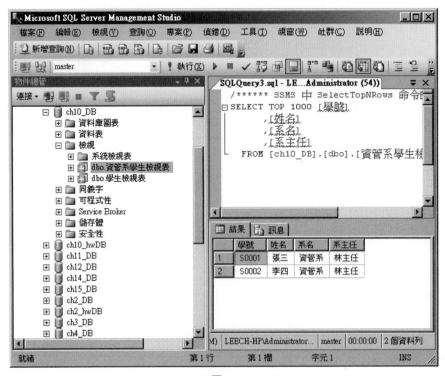

❖圖10-6

建立來自「一個檢視表及一個基底表格」的檢視表

定義►► 是指檢視表中的欄位名稱是來自於「一個檢視表及一個基底表格」。

範例►► 建立一個「資管系學生選課之檢視表」，而資料來源是底層的「選課資料表」及一個「資管系學生檢視表」。

解答►► 步驟一：撰寫以下的SQL指令。

SQL 指令
use ch10_DB go CREATE VIEW　資管系學生選課之檢視表 AS 　　SELECT A.學號 , 姓名 , 課號 , 成績 　　FROM　資管系學生檢視表 AS A, 選課資料表 AS B 　　WHERE A.學號 =B.學號 AND 系名 =' 資管系 '

步驟二：按「執行」鈕。

步驟三：查詢執行結果「ch10_DB／檢視／dbo.資管系學生選課之檢視表／選取前1000個資料列」。

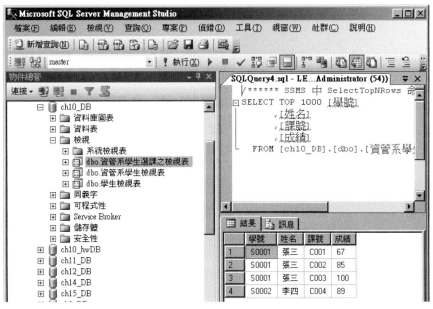

❖圖10-7

建立來自「一個具有別名」的檢視表

定義▶▶ 是指檢視表中的欄位名稱「具有別名」，或來自具有別名的資料表。

範例▶▶ 建立一個「科系對照檢視表」，而資料來源是底層的「學生資料表」與「科系代碼表」，並利用別名將「系碼」別名命為「科系代碼」，「系名」別名命為「科系名稱」。

解答▶▶ 方法一：在SELECT敘述後使用別名。

SQL 指令
use ch10_DB
go
CREATE VIEW　科系對照檢視表 _1
AS
SELECT A. 學號 , 姓名 , B. 系碼 AS 科系代碼 , 系名 AS 科系名稱
FROM　學生資料表 AS A, 科系代碼表 AS B
WHERE A. 系碼 =B. 系碼 AND 系名 =' 資管系 '

方法二：在檢視表名稱後加入別名。

SQL 指令
use ch10_DB
go
CREATE VIEW　科系對照檢視表 _2(學號 , 姓名 , 科系代碼 , 科系名稱)
AS
SELECT A. 學號 , 姓名 , B. 系碼 , 系名
FROM　學生資料表 AS A, 科系代碼表 AS B
WHERE A. 系碼 =B. 系碼 AND 系名 =' 資管系 '

執行結果▶▶

❖圖10-8

建立一個具有「加密」的檢視表

定義 ▶▶ 是指檢視表是可以被「加密」的。

範例 ▶▶ 建立一個「產品訂價加密檢視表」，而資料來源是底層的「產品資料表」。

解答 ▶▶ 步驟一：撰寫以下的SQL指令。

SQL 指令
use ch10_hwDB go CREATE VIEW　產品訂價加密檢視表 **WITH Encryption** AS 　　SELECT　產品代號 , 產品名稱 , 訂價 　　FROM　dbo. 產品資料表

步驟二：按「執行」鈕。

步驟三：查詢執行結果「ch10_hwDB／檢視／dbo.產品訂價加密檢視表」。

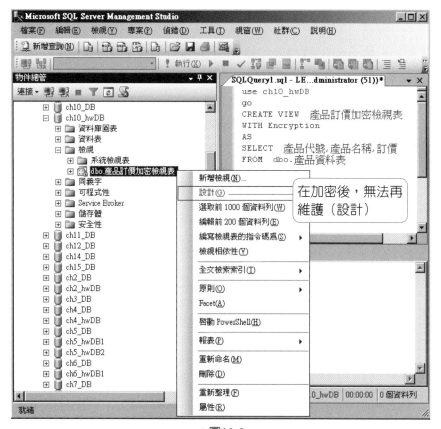

❖圖10-9

注意 一旦被加密之後的檢視表，就無法再進行解密，因此，必須要再重寫。

建立一個具有「繫結底層表格結構」的檢視表

定義▶▶ 是指利用「WITH SchemaBinding」建立一個具有「繫結底層表格結構」的檢視表。

範例▶▶ 建立一個「資管系學生檢視表」，而資料來源是底層的「學生資料表」與「科系代碼表」。

解答▶▶ 步驟一：撰寫以下的SQL指令。

SQL指令
use ch10_DB
go
CREATE VIEW   繫結學生表與科系表底層表格結構檢視表
WITH SchemaBinding
AS
SELECT A. 學號 , 姓名 , 系名 , 系主任
FROM   DBO. 學生資料表 AS A, DBO. 科系代碼表 AS B
WHERE A. 系碼 =B. 系碼

步驟二：將「學生資料表」中的「系碼」欄位名稱修改為「科系代碼」名稱。

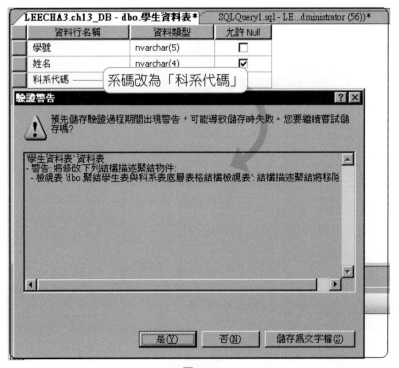

❖圖10-10

說明▶▶ 由於「繫結學生表與科系表底層表格結構檢視表」的資料來源是底層的「學生資料表」與「科系代碼表」，因此，當「學生資料表」中的「系碼」欄位名稱改為「科系代碼」名稱時，將會顯示錯誤訊息。

建立一個具有「檢查異動資料的值組完整性」規則的檢視表

定義▶▶ 是指利用「WITH Check Option」建立一個具有「檢查異動資料的值組完整性」規則的檢視表。

範例▶▶ 建立一個「資管系學生成績及格成績之檢視表」，而資料來源是底層的「選課資料表」及一個「資管系學生檢視表」（註：及格為60分）。

解答▶▶

SQL指令
use ch10_DB go CREATE VIEW　資管系學生成績及格成績之檢視表 AS 　　SELECT A. 學號 , 姓名 , 課號 , 成績 　　FROM　資管系學生檢視表 AS A, 選課資料表 AS B 　　WHERE A. 學號 =B. 學號 AND 系名 =' 資管系 ' And 成績 >=60 　　**WITH Check Option**

執行結果 ▶▶ 修改前

學號	姓名	課號	成績
S0001	張三	C005	73
S0004	陳明	C003	75
S0004	陳明	C004	88
S0004	陳明	C005	68|
NULL	NULL	NULL	NULL

LEECHA3.ch1...生成績及格成績之檢視表

❖圖10-11

修改後

學號	姓名	課號	成績
S0001	張三	C005	73
S0004	陳明	C003	75
S0004	陳明	C004	88
S0004	陳明	C005	50
NULL	NULL	NULL	NULL

LEECHA3.ch1...生成績及格成績之檢視表

❖圖10-12

Microsoft SQL Server Management Studio

沒有更新任何資料列。

資料列 3 中的資料未經過認可。
錯誤來源：.Net SqlClient Data Provider。
錯誤訊息：嘗試插入或更新已經失敗，因為目標檢視指定了 WITH CHECK OPTION 或跨越指定了 WITH CHECK OPTION 的檢視，而該作業產生的一或多個資料列在 CHECK OPTION 條件約束下並不合格。陳述式已經結束。

請更正錯誤後重試，或者按 ESC 鍵取消變更。

確定

❖圖10-13

說明 ▶▶ 由於「資管系學生成績及格成績之檢視表」有加入「限制條件」，所以當輸入的資料違反資料的值組完整性規則時，就會產生錯誤訊息。

10-3-1 新增紀錄到檢視表（Insert View）

定義▶▶ 是指新增資料到已經存在的虛擬表格內。

格式▶▶

> INSERT   INTO 虛擬表格 < 屬性集合 >
> VALUES(<限制值集合> | <SELECT指令>)

範例▶▶ 新增一筆紀錄到學生檢查表中。

解答▶▶

SQL指令
INSERT INTO 學生檢視表 VALUES('S0006', '六合', 'D001')

執行結果▶▶

❖圖10-14

注意 「虛擬表格」新增資料時，「基底資料表」也會自動對映新增資料。

10-3-2　更改檢視表中的紀錄（Update View）

定義 ▶▶　更改虛擬表格中的值組（紀錄）之屬性值。

格式 ▶▶

UPDATE 虛擬表格
SET {<屬性>=<屬性值>}
[WHERE <選擇條件>]

範例 ▶▶　修改學生檢視表中的屬性值。

解答 ▶▶

SQL指令
Update 學生檢視表
Set 系碼='D002'
Where 學號='S0006'

執行結果 ▶▶

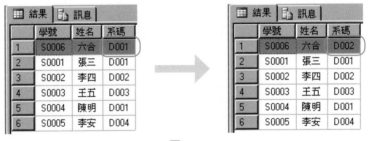

❖ 圖10-15

注意　虛擬表格修改資料時，基底資料表也會自動對映修改資料。

↘ 重 要 觀 念

　　基本上，我們也可以透過檢視表來「刪除及修改」資料，但是檢視表在進行操作時，必須符合下列條件方能成為可更新：

1. 檢視表的來源資料表只能有一個資料表。

2. 檢視表的建立指令中不含GROUP BY、DISTINCT、聚合函數。

3. 檢視表必須要包含原資料表的主鍵，否則無法異動。

4. SELECT指令中不可直接含有DISTINCT關鍵字。

5. 不能有GROUP BY子句，也不能有HAVING子句。

6. 異動反應到基底資料表時，也必須符合基底資料表的條件約束。

10-4
修改檢視表（Alter View）

定義 ▶▶ 是指修改已經存在的虛擬表格。

格式 ▶▶ 與Create View相同，只是將Create改為Alter。

> ALTER　VIEW 檢視表名稱 [(欄位 1, 欄位 2, …, 欄位 n)]
>
> [WITH ENCRYPTION]
>
> AS
>
> SELECT <屬性集合>
>
> FROM <基本表>
>
> [WHERE <條件>]
>
> [GROUP BY <屬性集合>]
>
> [HAVING <條件>]
>
> [WITH CHECK OPTION]

修改「檢查異動資料的值組完整性」的檢視表之條件

定義 ▶▶ 是指利用「ALTER VIEW」修改已經設定「檢查異動資料的值組完整性」規則的檢視表。

範例 ▶▶ 取消已經建立的「資管系學生成績及格成績之檢視表」的「檢查異動資料的值組完整性」規則。（註：假設及格改為70分）

解答 ▶▶

SQL指令
use ch10_DB
go
ALTER VIEW　資管系學生成績及格成績之檢視表
AS
SELECT A.學號, 姓名, 課號, 成績
FROM　資管系學生檢視表 AS A, 選課資料表 AS B
WHERE A.學號 =B.學號 AND 系名='資管系' And 成績>=70

取消具有「加密」的檢視表

定義▶▶ 是指利用「ALTER VIEW」修改已經設定「加密」的檢視表。

範例▶▶ 取消「產品訂價加密檢視表」中的加密功能。

解答▶▶

SQL指令
use ch10_DB go ALTER VIEW　產品訂價加密檢視表 AS SELECT　產品代號, 產品名稱, 訂價 FROM　dbo. 產品資料表

執行結果▶▶ 檢視表在取消「加密」功能之後,就可以針對檢視表來編輯(設計)。

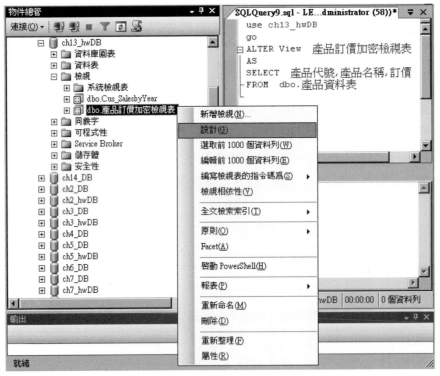

❖圖10-16

取消具有「繫結底層表格結構」的檢視表

定義▶▶ 是指利用「ALTER VIEW」修改已經設定「繫結底層表格結構」的檢視表。

範例▶▶ 取消「資管系學生檢視表」中的繫結底層表格結構。

解答▶▶

SQL指令
use ch10_DB go ALTER VIEW　繫結學生表與科系表底層表格結構檢視表 AS SELECT A.學號, 姓名, 系名, 系主任 FROM　DBO. 學生資料表 AS A, DBO. 科系代碼表 AS B WHERE A.系碼 =B.系碼

10-5
刪除檢視表（Drop View）

定義▶▶　是指刪除已經存在的虛擬表格。

格式▶▶　與Create View相同，只是將Create改為Drop。

DROP　VIEW　檢視表名稱

注意 Drop View並不會影響到該視界所參考的基底資料表。

一次刪除一個檢視表

範例▶▶　請刪除「學生檢視表」。

SQL指令
use ch10_DB go DROP VIEW 學生檢視表

一次同時刪除多個檢視表

範例▶▶　請刪除「科系對照檢視表_1」與「科系對照檢視表_2」。

SQL指令
use ch10_DB go DROP VIEW 科系對照檢視表_1, 科系對照檢視表_2

10-6

常見的視界表格（View Table）

●●●●●

在我們學會以上單元之後，接下來，我們來說明目前常用的視界表格種類。基本上，常見有三種：

1. 行列子集視界（Row-Column Subset Views）

2. 合併多個關聯表視界（Join Views）

3. 統計彙總視界（Statistic Summary Views）

一、行列子集視界（Row-Column Subset Views）

定義▶▶ 是指從單一個資料表或視界來過濾不必要的資料，所以在行或列的資料上，都會少於或等於原本資料表。

優點▶▶ 1. 資料以更簡化的形式呈現。

2. 同時兼具保密的功能。

3. 將不願意開放的資料隱藏起來。

使用時機▶▶ 對於安全性及保密性要求較高的情況。

範例▶▶ 請在老師資料表中，隱藏教師的「薪資資料」。

原始的資料表：

	老師編號	老師姓名	研究領域
1	T0001	張三	數位學習
2	T0002	李四	資料探勘
3	T0003	王五	知識管理

SQL指令
use ch10_DB
go
CREATE VIEW 隱藏薪資的老師資料表
AS
SELECT 老師編號, 老師姓名, 研究領域
FROM dbo.老師資料表

執行結果 ⏭

	老師編號	老師姓名	研究領域
1	T0001	張三	數位學習
2	T0002	李四	資料探勘
3	T0003	王五	知識管理
4	T0004	李安	軟體測試

圖10-17

說明 ⏭ 只顯示老師的編號、姓名及研究領域，而看不到老師的薪資。

二、合併多個關聯表視界（Join Views）

定義 ⏭ 是指將兩個以上的資料表或視界依循符合某條件合併後，產生另一個新的視界。

優點 ⏭ 1. 讓使用者不必經過合併運算，便取得相關表格的欄位資料。例如：利用「虛擬資料表」直接查詢。

2. 使用檢視表可以簡化繁雜的合併操作。

3. 可以省去每次都要輸入一連串查詢敘述的困擾。

使用時機 ⏭ 對於常用的固定查詢。

範例1 ⏭ 產生一個「資料庫系統」前三名的學生成績單之虛擬資料表。

SQL 指令

```
use ch10_DB
go
CREATE VIEW DB 前三名成績單 AS
SELECT TOP 3   姓名 , 課程名稱 , 成績
FROM   學生資料表 AS A, 選課資料表 AS B, 課程資料表 AS C
WHERE   A. 學號 = B. 學號
AND C. 課程代號 = B. 課號
AND C. 課程代號 = 'C005' Order by 成績 Desc
```

執行結果 ▶▶

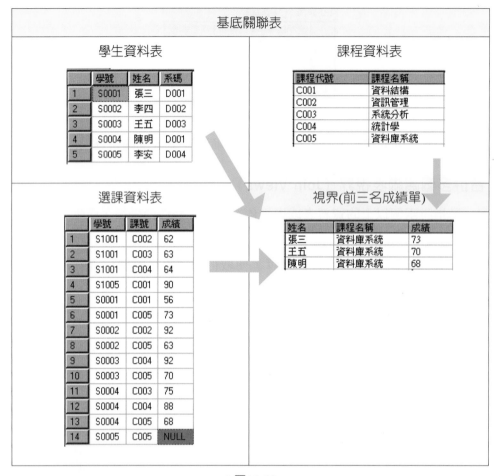

❖圖10-18

範例2 ▶▶ 承範例1，在「DB前三名成績單」之虛擬資料表中，再進一步查詢出大於（含）70分以上的學生資料。

SQL指令
Select *
From 前三名成績單
Where 成績>=70

執行結果 ▶▶

姓名	課程名稱	成績
張三	資料庫系統	73
王五	資料庫系統	70

❖圖10-19

三、統計彙總視界（Statistic Summary Views）

定義 ▶▶ 藉由一些聚合函數來做運算，產生新的資料欄位。例如：計算加總、平均等等，放在一個新的欄位裡。

優點 ▶▶ 檢視表僅顯示彙總後的資料，簡化複雜的操作過程。

使用時機 ▶▶ 計算較複雜的數學運算。

範例 ▶▶ 計算出每一位學生的學期總成績之虛擬資料表。

SQL指令
use ch10_DB go Create VIEW 學生成績加總(學號, 總成績) As Select 學號, Sum(成績) From 選課資料表 Group by 學號

執行結果 ▶▶

	學號	總成績
1	S0001	129
2	S0002	155
3	S0003	162
4	S0004	231
5	S0005	NULL
6	S1001	189
7	S1005	90

❖圖10-20

10-7 檢視表與程式語言結合

在我們學會如何利用SQL語言來撰寫「View」之後，接下來我們介紹，如何利用應用程式來呼叫資料庫管理系統中的「檢視表」。在本書中，筆者以VB程式語言來呼叫。

實作 ▶▶ 請利用VB呼叫第10-3節所建立的「資管系學生檢視表」之檢視表。

程式碼

```vb
Imports System.Data
Imports System.Data.SqlClient
Public Class Form1
Private Sub Button1_Click(ByVal sender As System.Object, ByVal e
As System.EventArgs) Handles Button1.Click
        Dim Source As String              ' 宣告連線的字串
        Source = "server=localhost;"      ' 伺服器
        Source += "database=ch10_DB;"     ' 資料庫
        Source += "user id=sa;"           ' 登入的帳號
        Source += "password=AAABBBCCC"    ' 密碼 (依您的情況而定)
        Dim conn As SqlConnection         ' 宣告連線的物件
        conn = New SqlConnection(Source)  ' 連線
        conn.Open()                       ' 開啟資料庫
        Dim SelectCmd As String
        SelectCmd = "select * from 資管系學生檢視表"
        '宣告物件
        Dim DtApter As SqlDataAdapter
        Dim DtSet As DataSet
        DtApter = New SqlDataAdapter(SelectCmd, conn) ' VB連結預存程序
        DtSet = New DataSet
        '讀取資料表
        DtApter.Fill(DtSet, "學生VIEW")
        DataGridView1.DataSource = DtSet.Tables("學生VIEW")
        conn.Close()                      ' 關閉資料庫
    End Sub
End Class
```

執行結果▶▶

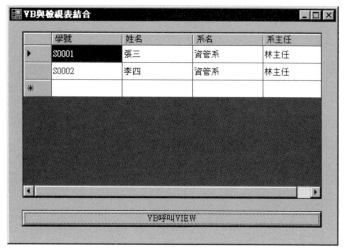

❖ 圖10-21

基本題

1. 請說明檢視表（View）的定義及與ANSI/SPARC架構的關係。

2. 請列出檢視表（View）的用途與優缺點。

3. 當我們利用檢視表View進行「刪除及修改」資料時，必須要符合哪些特定的條件才能夠更新。

4. 請列出目前常用的視界表格種類。

5. 請說明「行列子集視界」的定義、優點及使用時機。

6. 請說明「合併多個關聯表視界」的定義、優點及使用時機。

7. 請說明「統計彙總視界」的定義、優點及使用時機。

進階題

1. 請利用「ch10_DB」資料庫中的「學生資料表」與「選課資料表」來建立一個 View，以查詢「每一位學生平均成績」。並顯示出「學號, 姓名, 平均成績」。

2. 承上一題，再進行篩選條件（平均成績大於或等於90分者）。

3. 請利用「ch10_DB」資料庫中的「老師資料表」與「課程資料表」來建立一個 View，以查詢每一位老師開課資料，其中包括尚未開課的老師也要列出。

	老師編號	老師姓名	研究領域	課程代號	課程名稱
1	T0001	張三	數位學習	C001	程式設計
2	T0001	張三	數位學習	C002	資料庫
3	T0001	張三	數位學習	C003	資料結構
4	T0002	李四	資料探勘	C004	系統分析
5	T0002	李四	資料探勘	C005	計算機概論
6	T0003	王五	知識管理	NULL	NULL
7	T0004	李安	軟體測試	NULL	NULL

4. 承上一題，請撰寫出尚未開課的老師的檢視表View。

	老師編號	老師姓名
1	T0003	王五
2	T0004	李安

5. 請利用「ch10_DB」資料庫中的「老師資料表」與「課程資料表」來建立一個 View，以查詢每一門課程資料，其中包括尚未被老師開課的課程也要列出。

	老師姓名	課程代號	課程名稱	學分數	老師編號
1	張三	C001	程式設計	4	T0001
2	張三	C002	資料庫	4	T0001
3	張三	C003	資料結構	3	T0001
4	李四	C004	系統分析	4	T0002
5	李四	C005	計算機概論	3	T0002
6	NULL	C006	數位學習	3	NULL
7	NULL	C007	知識管理	3	NULL

6. 承上一題，請撰寫程式找出哪些課程尚未被老師開課的檢視表View。

	課程代號	課程名稱
1	C006	數位學習
2	C007	知識管理

7. 請利用「ch10_DB」資料庫中的「學生成績表」來建立一個View，以查詢哪些同學的「資料庫」成績高於平均成績。

	學號	姓名	資料庫	資料結構	程式設計
1	S0001	一心	100	85	80
2	S0003	三多	85	75	80
3	S0004	四維	95	100	100
4	S0005	五福	80	65	70

8. 請利用「ch10_hwDB」資料庫中的「學生成績表」來建立一個View，以查詢取得不供應產品P3的供應商名稱。

9. 請利用「ch10_hwDB」資料庫來建立一個View，以查詢客戶年度之總訂單金額。

	客戶代號	客戶姓名	年度	總金額
1	C01	張三	2008	81000.00
2	C01	張三	2009	98900.00
3	C02	李四	2009	10000.00
4	C03	王六	2009	40500.00

10. 承上一題，搭配TOP+ORDER BY來建立一個View，查詢客戶年度之總訂單金額。

	客戶代號	客戶姓名	年度	總金額
1	C01	張三	2009	98900.00
2	C01	張三	2008	81000.00
3	C03	王六	2009	40500.00
4	C02	李四	2009	10000.00

CHAPTER **11**

SQL Server

預存程序

11-1 何謂預存程序（Stored Procedure）

●●●●●

定義▶▶ 預存程序就像是程式語言中的副程式，我們可以將常用的查詢或對資料庫進行複雜的操作指令預先寫好，存放在資料庫裡，這些預先儲存的整批指令就稱為「預存程序」。

作法▶▶ 將整批SQL指令預先寫好，存放在資料庫裡面，然後在適當的時機以單一SQL指令執行它。

未使用與使用預存程序之差異

撰寫SQL指令，基本上有兩種方法：

1. 未使用預存程序：是指將T-SQL程式儲存在用戶（Client）端。

2. 使用預存程序：是指將T-SQL程式儲存為SQL Server的預存程序。

未使用預存程序

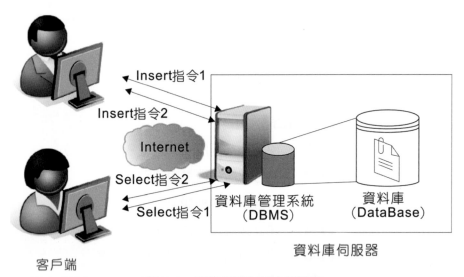

❖圖11-1　未使用預存程序架構圖

說明▶▶ 當使用者對資料庫有許多查詢需求時，客戶端的應用程式就必須每次都要發佈一連串的SQL指令，如此一來，將會導致「客戶端」與「資料庫伺服器」之間的負荷提高，並且降低執行效率。

使用預存程序

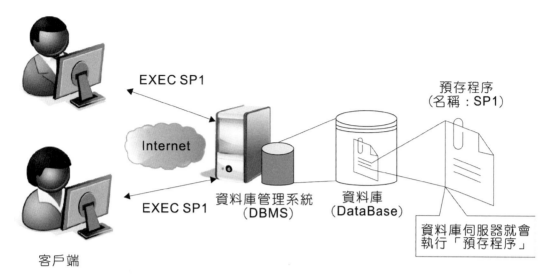

❖圖11-2　使用預存程序架構圖

說明▸▸　當使用者對資料庫有許多查詢需求時，則客戶端的應用程式只需要發佈呼叫「預存程序」的指令即可。因此，就不需要每次都發佈一連串的SQL指令。如此一來，將可以降低「客戶端」與「資料庫伺服器」之間的負荷，並且提高執行效率。

11-2　預存程序的優點與缺點

　　由於預存程序是一種直接在資料庫伺服端上執行的SQL程序，因此，客戶端的「使用者」只要透過呼叫預存程序名稱，即可執行「資料庫伺服端」上的預存程序之SQL指令。基本上，我們會將「常用」且「固定」異動操作（如：新增、修改、刪除）或查詢動作撰寫成預存程序，以達到以下四項優點：

一、預存程序（Store Procedure）優點

1. 提高執行效率

　　預存程序（Store Procedure）的每一行SQL指令只要事先編譯過一次，就可以進行剖析和最佳化；而傳統的T-SQL指令，則是每次執行時都要反覆地從用戶端傳到伺服器。因此，預存程序比傳統T-SQL指令的執行速度來得快。

2. 減少網路流量

利用EXECUTE指令來執行預存程序時，就不需要每次在網路上傳送數十行至數百行的T-SQL程式碼。只要在前端送出一條執行預存程序的指令即可。

3. 增加資料的安全性

預存程序與檢視表相同，都是將使用者常用且固定的查詢操作，利用T-SQL指令撰寫成一段類似副程式的程序，讓使用者不會直接接觸到基底資料表，以達到資料的安全性。

4. 模組化以便重複使用

設計者只要建立一次預存程序，並且將它儲存在資料庫中，爾後就可以提供不同使用者重複使用。

二、預存程序（Store Procedure）缺點

✦ 可攜性較差

可攜性較差是預存程序的主要缺點，因為每一家RDBMS廠商所提供的預存程序之程式語法不盡相同。MS SQL Server是以T-SQL來撰寫預存程序；Oracle則用PL-SQL。

11-3 預存程序的種類

●●●●

基本上，在SQL Server中提供三種不同的預存程序讓使用者呼叫。

一、系統預存程序

定義▶▶ 它是以sp_開頭名稱，所建立的預存程序。

目的▶▶ 用來管理或查詢系統相關的資訊。

執行步驟▶▶ 進入SQL Server Enterprise Manager→執行「資料庫／ch11_DB／可程式性／預存程序／系統預存程序」找到系統提供的預存程序。如下所示：

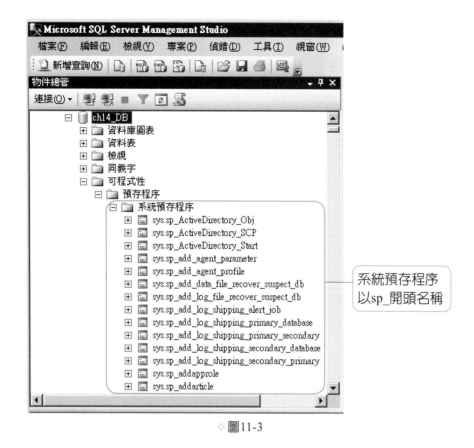

系統預存程序
以sp_開頭名稱

❖圖11-3

範例▶▶ 請先建立一個檢視表—「高雄市客戶檢視表」，再透過sp_helptext「系統預
存程序」來查詢此檢視表的T-SQL指令。

程式碼

```
use ch11_DB
go
Create View 高雄市客戶檢視表
AS
Select *
From dbo.客戶資料表
Where 城市='高雄市'
go
Select * From 高雄市客戶檢視表
Exec sp_helptext '高雄市客戶檢視表'  --查詢此檢視表的T-SQL指令
```

執行結果▶▶

❖ 圖11-4

範例1▶▶ 利用「系統預存程序」來查詢目前資料庫系統的使用者有哪些？

程式碼

```
Exec sp_who
go
```

執行結果▶▶

❖ 圖11-5

您可以直接指定查詢「sa」的處理程序。

```
Exec sp_who 'sa'
```

您也可以直接查詢目前正在使用中的處理程序。

```
Exec sp_who 'active'
```

範例2 ▶▶ 利用sp_detach_db「系統預存程序」來卸離資料庫。

程式碼

```
EXEC sp_detach_db 'ch11_DB'
```

注意 在進行卸離資料庫動作時,必須將游標移到其他資料庫,否則無法進行。

範例3 ▶▶ 利用sp_attach_db「系統預存程序」來附加資料庫。

首先將附書光碟中的ch11_DB.mdf與ch11_DB_log.ldf這兩個檔案同時複製到「D:\dbms」目錄下。

程式碼

```
EXEC sp_attach_db 'ch11_DB',
    'D:\dbms\ch11_DB.mdf',
    'D:\dbms\ch11_DB_log.ldf'
```

範例4 ▶▶ 利用sp_helpdb「系統預存程序」來查詢目前全部的資料庫。

程式碼

```
EXEC sp_helpdb
```

範例5 ▶▶ 利用sp_renamedb「系統預存程序」來更改指定資料庫的名稱。

程式碼

```
EXEC sp_renamedb 'ch11_DB_OLD', 'ch11_DB_NEW'
```

二、擴充預存程序

定義 ▶▶ 是指利用傳統程式語言來撰寫預存程序，以擴充T-SQL的功能。並且它是以 xp_開頭名稱，所建立的預存程序。

目的 ▶▶ 用來處理傳統T-SQL程式無法達成的功能。

執行步驟 ▶▶ 進入SQL Server Enterprise Manager→執行「資料庫／ch11_DB／可程 式性／預存程序／系統預存程序」找到系統提供的預存程序。如下所 示：

❖ 圖11-6

三、使用者自定預存程序

定義 ▶▶ 是指由使用者自行設計預存程序，其方法與撰寫一般的副程式相同，都必須 要命名一個名稱，但是在命名時最好不要以sp_或xp_開頭，否則容易與系統 預存程序與擴充預存程序混淆。

目的 ▶▶ 可以依使用者的需求來設計預存程序。

執行步驟 ▶▶ 進入SQL Server Enterprise Manager→執行「資料庫／ch11_DB／可程 式性／預存程序」。如下所示：

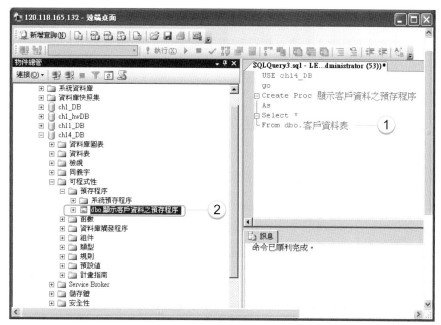

❖ 圖11-7

11-4

建立與維護預存程序

在本節中,我們將介紹如何建立預存程序,並且在建立之後,如何維護此預存程序。

11-4-1 建立預存程序

定義▶▶ 資料庫管理師依使用者的需求來建立預存程序。

語法▶▶

```
CREATE PROC[EDURE] procedure_name[;number]

    [ {@parameter data_type} [VARYING] [= default] [OUTPUT] ]

    [WITH { RECOMPILE | ENCRYPTION | RECOMPILE, ENCRYPTION }]

    [FOR REPLICATION]

AS

    T-SQL_Statement
```

符號說明▶▶

1. { | }代表在大括號內的項目是必要項,但可以擇一。

2. [ ]代表在中括號內的項目是非必要項,依實際情況來選擇。

關鍵字說明▶▶

1. PROC[EDURE]：建立預存程序的關鍵字有兩種寫法：

   (1) 簡寫：PROC

   (2) 全名：PROCEDURE

2. procedure_name：代表欲建立的預存程序的名稱。

3. number：用來管理相同預存程序之群組。

4. @parameter data_type：用來宣告參數的資料型態。以作為預存程序傳入或傳出之用。

5. default：用來設定所宣告之參數的預設值。

6. OUTPUT：用來輸出參數傳回的結果。

7. RECOMPILE：代表每次執行此預存程序時，都會再重新編譯。其目的是當預存程序有異動時，能夠提供最佳的執行效能。但是，如果有指定FOR REPLICATION時，就不能指定此選項功能。

8. ENCRYPTION：用來將設計者撰寫的預存程序進行編碼，亦即所謂的「加密」。

9. FOR REPLICATION：是指用來設定此預存程序只能提供「複寫」功能。

   注意 此選項功能不能與WITH RECOMPILE同時使用。

實作▶▶ 將目前的「客戶資料表」中，住在「高雄市」的客戶，建立成一個預存程序。

1. 建立預存程序

```
use ch11_DB
go
Create PROC 高雄市客戶之預存程序
AS
Select *
From dbo.客戶資料表
Where 城市='高雄市'
```

2. 執行預存程序

```
EXEC 高雄市客戶之預存程序
```

執行結果 ▸▸

	客戶代號	客戶姓名	電話	城市	區域
1	C02	李四	07-7878788	高雄市	三民區
2	C05	陳明	07-3355777	高雄市	三民區

❖圖11-8

注意 預存程序內的欄位名稱是來自於SQL敘述中的Select後的欄位串列。

隨堂練習

Q1

請利用T-SQL指令,在「產品資料表」中,將訂價超過2000元以上的產品,其「產品代號」、「產品名稱」及「訂價」建立成高價位產品之預存程序(命名為: MyProc1)。

A

程式碼

```
USE ch11_DB
go
Create Proc MyProc1   /*建立高價位產品之預存程序*/
As
Select 產品代號,產品名稱,訂價
From dbo.產品資料表
Where 訂價>2000
```

執行預存程序:

```
EXEC MyProc1   /*執行預存程序*/
```

執行結果:

	產品代號	產品名稱	訂價
1	P1	螢幕	4000
2	P2	滑鼠	3000
3	P5	隨身碟	5000

❖圖11-9

隨堂練習

02 建立預存程序群組

請利用T-SQL指令，在「產品資料表」中，為訂價低於2000元(含)的產品，建立預存程序(命名為：MyProc;1)。

A

程式碼

```
USE ch11_DB
go
Create Proc MyProc;1   /*建立預存程序群組的第一個程序*/
As
Select *
From dbo.產品資料表
Where 訂價<=2000
```

執行預存程序：

```
EXEC MyProc;1   /*執行預存程序*/
```

執行結果：

	產品代號	產品名稱	顏色	訂價	庫存量	已訂購數量	安全存量
1	P3	鍵盤	灰色	2000	10	15	4
2	P4	主機外殼	黑色	1000	10	20	4

❖圖11-10

隨堂練習

Q3 建立預存程序群組

請利用T-SQL指令，在「產品資料表」中，為訂價高於2000元(不含)的產品，建立預存程序(命名為：MyProc;2)。

A

程式碼

```
USE ch11_DB
go
Create Proc MyProc;2   /*建立預存程序群組的第二個程序*/
As
Select *
From dbo.產品資料表
Where 訂價>2000
Go
```

執行預存程序：

```
EXEC MyProc;2   /*執行預存程序*/
```

執行結果：

	產品代號	產品名稱	顏色	訂價	庫存量	已訂購數量	安全存量
1	P1	螢幕	銀白色	4000	10	10	20
2	P2	滑鼠	白色	3000	10	5	20
3	P5	隨身碟	紅色	5000	50	30	30
4	P6	iPad	NULL	16500	NULL	NULL	NULL

❖圖11-11

11-4-2 修改預存程序

定義▶▶ 用來修改已經存在的預存程序。

語法▶▶ 與建立預存程序相同，只要將Create改為Alter即可。

實作▶▶ 將已經建立完成的「高雄市客戶之預存程序」，改為只列出「客戶姓名、電話及城市」等三個欄位的預存程序。

1. 修改預存程序

```
use ch11_DB
go
Alter PROC 高雄市客戶之預存程序
AS
Select 客戶姓名, 電話, 城市
From dbo.客戶資料表
Where 城市='高雄市'
```

2. 執行預存程序

```
EXEC 高雄市客戶之預存程序
```

執行結果▶▶

❖圖11-12

●● 隨堂練習 ●●

Q 請利用T-SQL指令，修改已經建立的「高價位產品之預存程序」，將列出訂價超過2000元以上的產品的全部欄位名稱列出（命名為MyProc1）。

A

程式碼

```
USE ch11_DB
go
Alter Proc MyProc1    /*建立高價位產品之預存程序*/
As
Select *
From dbo.產品資料表
Where 訂價>2000
```

執行預存程序：

```
EXEC MyProc1    /*執行預存程序*/
```

執行結果:

	產品代號	產品名稱	顏色	訂價	庫存量	已訂購數量	安全存量
1	P1	螢幕	銀白色	4000	10	10	20
2	P2	滑鼠	白色	3000	10	5	20
3	P5	隨身碟	紅色	5000	50	30	30
4	P6	iPad	NULL	16500	NULL	NULL	NULL

❖ 圖11-13

11-4-3 刪除預存程序

定義 ▸▸ 用來刪除已經存在的預存程序。

語法 ▸▸

DROP PROC[EDURE] 預存程序名稱

實作 ▸▸ 將已經建立完成的「高雄市客戶之預存程序」刪除。

```
use ch11_DB
go
DROP PROC 高雄市客戶之預存程序
```

11-5
建立具有傳入參數的預存程序

在前一節中,我們已經學會如何建立基本的預存程序;在本節中,我們將進一步介紹,如何在預存程序中傳入參數,以讓預存程序能夠發揮更大的運用與彈性。

語法 ▸▸

```
CREATE    PROC[EDURE] procedure_name
    [{ @parameter data_type} [= default]] [, …n ]
AS
    T-SQL_Statement
```

說明▶▶   1. PROC[EDURE]：建立預存程序的關鍵字有兩種寫法：

      (1) 簡寫：PROC

      (2) 全名：PROCEDURE

       2. procedure_name：代表欲建立的預存程序的名稱。

       3. @parameter data_type：用來宣告參數的資料型態，以作為預存程序傳入或傳出之用。

       4. default：用來設定所宣告之參數的預設值。

       5. n：代表參數的個數。

實作▶▶   在上一個例子中，我們執行預存程序時，只能建立住在「高雄市」的客戶的預存程序。但是，如果我也想再建立住在其他城市的客戶時，那就必須要利用傳入參數的方式來建立。

       1. 建立預存程序

```
use ch11_DB
go
Create PROC CITY_CUS_PROC
@City CHAR(10) ──────────── 傳遞參數宣告
AS
Select *
From dbo.客戶資料表
Where 城市=@City ──────────── 傳入參數使用
```

       2. 執行預存程序

```
EXEC CITY_CUS_PROC '台北市'
EXEC CITY_CUS_PROC '台南市'
EXEC CITY_CUS_PROC '高雄市'
```

執行結果▶▶

結果	訊息				
	客戶代號	客戶姓名	電話	城市	區域
1	C04	李安	02-2710000	台北市	大安區

	客戶代號	客戶姓名	電話	城市	區域
1	C03	王六	06-6454555	台南市	永康市

	客戶代號	客戶姓名	電話	城市	區域
1	C02	李四	07-7878788	高雄市	三民區
2	C05	陳明	07-3355777	高雄市	三民區

❖ 圖11-14

11-6
建立傳入參數具有「預設值」的預存程序

　　除了使用者指定傳入參數之外，我們也可以使用預設值。因此，其執行優先順序以使用者輸入為主；但是，如果使用者沒有指定傳入參數值，則以預設值來執行。

實作▶▶　請利用傳入參數具有「預設值」，來比較「沒有指定傳入參數」與「有指定傳入參數」之不同。

　　1. 建立預存程序

```
use ch11_DB
go
Create PROC CITY_CUS_PROC
@City CHAR(10)='高雄市'        傳遞參數設定預設值
AS
Select *
From dbo.客戶資料表
Where 城市=@City             傳入參數使用
```

　　2. 執行預存程序：沒有指定傳入參數。執行結果如圖11-15所示。

```
EXEC CITY_CUS_PROC
```

❖圖11-15

　　3. 執行預存程序：有指定傳入參數。執行結果如圖11-16所示。

```
EXEC CITY_CUS_PROC '台北市'
```

❖圖11-16

11-7
傳回值的預存程序

●●●●●

基本上，在撰寫預存程序時，會有三種不同傳回值的方法：

1. 在參數中，利用「OUTPUT」選項來指定參數。

2. 在程序中，利用「RETURN n」，其中n必須是整數。

3. 利用「EXEC」執行T-SQL。

11-7-1 利用OUTPUT傳出參數來傳回值

在預存程序中，我們可以利用OUTPUT「傳出參數」來回傳資料。

實作▶▶ 請利用傳出參數來查詢「產品資料表」中的訂價之差價。

1. 建立預存程序

```
use ch11_DB
go
Create PROC Product_Diff_Price_PROC
 @P_Diff_Price int OUTPUT    --產品差價
AS
Declare @High_Price int      --最高訂價
Declare @Low_Price int       --最低訂價
Select @High_Price=MAX(訂價), @Low_Price=Min(訂價)
From dbo.產品資料表

--計算產品差價
set @P_Diff_Price=@High_Price-@Low_Price
```

2. 執行預存程序

```
Declare @P_Diff int
Exec Product_Diff_Price_PROC @P_Diff OUTPUT
print '產品最高與最低的差價='+ CONVERT(VARCHAR, @P_Diff)
go
```

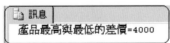

❖ 圖11-17

11-7-2 利用RETURN指令來傳回值

在預存程序中，我們除了可以利用OUTPUT「傳出參數」來回傳資料之外，也可以利用「RETURN」指令來進行。

基本上，如果利用「RETURN」指令來傳回值，大部分是用來判斷某一預存程序是否執行成功。如果執行成功，則傳回0；否則傳回1。

實作▶▶ 請利用「RETURN」指令來傳回產品資料表中指定的產品名稱。

1. 建立預存程序

```
use ch11_DB
go
Create PROC Product_Name_PROC
@P_No char(3)
AS

Select 產品名稱
From dbo.產品資料表
Where 產品代號=@P_No

IF @@ROWCOUNT=0
  return 1   --如果執行不成功，則傳回1
else
  return 0  --如果執行成功，則傳回0
```

2. 執行預存程序：第一種情況－成功找到。執行結果如圖11-18所示。

```
declare @ReValue int
EXEC @ReValue=Product_Name_PROC P2
IF @ReValue=1
  PRINT '找不到此產品的代號'
ELSE
  PRINT '可以找到此產品代號'
```

執行結果▶▶

結果視窗	訊息視窗

❖圖11-18

3. 執行預存程序：第二種情況－未成功找到。執行結果如圖11-19所示。

```
declare @ReValue int
EXEC @ReValue=Product_Name_PROC P20
IF @ReValue=1
  PRINT '找不到此產品的代號'
ELSE
  PRINT '可以找到此產品代號'
```

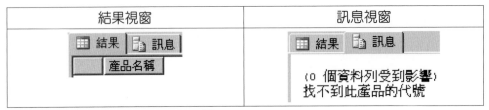

結果視窗	訊息視窗
📊 結果 📄 訊息 產品名稱	📊 結果 📄 訊息 (0 個資料列受到影響) 找不到此產品的代號

❖圖11-19

11-7-3 　利用EXEC執行SQL字串來傳回值

在預存程序中，我們除了可以利用OUTPUT「傳出參數」與「RETURN」指令來回傳資料之外，也可以利用「EXEC」執行SQL字串來傳回值。

實作 ▶▶ 　請利用EXEC執行SQL字串來傳回產品資料表中指定的產品名稱。

1. 建立預存程序

```
use ch11_DB
go
Create PROC Product_PROC
AS
Declare @sqlStr char(200)
Set @sqlStr='Select 產品名稱 From 產品資料表'
EXEC(@sqlStr)
go
```

2. 執行預存程序

```
EXEC Product_PROC
```

執行結果 ▶▶

❖圖11-20

11-8 執行預存程序命令

在我們撰寫完預存程序之後，我們要再透過「EXECUTE」命令來執行。但是，有些預存程序是帶有參數的，因此，要特別注意輸入參數的數目及順序，否則會產生錯誤。

在執行預存程序命令時，基本上，有兩種參數傳入方法：

1. 未指定傳入參數名稱：它必須要按照預存程序中的參數位置順序。

2. 有指定傳入參數名稱：不需要按照預存程序中的參數位置順序。

實作▶▶ 請利用帶有傳入參數的預存程序來比較「未指定」與「有指定」傳入參數名稱，將在「產品資料表」中，產品名稱為「隨身碟」的產品降價20%。

1. 建立預存程序

```
use ch11_DB
go
Create PROC Down_HD_Price_PROC
 @Name CHAR(10),
 @Down_Price float
AS
Update 產品資料表
Set 訂價=訂價*(1-@Down_Price)
Where 產品名稱=@Name
go
```

2. 執行預存程序。執行結果如圖11-21所示。

```
Select * from 產品資料表 Where 產品名稱='隨身碟'
```

執行結果▶▶

	產品代號	產品名稱	顏色	訂價	庫存量	已訂購數量	安全存量
1	P5	隨身碟	紅色	5000	50	30	30

❖圖11-21

未指定傳入參數名稱➜必須要按照預存程序中的參數位置順序。執行結果如圖11-22所示。

```
--隨身碟第一次調降之後
Exec Down_HD_Price_PROC '隨身碟',0.2
Select * from 產品資料表 Where 產品名稱='隨身碟'
```

執行結果▶▶

❖圖11-22

有指定傳入參數名稱➔不需要按照預存程序中的參數位置順序。執行結果如圖11-23所示。

```
--隨身碟第二次調降之後
Exec Down_HD_Price_PROC  @Down_Price=0.2, @Name='隨身碟'
Select * from 產品資料表 Where 產品名稱='隨身碟'
```

執行結果▶▶

	產品代號	產品名稱	顏色	訂價	庫存量	已訂購數量	安全存量
1	P5	隨身碟	紅色	3200	50	30	30

❖圖11-23

11-9 建立具有Recompile選項功能的預存程序 ●●●●●

定義▶▶ 代表每次執行此預存程序時，都會再重新編譯。其目的是當預存程序有異動時，能夠提供最佳的執行效能。但是，如果有指定FOR REPLICATION時，就不能指定此選項功能。

實作▶▶ 請利用傳出參數來查詢「產品資料表」中的「訂價」之差價。

1. 建立預存程序

```
use ch11_DB
go
Create PROC Product_Diff_Price_PROC
 @P_Diff_Price int OUTPUT     --產品差價
WITH RECOMPILE               --重新編譯
AS
Declare @High_Price int      --最高訂價
Declare @Low_Price int       --最低訂價
Select @High_Price=MAX(訂價), @Low_Price=Min(訂價)
From dbo.產品資料表

--計算產品差價
set @P_Diff_Price=@High_Price-@Low_Price
```

2. 執行預存程序。

```
Declare @P_Diff int
Exec Product_Diff_Price_PROC @P_Diff OUTPUT
print '產品最高與最低的差價='+ CONVERT(VARCHAR, @P_Diff)
go
```

執行結果▶▶

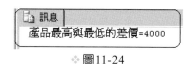

❖ 圖11-24

11-10
建立具有Encryption選項功能的預存程序 ●●●●

定義▶▶ 用來將設計者撰寫的預存程序進行編碼,亦即所謂的「加密」。

實作▶▶ 請撰寫對「產品資料表」中的「訂價」的五成就是「低價」的預存程序。

建立預存程序

```
use ch11_DB
go
Create PROC LOW_Price_PROC
 @P_NO CHAR(2)
 WITH ENCRYPTION
AS
Select 產品代號, 產品名稱, 訂價, 訂價*0.5 as 低價
From dbo.產品資料表
WHERE 產品代號=@P_NO
```

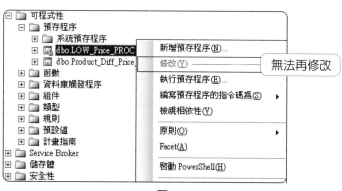

❖ 圖11-25

註: 如果想要同時設定「Recompile」與「Encryption」兩項功能時,則只須在兩項之間
  加入「,」逗點即可。如下所示:

```
WITH  RECOMPILE, ENCRYPTION
```

11-11
如何利用VB程式來呼叫預存程序　●●●●●

　　在我們學會如何利用SQL語言來撰寫「View」之後，接下來，我們來介紹，如何利用應用程式來呼叫資料庫管理系統中的「檢視表」。在本書中，筆者以VB程式語言來呼叫。

　　在本節中，我們將介紹如何利用VB程式語言來呼叫「預存程序」，其常見的呼叫方式有以下兩種：

1. VB連結預存程序（沒有指定傳入參數名稱）
2. VB連結預存程序（有指定傳入參數名稱）

一、VB連結預存程序（沒有指定傳入參數名稱）

定義▶▶ 是指利用VB 2010程式語言來呼叫SQL Server中的「預存程序」。

實作▶▶ 請利用VB呼叫第11-7-3節所建立取出「產品資料表中的產品名稱」之預存程序。

程式碼

```
Imports System.Data
Imports System.Data.SqlClient
Public Class Form1
Private Sub Button1_Click(ByVal sender As System.Object, ByVal e
As System.EventArgs) Handles Button1.Click
    Dim Source As String              ' 宣告連線的字串
    Source = "server=localhost;"      ' 伺服器
    Source += "database=ch11_DB;"     ' 資料庫
    Source += "user id=sa;"           ' 登入的帳號
    Source += "password=AAABBBCCC"    ' 密碼 (依您的情況而定)
    Dim conn As SqlConnection         ' 宣告連線的物件
    onn = New SqlConnection(Source)   ' 連線
    conn.Open()                       ' 開啟資料庫
    '宣告物件
    Dim DtApter As SqlDataAdapter
    Dim DtSet As DataSet
    DtApter = New SqlDataAdapter("Product_PROC", conn)
    'VB連結預存程序
    DtSet = New DataSet
    '讀取資料表
```

```
    DtApter.Fill(DtSet, "產品資料表")
    DataGridView1.DataSource = DtSet.Tables("產品資料表")
    conn.Close()                        ' 關閉資料庫
End Sub
```

執行結果▸▸

❖圖11-26

二、VB連結預存程序（有指定傳入參數名稱）

實作▸▸ 請利用VB呼叫第11-8節所建立「Down_HD_Price_PROC」預存程序，並指定以傳入參數名稱的方式來呼叫，其參數有兩項：

1. @Down_Price=0.2

2. @Name='隨身碟'"

程式碼

```
Private Sub Button2_Click(ByVal sender As System.Object, ByVal e
As System.EventArgs) Handles Button2.Click
    Dim Source As String                ' 宣告連線的字串
    Source = "server=localhost;"        ' 伺服器
    Source += "database=ch11_DB;"       ' 資料庫
    Source += "user id=sa;"             ' 登入的帳號
    Source += "password=AAABBBCCC"      ' 密碼 (依您的情況而定)
    Dim conn As SqlConnection           ' 宣告連線的物件
    conn = New SqlConnection(Source)    ' 連線
    conn.Open()                         ' 開啟資料庫
```

```
        '宣告物件
        Dim DtApter1 As SqlDataAdapter
        Dim DtApter2 As SqlDataAdapter
        Dim DtSet As DataSet
    ' VB連結預存程序(有指定傳入參數名稱)
        DtApter1 = New SqlDataAdapter("Down_HD_Price_PROC @Down_
Price=0.2, @Name='隨身碟'", conn)
    '顯示結果
          DtApter2 = New SqlDataAdapter("Select * from 產品資料表 Where
產品名稱='隨身碟'", conn)
        DtSet = New DataSet
        '讀取資料表
        DtApter1.Fill(DtSet, "產品資料表")
        DtApter2.Fill(DtSet, "產品資料表")
        DataGridView1.DataSource = DtSet.Tables("產品資料表")
        conn.Close()                    ' 關閉資料庫
    End Sub
```

執行結果▶▶

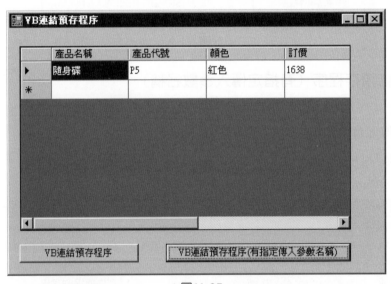

❖圖11-27

基本題

1. 請說明預存程序（Stored Procedure）的定義與作法。

2. 請詳細比較說明沒有使用與有使用預存程序之差異。

3. 請說明預存程序的優點與缺點。

4. 請問在SQL Server中，提供哪三種不同的預存程序呢？

5. 請問在SQL Server中，在撰寫預存程序時，有哪三種不同傳回值的方法呢？

進階題

1. 請在「ch11_DB」資料庫中，利用T-SQL指令建立一個新的預存程式，可以讓使用者新增紀錄到「產品資料表」中（命名為：MyProc2）。

2. 承上一題，請在「ch11_DB」資料庫中，利用T-SQL指令建立一個新的預存程式，並且利用傳出參數來查詢產品資料表中所有產品訂價之總和。

3. 請在「ch11_DB」資料庫中，利用T-SQL指令建立一個新的預存程式，並且利用「RETURN」指令與「OUTPUT」選項來傳回產品資料表中指定的產品名稱。

4. 請利用VB呼叫第11-5節中所建立的「CITY_CUS_PROC」預存程序，並且可以讓使用者自由輸入指定的「城市」名稱。

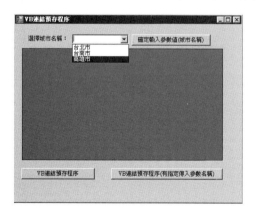
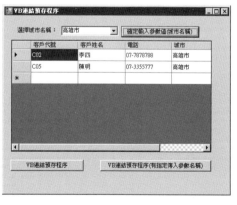

CHAPTER **12**

SQL Server

觸發程序

12-1
何謂觸發程序（TRIGGER） ●●●●●

定義▶▶ 觸發程序是一種特殊的預存程序。觸發程序與資料表是緊密結合的，當資料表發生新增、修改與刪除動作（UPDATE、INSERT或DELETE）時，這些動作會使得事先設定的預存程序自動被執行。

特性▶▶
1. 它是用T-SQL寫的程式。
2. 當某種條件成立時自動地執行。
3. 它是被動地用EXEC指令來執行。
4. 可以確保多個資料表異動時，資料表之間的一致性。
5. 當某資料表異動時，連帶地啟動觸發程序來完成另一項任務。

優點▶▶
1. 觸發程序可以用來確保資料庫的完整性規則。
2. 在分散式的資料庫系統中，利用觸發程序可以確保每一個資料庫之間的一致性。
3. 可以讓系統管理者方便例行性的資料檢查，以便執行補償性措施。

適用時機▶▶
1. 當刪除一筆學生的學籍資料時，順便將該筆資料加入到「休退學資料表」中。
2. 當學生的曠缺課節數高於某一規定的門檻值時，自動寄送mail給學生及家長。
3. 當某產品的庫存量低於安全存量時，自動通知管理者。

【預存程序】與【觸發程序】之差異
1. 觸發程序是一種特殊的預存程序。
2. 預存程序必須要由使用者呼叫時，才會被執行，所以屬於「被動程序」。
3. 觸發程序由於相依於「所屬的資料表」中，所以，當「所屬的資料表」有被異動操作時，就會被執行，所以屬於「主動程序」。

12-2
觸發程序的類型 ●●●●●

觸發程序有五種類型：UPDATE、INSERT、DELETE、INSTEAD OF和AFTER。有了觸發程序，只要您對該表格執行「新增、修改或刪除」時，它就會觸動對應的INSERT、UPDATE或DELETE觸發程序。其中，INSTEAD OF及AFTER兩種類型的說明如下：

1. INSTEAD OF（事前預防）之保護性的觸發程序

    (1) 在異動資料「前」就會先被觸發，以取代（Instead of）原本要做的異動操作。

    (2) 原本要做的異動操作並不會被執行，而是被觸發程序替代掉了，除非在 INSTEAD OF觸發程序裡再次去異動操作。

2. AFTER（事後處理）之維護性的觸發程序

    (1) 在異動資料「後」才被觸發，以做進一步檢查一致性問題。

    (2) 若發現檢查不一致時，則將先前之異動全部撤回（Rollback）。

　　接下來，我們來複習本書第2章的「關聯式資料庫」章節中的第2-4節「關聯式資料完整性規則」單元中提到三種完整性規則，分別為：

① 實體完整性規則（Entity Integrity Rule）

② 參考完整性規則（Referential Integrity Rule）

③ 值域完整性規則（Domain Integrity Rule）

　　而以上這三種完整性規則，其實就是為了確保資料的完整性、一致性及正確性。基本上，使用者在異動（即新增、修改及刪除）資料時，都會先檢查使用者的「異動操作」是否符合資料庫管理師（DBA）所設定的限制條件，如果違反限制條件時，則無法進行異動（亦即異動失敗）；否則，就可以對資料庫中的資料表進行各種異動處理。如圖12-1所示：

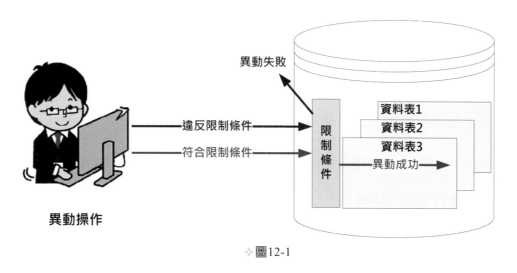

❖ 圖12-1

　　在圖12-1中，所謂的「限制條件」是指資料庫管理師（DBA）在定義資料庫的資料表結構時，可以設定主鍵（Primary Key）、外來鍵（Foreign Key）、唯一鍵（Unique Key）、條件約束檢查（Check）及不能為空值（Not Null）等五種不同的限制條件。

接下來，我們將進一步說明，INSTEAD OF（事前預防）的觸發程序及AFTER（事後處理）的觸發程序與「限制條件」之間的關係。

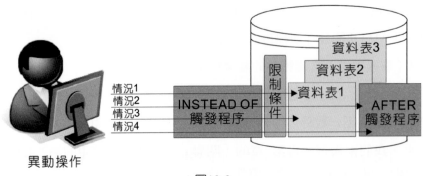

❖圖12-2

情況1 ▶▶ 使用者在執行異動操作時，只要符合限制條件，就可以異動資料表中的資料。

情況2 ▶▶ 使用者在執行異動操作時，只要符合限制條件，就可以異動資料表中的資料，並且還可以執行AFTER（事後處理）之維護性的觸發程序。

情況3 ▶▶ 使用者在執行異動操作之前，就必須先執行INSTEAD OF（事前預防）之保護性的觸發程序，以取代（Instead of）原本要做的異動操作。原本要做的異動操作並不會被執行，而是被觸發程序替代掉了，除非在INSTEAD OF觸發程序裡再次去異動操作。

情況4 ▶▶ 使用者在執行異動操作時，可以同時使用INSTEAD OF（事前預防）之保護性的觸發程序，與AFTER（事後處理）之維護性的觸發程序。

12-3 觸發程序建立與維護

在本節中，將介紹如何建立觸發程序，以及在建立之後，要如何進行維護的操作。

12-3-1 建立觸發程序

定義 ▶▶ 是指利用T-SQL指令來建立觸發程序。

語法 ▶▶ CREATE TRIGGER 陳述式

```
CREATE TRIGGER trigger_name
ON {BaseTable | ViewTable}
[WITH ENCRYPTION]
{FOR | AFTER | INSTEAD OF}
```

```
  { [INSERT] [, ] [UPDATE] [, ][DELETE] [, ]}
    [WITH APPEND]
    [NOT FOR REPLICATION]
AS
    sql_statement[....n]
```

符號說明▶▶

1. { | }代表在大括號內的項目是必要項，但可以擇一。

2. [ ]代表在中括號內的項目是非必要項，依實際情況來選擇。

關鍵字說明▶▶

1. trigger_name：是指用來定義觸發程序名稱。

2. BaseTable：是指用來設定基底資料表名稱。

3. ViewTable：是指用來設定檢視表名稱。

4. WITH ENCRYPTION：用來將設計者撰寫的觸發程序進行編碼，亦即所謂的「加密」。

5. FOR AFTER：設定事後處理之維護性的觸發程序。

6. FOR INSTEAD OF：設定事前預防之保護性的觸發程序。

7. INSERT、UPDATE、DELETE：是指新增、修改及刪除事件。

範例▶▶ 請先建立一個線上學生註冊的觸發程序，若新增一筆學籍資料（學號為
S0006，姓名為六合）時，系統會通知網站的管理者。

建立觸發程序

```
USE ch12_DB
GO
CREATE TRIGGER Stu_Register_Insert
ON 學生資料表
FOR INSERT
AS
DECLARE @Stu_No char(5)
DECLARE @Stu_Name char(5)
Select @Stu_No=學號, @Stu_Name=姓名
From 學生資料表
Order by 學號
Print '目前正有一位新同學註冊【'+'學號：'+@Stu_No+'姓名：'+@Stu_Name+'】'
```

說明▶▶　在撰寫完「觸發程序」之程式碼，再按執行之後，其實「觸發程序」是相依
於「所屬的資料表」中，所以，當「所屬的資料表」有被異動操作時，就會
被執行，所以屬於「主動程序」。如下圖所示：

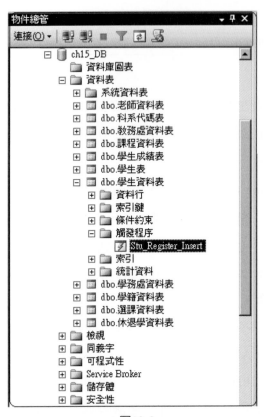

❖圖12-3

2. 學生註冊Insert

```
INSERT INTO 學生資料表(學號, 姓名)
VALUES('S0006', '六合')
```

執行結果▶▶

❖圖12-4

一、AFTER觸發程序

定義▸▸ 是指在資料異動「後」才被觸發的程序，並且在觸發之後，它會進一步
檢查一致性問題，如果發現檢核不一致時，則將先前之異動全部撤回
（Rollback）。

範例1▸▸ 請先建立一個加選課程的觸發程序，再模擬學號S0005來加選「C001」課
程，如果加選成功，則出現「有同學加選本課程！」。

1. 建立觸發程序

```
USE ch12_DB
GO

CREATE TRIGGER Class_Insert
ON 選課資料表
AFTER INSERT
AS
    PRINT '有同學加選本課程！'
GO
```

2. 加選課程Insert

```
INSERT INTO 選課資料表(學號, 課號)
VALUES('S0005', 'C001')
```

執行結果▸▸

❖ 圖12-5

範例2▸▸ 承範例1，再對剛才建立的觸發程序，進行「UPDATE」，亦即模擬學號S0005
所加選「C001」課程，填入一個「成績」資料，並出現「輸入課程成績！」。

1. 建立觸發程序

```
USE ch12_DB
GO
CREATE TRIGGER Class_Score_Update
ON 選課資料表
AFTER UPDATE
AS
    PRINT '輸入課程成績！'
GO
```

2. 輸入課程成績Update

```
UPDATE 選課資料表
SET 成績=90
WHERE 學號='S0005' AND 課號='C001'
```

執行結果▶▶

❖圖12-6

二、INSTEAD OF觸發程序

定義▶▶ 是指在異動資料「前」就會先被觸發，以取代（Instead of）原本要做的異動，原本要做的異動操作並不會被執行，而是被觸發程序替代掉了，除非在INSTEAD OF觸發程序裡再次去執行異動操作。

範例1▶▶ 請先建立一個加選課程的觸發程序，再模擬學號S0003來加選「C003」課程，如果加選成功，則出現「有同學想要加選課程，但已被取消了！」。

1. 建立觸發程序

```
USE ch12_DB
GO
CREATE TRIGGER Class_Insert_1
ON 選課資料表
INSTEAD OF INSERT
AS
    PRINT '有同學想要加選課程，但已被取消了！'
```

2. 執行觸發程序

```
INSERT INTO 選課資料表(學號, 課號)
VALUES('S0003', 'C003')
```

執行結果▶▶

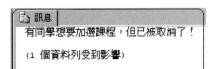

	學號	課號	成績
1	S0001	C001	67
2	S0001	C002	85
3	S0001	C003	100
4	S0002	C004	89
5	S0003	C002	90

異動並不會被執行，沒有加入「C003」課程代號

❖圖12-7

範例2▸▸ 請先建立一個加選課程的觸發程序,再以學號S0003來真正加選「C003」課程,如果加選成功,則出現「有同學想要加選課程,並且加選成功了!」。

1. 建立觸發程序

```
USE ch12_DB
GO
CREATE TRIGGER Class_Insert_2
ON 選課資料表
INSTEAD OF INSERT
AS
    PRINT '有同學想要加選課程,並且加選成功了!'
    INSERT INTO 選課資料表(學號, 課號)
    VALUES('S0003', 'C003')
```

2. 執行觸發程序

```
INSERT INTO 選課資料表(學號, 課號)
VALUES('S0003', 'C003')
```

執行結果▸▸

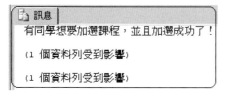

	學號	課號	成績
1	S0003	C003	NULL
2	S0001	C001	67
3	S0001	C002	85
4	S0001	C003	100
5	S0002	C004	89
6	S0003	C002	90

異動被執行,有加入「C003」課程代號

訊息
有同學想要加選課程,並且加選成功了!
(1 個資料列受到影響)
(1 個資料列受到影響)

❖ 圖12-8

12-3-2 修改觸發程序

定義▸▸ 是指對已經存在的觸發程序進行修改。

語法▸▸ 與CREATE TRIGGER相同,只是將CREATE改為ALTER。

```
ALTER TRIGGER trigger_name
ON {BaseTable | ViewTable}
[WITH ENCRYPTION]
{FOR | AFTER | INSTEAD OF}
   { [INSERT] [, ] [UPDATE] [, ][DELETE] [, ]}
      [WITH APPEND]
      [NOT FOR REPLICATION]
AS
      sql_statement[....n]
```

範例1▶▶ 請將「Class_Insert」觸發程序修改為「不能再加選本課程了！」，因為選課人數已滿額了。

1. 建立觸發程序

```
USE ch12_DB
GO


Alter TRIGGER Class_Insert
ON 選課資料表
AFTER INSERT
AS
   Rollback
   PRINT '不能再加選本課程了！'
GO
```

2. 加選課程Insert

```
INSERT INTO 選課資料表(學號, 課號)
VALUES('S0006', 'C003')
```

執行結果▶▶

❖圖12-9

範例2▶▶ 請利用「觸發程序」來過濾，當某課程修課人數超過5人時，它會自動執行觸發程序。

1. 建立觸發程序

```
USE ch12_DB
GO


Create TRIGGER Check_Insert_Number
ON 選課資料表
AFTER INSERT
AS
```

```
if (SELECT Count(*) AS 選修數目 FROM 選課資料表 Where 課號='C005')>5
  Begin
   Rollback
   PRINT 'C005課號加選人數超過5位同學了，請不要再加選本課程了！'
  End
else
    PRINT '您加選成功了！'
```

2. 加選課程Insert

```
INSERT INTO 選課資料表(學號, 課號)
VALUES('S0006', 'C005')
```

執行結果▶▶

```
📇 訊息
C005課號加選人數超過5位同學了，請不要再加選本課程了！
訊息 3609，層級 16，狀態 1，行 2
交易在觸發程序中結束。已中止批次。
```

❖圖12-10

12-3-3　刪除觸發程序

定義▶▶　是指對已經存在的觸發程序進行刪除。

語法▶▶

DROP TRIGGER trigger_name[, …n]

範例1▶▶　請將前一範例所建立的觸發程序，加以刪除。

建立觸發程序

```
USE ch12_DB
GO
Drop TRIGGER Class_Insert
GO
```

基本題

1. 請寫出觸發程序的特性。

2. 請寫出使用觸發程序的優點。

3. 請寫出使用觸發程序的適用時機。

4. 請寫出預存程序與觸發程序之差異。

進階題

1. 請先建立一個加選課程的觸發程序，再模擬學號S0006同學加選C002課程之後，可以看到所加選的「課程名稱」。

   (1) 加選課程Insert

   ```
   INSERT INTO 選課資料表(學號, 課號)
   VALUES('S0006', 'C002')
   ```

   (2) 執行結果

   訊息
   有同學加選本課程！
   目前正選修的課程【課號：C002課名：資訊管理　】

   (1 個資料列受到影響)

2. 在「選課資料表」中，如果老師確定學生的「成績」之後，就無法再異動時，我們可以利用Rollback回復到未異動前的狀況。

(1) 異動成績

```
UPDATE 選課資料表
SET 成績=90
WHERE 學號='S0006' AND 課號='C002'
```

(2) 執行結果

```
訊息
輸入課程成績！
成績確定之後，就無法異動！
訊息 3609，層級 16，狀態 1，行 2
交易在觸發程序中結束。已中止批次。
```

3. 請建立一個觸發程序，從「學生資料表」刪除一筆學生的學籍資料（學號為 S0006，姓名為六合）時，順便將該筆資料加入到「休退學資料表」中。

(1) 刪除一筆學生的學籍資料

```
delete from 學生資料表
where 學號='S0006'
```

(2) 執行結果

執行前（學生資料表）

	學號	姓名
1	S0001	一心
2	S0002	二聖
3	S0003	三多
4	S0004	四維
5	S0005	五福
6	S0006	六合

執行後（學生資料表）

	學號	姓名
1	S0001	一心
2	S0002	二聖
3	S0003	三多
4	S0004	四維
5	S0005	五福

休退學資料表

	學號	姓名
1	S0006	六合

4. 請利用VB來呼叫第12-3-1節所建立的線上學生註冊的觸發程序,若新增一筆學籍資料時,系統會通知網站的管理者。

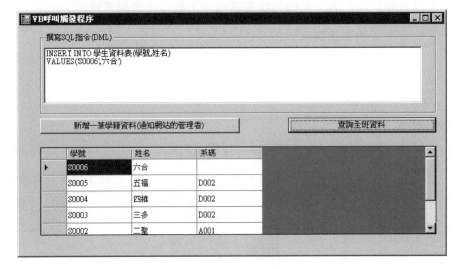

CHAPTER 13

SQL Server 資料庫安全

本章學習目標

1. 讓讀者瞭解資料庫安全性的不同層面及目標。
2. 讓讀者瞭解資料庫安全的實務作法。

本章內容

13-1
資料庫的安全性（Security）

●●●●●

我們都知道，資料庫是企業內最重要的資產。因此，身為資訊人員的我們，如何確保資料庫的安全，是一件非常重要的任務與責任。

資料庫系統主要是將許多相關的資料表加以集中化管理，雖然有助於資料操作與分享，但是在資料的安全性（Security）上，卻產生了極大的隱憂，因為一旦資料庫被非法入侵者破壞時，將會導致難以評估的後果。因此，唯有做好資料庫安全（Database Security），才能確保企業的生存與競爭力。

既然資料庫的安全性對企業那麼重要，那何謂資料庫安全（Database Security）呢？其實，資料庫安全，是指可以保護資料庫儲存的資料，不讓沒有得到授權的使用者進行存取。

基本上，保護資料庫的安全，我們可以從下列不同層面來探討：

1. 實體安全（Physical Security）

   是指放置「資料庫系統」的主機必須要在一個有防護設備的環境中。例如：機房的進出都必須要有門鎖，或以刷卡方式來紀錄進出人員的資料。但是，實體安全的機制尚無法確保資料百分之百的安全，因此，我們還是必須藉助其他的方法。

2. 作業系統方面（Operating System Level）

   是指針對目前的「作業系統」的安全漏洞，導致非法使用者可以直接Login到資料庫系統中，或透過遠端方式進入到主機中，因此，資料庫管理者（DBA）就必須要隨時更新最新官方網站的作業系統軟體版本。

3. 資料庫系統方面（Database System Level）

   是指資料庫管理師（DBA）對使用者之授權，依使用者不同的管理層級，給予不同的存取資料的權限。因此，管理層級較高的使用者就會具有「新增、修改及刪除」功能；管理層級較低的使用者可能僅能查詢，而無法進行異動資料。

4. 人為問題（Human Problem）

   是指資料庫管理者（DBA）對於已經被授權的使用者，也應該進行不定期的追蹤資料庫的使用歷程。否則，「實體安全」再嚴密，也無法避免不法使用者受誘惑而出賣使用密碼及相關的機密資訊。但是，人為問題可說是「資料庫的安全」中最難預防的問題。

13-2
資料庫安全的目標

基本上，資料庫安全有以下四個目標：

一、保密性（Confidentiality）

定義 ▶▶ 是指用來預防未授權的資料存取，以確保資料的「保密性」。

範例 ▶▶ 1. 在公司中，非授權的「員工」無法查詢同事的薪資或紅利獎金。

2. 在學校中，非授權的「老師」無法查詢非授課班級學生的成績。

3. 在醫院中，非授權的「醫師」無法查詢某一病人的病歷資料。

二、完整性（Integrity）

定義 ▶▶ 是指用來預防未授權的資料異動，得以維持資料的「正確性」。

範例 ▶▶ 1. 在公司中，「員工」不能更改自己的薪水。

2. 在學校中，「學生」不能更改個人的學業成績，但可以查詢。

3. 在醫院中，「醫師」不能隨意更改某一病人的病歷資料。

三、可用性（Availability）

定義 ▶▶ 是指對已被授權的使用者，就可以合法及正常使用被授權的資源。

範例 ▶▶ 1. 在公司中，正式「員工」就可以進行線上學習，以累計學習點數。

2. 在學校中，有學籍的「學生」就可以順利的選課。

3. 在醫院中，門診「醫師」就可以紀錄該門診病人的病歷資料。

四、認證性（Authentication）

定義 ▶▶ 是指資料庫管理系統（DBMS）必須要能夠辨識每一位使用者的身分，以便提供不同權限的資訊。

範例 ▶▶ 1. 在公司中，「教育訓練網站」就須能夠辨識使用者為員工、講師及最高主管。

2. 在學校中，「數位學習系統」就須能夠辨識使用者為學生或授課老師。

3. 在醫院中，「網路掛號系統」就須能夠辨識使用者為病友或醫師。

13-3 資料控制語言

●●●●●

各位讀者還記得在本書中的第3章已經介紹SQL所提供三種語言,分別如下:

1. 資料定義語言(Data Definition Language; DDL)

2. 資料操作語言(Data Manipulation Language; DML)

3. 資料控制語言(Data Control Language; DCL)

其中,第三種語言就是所謂資料控制語言(DCL),在第3章並沒有詳細介紹。因此,在本章中將更進一步來說明DCL。

基本上,在DCL語言中,它提供兩個指令來管理使用者的權限。

1. GRANT指令(授予使用權)

定義 ▶▶　是指用來「授予」現有資料庫使用者帳號的權限。

語法 ▶▶

GRANT 權限 [ON OBJECT]

TO [使用者 | PUBLIC] [WITH GRANT 選項]

其中,「權限」可分為四種:Insert、Update、Delete、Select。

範例1 ▶▶　對USER1與USER2「授予」SELECT與INSERT對客戶資料表的使用者權限功能。

SQL 指令
GRANT SELECT, INSERT ON 客戶資料表 TO USER1, USER2

範例2 ▶▶　對所有的使用者「授予」Select的功能權限。

SQL 指令
GRANT SELECT ON 客戶資料表 TO PUBLIC

範例3►► 對User1和User2「授予」TempDB資料庫裡建立資料表和建立檢視表的權限。

SQL指令
USE TempDB GO GRANT CREATE TABLE, CREATE VIEW TO　User1, User2

範例4►► 對User1「授予」查詢「學生資料表」中的Stu_no與Stu_name兩個欄位，以及刪除資料列的權限。

SQL指令
GRANT SELECT(Stu_no, Stu_name), DELETE ON　學生資料表 TO　User1

範例5►► 對User2「授予」「學生資料表」的DELETE權限。

SQL指令
GRANT DELETE ON　學生資料表 TO　User2

範例6►► 「授予」User2對於「學生資料表」有INSERT、UPDATE、DELETE、SELECT等權限。

SQL指令
GRANT ALL ON　Emp TO　User2

2. REVOKE指令(撤銷使用權)

定義►► 指用來「撤銷」資料庫使用者已取得的權限。

語法►►

REVOKE 權限 [GRANT.OPTION FOR] ON OBJECT FROM 使用者 [RESTRICT | CASCADE]

範例1▶▶ 從USER2帳號移除對「客戶資料表」的INSERT權限。

SQL指令
REVOKE　INSERT ON 客戶資料表 FROM USER2

13-4 安全保護實務作法 ●●●●

基本上，資料庫的安全保護，有以下三種不同的作法：

一、建立稽核追蹤系統（Audit Trail System）

定義▶▶ 是指用來紀錄使用者在資料庫中的各種操作動作。

範例▶▶ 1. 當刪除一筆學生的學籍資料時，順便將該筆資料加入到「休退學資料表」中。

2. 當學生的曠缺課的節數高於某一規定的門檻值時，自動寄送mail給學生及家長。

3. 當某產品的庫存量低於安全存量時，自動通知管理者。

相關技術▶▶ 利用第12章介紹的「觸發程序」技術。

二、建立檢視表（Views）

定義▶▶ 是指用來保護資料與隱私，不讓未經授權的使用者直接存取基底關聯表。

範例▶▶ 1. 讓不同使用者對於資料有不同的觀點與使用範圍。

例如：教務處是以學生的「學業成績」為主要觀點。學務處是以學生的「操行成績」為主要觀點。

2. 定義不同的視界，讓使用者看到的是資料過濾後的資訊。

例如：一般使用者所看到的資訊，只是管理者的部分子集合。

3. 有保密與資料隱藏的作用。

例如：個人可以看到個人全部資訊，但是，無法觀看他人的資料（如：薪資、紅利、年終獎金等）。

相關技術▶▶ 利用第10章介紹的「VIEW檢視表」技術。

三、存取權限的管控（Authority Control）

定義 ►► 是指對不同的使用者分別「授予」其不同的存取權限。

範例 ►► 在SQL Server中，可用GRANT與REVOKE指令來「授予」與「撤銷」使用者的使用權。並建立「授權矩陣」（Authorization Matrix）供稽核人員稽查。

❖ 表13-1 授權矩陣的例子

關聯表 使用者	關聯表(R1)	關聯表(R2)	關聯表(R3)	關聯表(R4)
一心	All	All	All	All
二聖	Select	Select	Insert	Delete
三多	All	Select	None	Select
四維	Select	None	Delete	Select
五福	All	None	Insert	Delete

說明 ►► 從上面的授權矩陣中，我們可以清楚得知每一位「使用者」與各個「關聯表」之間的權限範圍。其中：

1. All權限：表示使用者具有新增、修改、刪除及查詢的全部權限。例如：管理者。

2. Select權限：表示使用者只能對某一關聯表進行「查詢」功能。例如：一般使用者。

3. Delete權限：表示使用者只能對某一關聯表進行「刪除」功能。

4. Insert權限：表示使用者只能對某一關聯表進行「新增」功能。

5. None權限：表示使用者完全沒有存取權限。

範 例

以「三多」使用者為例，資料庫管理師（DBA）可以撰寫下列指令來限制使用者的權限：

```
Grant All on Table R1 to 三多
Grant Select on Table R2 to 三多
Grant Select on Table R4 to 三多
Revoke All on Table R3 from 三多
```

一般而言，資料庫管理師（DBA）可以使用下列兩種策略來「授予」使用者權限：

策略1 ▶▶ 依照「管理層級」來授予使用者不同的「密件資料」，以電子公文為例：

密件資料 管理層級	絕對機密	極機密	機密	密	一般
董事長	All	All	All	All	All
總經理	None	Select	All	All	All
部門經理	None	None	Select	All	All
組長	None	None	None	Select	All
員工	None	None	None	None	Select

策略2 ▶▶ 依照「上、下班時間」來授予使用者的使用權限。以客戶訂購單為例：

有效時間 管理層級	上班時間	下班時間
董事長	All	All
總經理	All	All
部門經理	All	INSERT, UPDATE, SELECT
組長	INSERT, UPDATE, SELECT	INSERT, SELECT
員工	INSERT, SELECT	SELECT

13-5 資料備份的媒體

一般而言，我們在備份資料庫時，常用的儲存媒體有以下三種：

1. 磁帶（Tape）：它是一種早期大型主機的備份設備。磁帶類似錄音帶，它是以循序方式將資料寫入磁帶中。

2. 硬式磁碟（Hard Disk）：目前大部分的資料庫都是利用另一台硬式磁碟作為備份裝置。例如：我們可以使用USB介面的外接式硬碟來備份資料。

3. 可燒錄光碟（DVD）：是指利用高容量的光碟片來備份資料。

13-6
資料備份的檔案及方法

　　當我們建立完成一個資料庫系統之後，就可以開始與應用程式連結運作，並且逐漸的建立許多資料。而當資料庫非常龐大時，資料庫管理者的工作就是要確保整個資料庫的安全性及完整性。但是，在一些不可預期的情況之下，可能會導致資料庫的毀損，以致於產生無法挽救的局面。

　　因此，為了資料庫的安全性，資料庫中的資料必須定期地備份（Backup），以防因當機、突然停電、磁碟毀損等突發狀況所造成的損害。

定義▶▶　備份（Backup）資料庫是身為一位管理者都應該要具備的常識與技能，其最主要的目的是能夠防護資料庫的安全。

資料檔案類型

　　基本上，在資料庫中需要備份的資料檔案有兩種：

　　第一種就是主要的「資料庫檔案」，其副檔名為「.mdf」。

　　第二種就是「交易紀錄檔」，其副檔名為「.ldf」。

　　因此，資料庫管理師（DBA）在執行備份時，除了備份主要的「資料庫檔案」外，還必須要同時備份「交易紀錄檔」。

　　以上兩個檔案的儲存預設路徑為：

C:\Program Files\Microsoft SQL Server\MSSQL10.MSSQLSERVER\MSSQL\DATA

❖ 圖13-1

注意　當我們想要備份圖13-1中的兩個檔案到其他儲存設備時，有三種方法：

1. 執行「卸離」功能（Microsoft SQL Server Management Studio環境中）

❖ 圖13-2

2. 執行「離線工作」功能（Microsoft SQL Server Management Studio環境中）

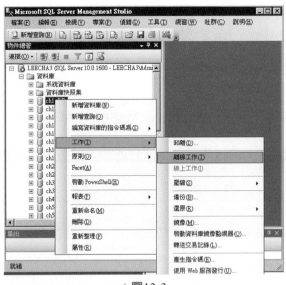

❖ 圖13-3

3. 撰寫「BACKUP指令」（Microsoft SQL Server Management Studio環境中）

在SQL Server中還提供線上備份的功能，可以讓我們在異動資料的存取時，不須先停止SQL Server的連接，就可以進行線上備份的作業。

BACKUP語法

BACKUP DATABASE 資料庫名稱

TO ＜備份裝置位置＞

[WITH ＜還原選項＞]

> 註： 若要指定實體備份裝置，請使用DISK或TAPE選項：
>
> { DISK | TAPE } ＝實體備份裝置名稱

範例▶▶ 請利用BACKUP指令來備份ch1_DB資料庫到C碟中。

BACKUP DATABASE ch1_DB

TO DISK='c:\ch1_DATA_BAK.bak'

BACKUP LOG ch1_DB

TO DISK='c:\ch1_LOG_BAK.bak'

❖圖13-4

註：以上三種方法都屬於「完整資料庫備份」，它會備份整個資料庫。

基本上，在SQL Server中有四種備份型式：

1. 完整資料庫備份

2. 差異資料庫備份

3. 交易紀錄檔備份

4. 檔案及檔案群組

　　各位讀者如果對SQL Server的四種備份型式有興趣的話，可以參考其他「SQL Server資料庫管理」的相關書籍。

13-7
資料的還原機制

　　當我們平常有做備份的習慣之後，就可以比較放心資料庫的安全；如果被網站駭客入侵或不小心而損壞時，我們就可以將平常所備份的資料庫還原回來。我們在前一節已經學會了資料庫的備份，我們也必須要學會資料庫的還原，因為資料庫的備份與還原是相輔相成的，缺一不可。

定義▶▌　是指將備份在儲存媒體的資料回存資料庫系統。

使用時機▶▌　1. 人為的錯誤

　　　　　　2. 儲存設備的損壞

　　　　　　3. 電腦病毒

範例▶▌　假設我們的「ch1_DB」資料庫被網站駭客入侵，或不小心而損壞時，則我們可以利用「還原機制」來進行回復。其常用的方法有兩種：

　　1. 執行「附加」功能（Microsoft SQL Server Management Studio環境中）。

❖圖13-5

注意 利用此種方法還原時，其條件是備份時使用「卸離」與「離線工作」功能，將原先的資料庫及交易紀錄備份到其他的設備中才可以。

　　2. 撰寫「RESTORE指令」（Microsoft SQL Server Management Studio環境中）。利用此種方法，其條件就是在第13-6節中，利用「BACKUP指令」來進行備份動作。

RESTORE語法

RESTORE DATABASE 資料庫名稱

FROM <備份裝置位置>

[WITH <還原選項>]

註：WITH <還原選項>可省略。

範例 ▶▶ 請利用RESTORE指令來還原剛才備份的資料庫（ch1_DATA_BAK.bak）。

RESTORE DATABASE ch1_DB

FROM DISK='c:\ch1_DATA_BAK.bak'

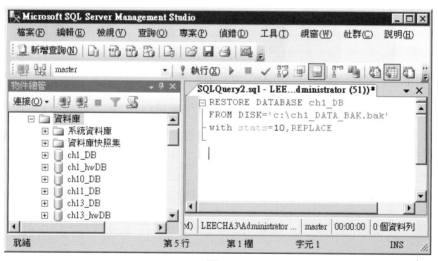

❖ 圖13-6

基本題

1. 請問保護資料庫的安全，我們可以從哪些不同層面來探討呢？

2. 請問資料庫安全有哪四個目標呢？

3. 請問在DCL語言中，提供哪兩個指令來管理使用者的權限呢？

4. 請問資料庫的安全保護，有哪三種不同的作法呢？

5. 請問資料庫備份時，常用的儲存媒體有哪些呢？

6. 請問資料庫備份時，有哪三種方法可以使用呢？

7. 請問在什麼時候，我們必須要還原資料庫呢？

進階題

1. 假設「張三」目前擔任某一資訊公司的資料庫管理師（DBA），並且為某一公司開發資訊系統，接下來，就是一連串「資料庫」的運作如下表所示：

時間	對資料庫的影響	使用者
t1	利用Create建立「MyDB」資料庫	DBA
t2	利用BACKUP指令備份「MyDB」資料庫	DBA
t3	利用ALTER修改「MyDB」資料庫為「MyNewDB」	DBA
t4	被駭客利用DROP刪除「MyNewDB」資料庫	網站駭客
t5	利用RESTORE指令還原「MyDB」資料庫	DBA

請你依照時間的順序，撰寫SQL指令來模擬以下五項操作。

(1) 利用Create建立「MyDB」資料庫。

(2) 利用BACKUP指令備份「MyDB」資料庫。

(3) 利用ALTER修改「MyDB」資料庫為「MyNewDB」。

(4) 被駭客利用DROP刪除「MyNewDB」資料庫。

(5) 利用RESTORE指令還原「MyDB」資料庫。

CHAPTER **14**

SQL Server

資料庫與程式語言整合

14-1 何謂資料庫應用系統？

在前面幾個章節中，我們已經學會如何將使用者的需求繪製成E-R圖（邏輯設計），進而轉換成真正可以儲存資料的資料表（實體設計），其目的就是建立一個降低資料重複、避免資料異常的資料庫操作環境，進而才能確保資料的一致性、完整性，達到資料共享（Data Sharing）的目的。

既然資料庫以共享為目的，那就必須要透過「應用程式」來讀取「使用者的需求條件」，送到「資料庫管理系統」來處理，並將查詢結果回傳到個別使用者的畫面，此系統稱為「資料庫應用系統」。

在圖14-1中，「應用程式」是指利用ASP、JSP、ADO.NET等網頁開發程式，透過T-SQL指令來存取資料庫中的資料。它會依照使用者的需求來進行查詢，並將查詢結果回傳給使用者。

❖ 圖14-1 資料庫應用系統

14-2 ADO.NET的簡介

ADO.NET（ActiveX Data Object .NET）可以說是微軟公司最新一代的「資料庫存取架構」。它是專門用來存取.NET平台後端的資料庫，它的功能比以前的ADO還要強大，原因是ADO.NET中包括了五個主要物件，分別為Connection物件、Command物件、DataAdapter物件、DataSet物件及DataReader物件，這些物件是以物件導向的方式設計，並且對分散式資料存取提供了多項功能。此外，ADO.NET為了因應網際網路間不同的資料交換。因此，也採用企業界標準的XML格式。所以，在往後對於網路上的異質性資料庫，也有直接整合的功能及物件。

14-2-1 ADO.NET的角色

ADO.NET是程式語言與資料庫之間溝通的橋樑。因此，我們可以利用VB、C#、ASP.NET及J#等程式語言來撰寫應用程式，再透過ADO.NET就可以輕易地存取資料庫的資料了。如圖14-2所示：

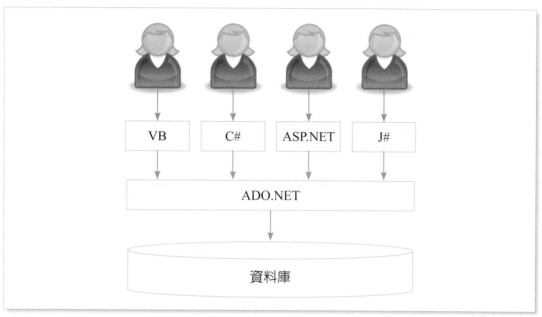

❖圖14-2　ADO.NET的角色

14-2-2 ADO.NET的架構圖

在ADO的時代裡，其提供程式存取資料時只有Recordset物件；而在ADO.NET中，則提供更多種功能強大的資料庫存取物件。也因為存取方式非常多種，所以其物件的宣告及連結方式也有所不同，但其目的都是相同的。

在圖14-3「ADO.NET架構圖」中，可以很清楚的瞭解ADO.NET的資料存取方式主要有兩種：第一種是利用DataSet來存取資料庫中的資料；第二種則是直接經由DataReader來存取資料庫中的資料。

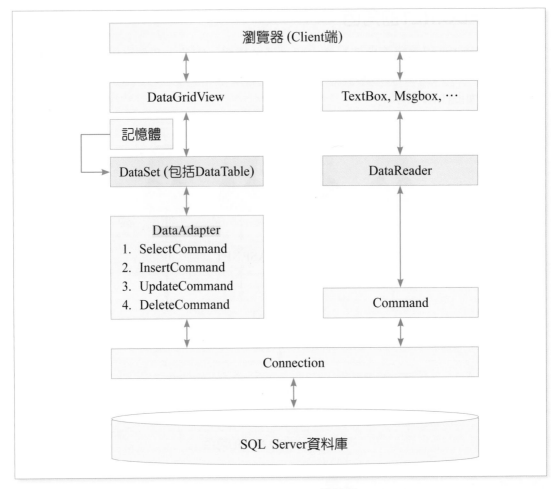

❖ 圖14-3　ADO.NET架構圖

說明 ▶▶

1. Connection：用來建立與資料庫之間的連接。

2. Command：用來對資料庫執行SQL命令，SQL命令包括Insert、Update、Delete、Select等。

3. DataReader：以唯讀方式從資料來源讀取順向資料流，提供程式存取資料的介面。

4. DataAdapter：表示SQL命令集和資料庫連接，使用資料來源填入DataSet並更新資料。DataAdapter物件提供四個Command物件（包括：SelectCommand、InsertCommand、UpdateCommand及DeleteCommand）來進行資料的存取。

5. DataSet：可以將資料庫的內容載入記憶體中，在記憶體中建立一個或多個資料表，提供程式存取資料。其缺點就是會佔用較多的記憶體空間，因此，導致系統負荷較大；而優點則是資料處理上比較有彈性。

首先，ADO.NET透過Connection物件與資料庫進行連接。接下來說明下列兩種方式的不同之處：

1. 第一種方式：利用DataReader來存取資料庫中的資料，其運作流程如圖14-4所示：

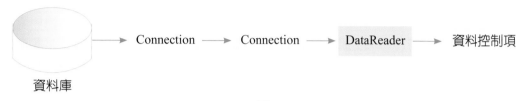

❖圖14-4

利用Command物件來存取資料庫，並且透過DataReader物件來讀取資料，最後再利用TextBox、Msgbox⋯⋯物件顯示資料內容。此種方法與讀者以前學過的RecordSet觀念相同，比較簡易，容易學習和讀取；但是資料是的查詢方式是唯讀的，無法直接修改，而且程式碼比較多。

2. 第二種方式：利用DataSet來存取資料庫中的資料，其運作流程如圖14-5所示：

❖圖14-5

我們可以利用DataAdapter物件的Fill方法來將資料庫中的資料暫時放到DataSet物件中。程式如下所示：

DataAdapter.Fill(DataSet, "學生資料表")

除此之外，利用此種方法，可以透過DataAdapter物件來下達各項SQL語法，並且將資料查詢的結果存放到離線的DataSet物件中。因此，DataAdapter物件在此扮演的角色便是資料庫與DataSet物件之間重要的溝通媒介。並且，DataSet還可以進行離線資料修改，如此一來，可以降低資料庫管理系統的連線負擔。

14-3
命名空間的引用

　　.NET Framework是一個物件導向的系統，因此，當開發人員要使用VB 2010來呼叫系統底層的類別時，必須先將類別的命名空間（Namespace）引用（匯入）進來。若要使用到ADO.NET，則必須將System.Data命名空間引用進來，此一命名空間定義了建構ADO.NET架構的基礎類別。

14-3-1　如何引用ADO.NET命名空間（Namespace）

　　利用VB 2010來存取資料庫時，必須要用到ADO.NET物件；而如何使用ADO.NET內的物件呢？非常簡單，只要在撰寫程式前面先引用（Imports）ADO.NET的命名空間（Namespace），如此，編譯器在編譯程式時，才可以知道所用的物件必須從哪一個命名空間載入，這樣就可以非常輕易地使用VB 2010來存取資料庫。

引用（Imports）ADO.NET命名空間（Namespace）的方法

Imports 命名空間的物件名稱

　　而在ADO.NET中，命名空間的物件名稱有非常多，諸如：System.Data、System.Data.SqlClient、System.IO、System.XML等等，而我們在撰寫程式時，怎麼知道要引用哪一個命名空間的物件呢？這時候，就必須要先瞭解在什麼時候引用哪一個命名空間才可以存取到資料庫中的資料。現在我們歸納一般常用的「引用」的撰寫方法。

1. 引用System.Data.OleDb命名空間（適用Access、Excel、FoxPro……等資料庫）

　　當您的VB 2010所連結的資料庫為Access、Excel、FoxPro、SQL Server 7.0以上版本時，需在每一個程式開頭撰寫如下兩行程式。

```
Imports System.Data
Imports System.Data.OleDb
```

　　如此才能將ADO.NET的物件引用進來，因為所有的ADO.NET物件都是包含在這兩行命名空間（Namespace）內。

說明▶▶　表示要引用ADO.NET基礎物件，以及引用OLE DB資料來源的物件。

2. 引用System.Data.SqlClient命名空間

　　若您要連結的資料庫來源是SQL Server 7.0以上版本，則您必須將System.Data.OleDb改成System.Data.SqlClient這個命名空間（Namespace）。所以，當您的VB

2010所連結的為SQL Server 7.0以上版本的資料庫時，需在每一個程式開頭撰寫如下兩行程式：

```
Imports System.Data
Imports System.Data.SqlClient
```

說明▶▶　表示要引用ADO.NET基礎物件，以及引用SQL Server資料來源的物件。

　　　　註1：　微軟為了推廣使用SQL Server資料庫，因此，為SQL Server資料庫量身訂做了它自己的物件，那就是引用System.Data.SqlClient，提高資料庫存取的執行效率。雖然引用SQL Server也可以引用System.Data.OleDb，但是在實際的實作上還必須再透過OLE DB的連結。因此，效率上比較差。

　　　　註2：Namespace（命名空間）是指一些有相關性質的類別物件集合在一起，像是由許多Class組合而成的容器。

　　　　註3：ADO.NET常用的命名空間整理如表14-1：

❖ 表14-1　ADO.NET命名空間

ADO.NET命名空間	說明	使用時機
System.Data	包含了大部分ADO.NET基礎物件類別。	使用DataSet物件時
System.Data.OleDb	使用OLE DB資料來源的物件。	資料庫為Access、FoxPro、Excel、SQL Server、dBASE時，需引用此命名空間。其物件包含： (1) OleDbConnection (2) OleDbCommand (3) OleDbDataReader (4) OleDbDataAdapter
System.Data.SqlClient	專為SQL Server而設計的Namespace命名空間。	是存取SQL Server資料庫專用的物件，需引用此命名空間，其物件包含： (1) SqlConnection (2) SqlCommand (3) SqlDataReader (4) SqlDataAdapter
System.IO	存取XML資料的物件。	異質性資料庫轉換時

14-3-2 使用Connection物件與資料庫連結

想要利用ADO.NET來存取資料庫，就必須要先建立物件與資料庫連結，其最主要的工作是透過Connection物件執行。

而ADO.NET所提供的Connection物件，可以分為下列兩種連結方式：

1. OleDbConnection物件：它是專門用來連結資料庫為Access、Excel、dBASE所製作時最適合，但是在使用前必須要先引用System.Data.OleDb的命名空間。
2. SqlConnection物件：它是微軟專門針對SQL Server 7.0以上版本的資料庫量身訂做的物件，所以當使用者想要利用程式連結SQL Server時，就必須要先引用System.Data.SqlClient的命名空間。

14-4 資料庫與VB 2010整合

● ● ● ● ●

在本單元中，將介紹如何利用VB程式語言來連接後端的資料庫系統；並且將後端的資料庫透過DataReader物件或DataSet物件來讀取資料；最後再利用TextBox、Msgbox物件或DataGridView等物件來顯示資料內容。

14-4-1 SQL Server 2008資料庫與VB 2010連結

一、VB 2010與SQL Server資料庫標準連結方式，其步驟如下：

步驟1▶▶ 引用命名空間

```
Imports System.Data
Imports System.Data.SqlClient
```

步驟2▶▶ 設定主機名稱、資料庫名稱、帳號與密碼

```
Dim Source as String              '宣告連線的字串
Source  = "server=主機名稱;"       '伺服器
Source += "database=資料庫名稱;"    '資料庫
Source += "user id=帳號;"          '登入的帳號
Source += "password=密碼"          '密碼
```

步驟3▶▶　宣告及建立Connection物件

```
Dim conn As SqlConnection          '宣告連線的物件
conn = New SqlConnection(Source)    '連線
```

步驟4▶▶　使用Open方法來開啟資料庫

建立資料庫的連結之後，才能執行Open方法來開啟資料表中的資料。開啟的語法如下：

```
conn.Open()          '開啟資料庫
```

步驟5▶▶　使用Close方法來關閉資料庫

在執行SQL指令之後，再執行程式區域，完成之後，便要關閉資料庫的連結動作。關閉的語法如下：

```
conn.Close()          '關閉資料庫
```

二、VB 2010連結SQL Server資料庫之測試程式

程式檔案名稱：ch14-4.1.sln

```
01    Imports System.Data
02    Imports System.Data.SqlClient
03    Public Class Form1
04       Private Sub Button1_Click(……) Handles Button1.Click
05          Dim Source As String                '宣告連線的字串
06          Source = "server=localhost;"         '伺服器
07
08          Source += "database=ch14_DB;"        '資料庫
09          Source += "user id=sa;"              '登入的帳號
10          Source += "password=123456"          '密碼
11          Dim conn As SqlConnection            '宣告連線的物件
12          conn = New SqlConnection(Source)     '連線
13          conn.Open()                          '開啟資料庫
14          MsgBox("成功連結到SQL Server 的伺服器")
15          conn.Close()                         '關閉資料庫
16       End Sub
      End Class
```

14-4-2 使用DataReader物件讀取資料庫中的資料

當我們利用OleDbConnection來連接資料庫之後，接下來就可以再利用ADO.NET物件中的DataReader物件來取得資料庫中的資料，並將查詢的資料顯示於表單上。而DataReader物件只能逐筆由開頭循序地讀取資料庫中的資料。而且讀出的資料是「唯讀」狀態，因此，不能再進行其他的操作。其程式流程如圖14-6所示：

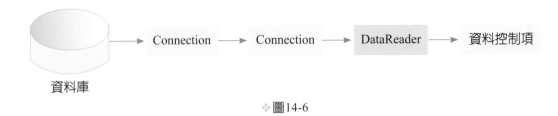

❖圖14-6

一、 Command物件

建立資料庫的連結，並且開啟資料庫之後，我們必須利用Command物件來撰寫SQL指令，才能操作資料庫的四個動作，包括Insert（新增）、Delete（刪除）、Update（修改）及Select（查詢）。

在ADO.NET所提供的Command物件，有下列兩種執行SQL語法的方法：

1. 透過Command物件的ExecuteNonQuery方法，可以「新增」、「修改」、「刪除」資料庫中的資料。

2. 透過Command物件的ExecuteReader方法，將「查詢」結果的DataReader物件傳回。

二、DataReader物件

我們利用OleDbCommand執行SQL指令之後，尚無法顯示執行的結果，因此，我們就必須將其設定給DataReader物件，並且再利用Command物件的ExecuteReader方法來執行。因此，爾後要讀取資料時，必須以OledbDataReader的Read方法來取得資料。

(一) VB 2010與SQL Server資料庫的撰寫方法

使用SqlCommand、SqlDataReader物件。其步驟如下：

步驟1▶▶ 宣告及建立Command物件。

```
Dim Cmd As SqlCommand
Cmd = New SqlCommand ("SQL命令", SqlConnection物件)
```

步驟2　▶▶　宣告SqlDataReader及執行SqlCommand物件

執行方法有兩種：

第一種：ExecuteReader方法（使用時機：「查詢」資料庫中的資料）

```
Dim cmd As SqlCommand
cmd = NewSqlCommand ("SQL命令", SqlConnection物件)
Dim reader As SqlDataReader
reader = Cmd.ExecuteReader( )
```

第二種：ExecuteNonQuery方法（使用時機：「新增」、「刪除」、「修改」資料庫中的資料）

```
Dim cmd As SqlCommand
cmd = NewSqlCommand ("SQL命令", SqlConnection物件)
Dim reader As SqlDataReader
reader = Cmd. ExecuteNonQuery ( )
```

註：使用SqlDataReader物件時，必須注意一件事：那就是只宣告DataReader物件，而不需使用New運算子來建立物件。

(二) DataReader的方法與屬性一覽表

學會了ADO.NET中的Connection物件與資料庫的連結方法，再透過Command物件中的ExecuteReader()方法將查詢出來的資料，存放到DataReader物件之後，接下來我們就可以利用DataReader物件來讀取資料了。因此，我們就必須學會有關DataReader物件的方法及屬性，如表14-2所示：

❖表14-2　Data Reader的方法與屬性

方法與屬性名稱	功能說明
Read()	利用 DataReader 物件來「讀取資料庫中第一筆紀錄」，如果讀到紀錄時，則傳回 True；否則傳回 False。
FieldCount	取得紀錄中「總欄位數」，如果傳回值為 10，則代表紀錄中共有 10 個欄位，其欄位標註為 0~9。
Item(i)	利用欄位註標來取得「第 I 欄的資料」，欄位標註的起始值是由 0 開始。
Item(" 欄位名稱 ")	利用直接指定法，來取得「欄位名稱的資料」。
GetName(i)	利用欄位註標來取得第 I 欄的「欄位名稱」，欄位註標的起始值是由 0 開始。

GetDataTypeName(i)	利用欄位註標來取得第 I 欄的「資料型態」，欄位註標的起始值是由 0 開始。
GetOrdinal(" 欄位名稱 ")	取得某個欄位的欄位註標 (順序位置)。
GetValue(i)	利用欄位註標來取得「第 I 欄的資料」，欄位標註的起始值是由 0 開始。
GetValues	取得全部欄位的資料。
IsNull(i)	用來判斷欄位註標第 I 欄是否有資料，欄位標註的起始值是由 0 開始。
Close	將 DataReader 物件關閉。

1. Read()方法

在看過DataReader的方法與屬性一覽表之後，便可以很清楚的了解每一種方法與屬性的使用方法，而利用DataReader物件來「讀取資料庫中第一筆紀錄」時，如果讀到紀錄時，則傳回True；否則傳回False。但是或許讀者會問，當資料紀錄有兩筆或兩筆以上時，那我們要如何讀取全部的紀錄呢？非常簡單，我們只要在程式片段中利用While--- End While 與For…Next迴圈，即可顯示所有的資料。

格式 ▶▶

```
While DataReader.Read()
   For i = 0 To DataReader.FieldCount - 1
      TextBox1.Text &= DataReader.Item(i) & vbTab
   Next i
End While
```

說明 ▶▶ 要完成以上的程式時，DataReader物件必須再配合FieldCount屬性來取得紀錄中「總欄位數」，以及利用Item(i)屬性取得「第I欄的資料」。

如果所要讀取的欄位資料是循序的，則利用For/Next迴圈是最佳的方式，但是，如果要顯示的欄位資料並非是循序的，則必須要利用直接指定法，直接在Item屬性中輸入欄位名稱。

格式 ▸▸

```
While DataReader.Read()
  TextBox1.Text &= DataReader.Item("欄位名稱1") & vbTab
  TextBox1.Text &= DataReader.Item("欄位名稱2") & vbTab
  TextBox1.Text &= DataReader.Item("欄位名稱3") & vbTab
        ----------------------------------------------
        ----------------------------------------------
        ----------------------------------------------
  TextBox1.Text &= DataReader.Item("欄位名稱N") & vbTab
  End While
```

半成品一：執行結果

程式碼：ch14-4.2A.sln

```
01  Imports System.Data
02  Imports System.Data.SqlClient
03  Public Class Form1
04      Private Sub Button1_Click(……) Handles Button1.Click
05          Dim Source As String                      ' 宣告連線的字串
06          Source = "server=localhost;"              ' 伺服器
07          Source += "database=ch14_DB;"             ' 資料庫
08          Source += "user id=sa;"                   ' 登入的帳號
09          Source += "password=123456"               ' 密碼
10          Dim conn As SqlConnection                 ' 宣告連線的物件
11          conn = New SqlConnection(Source)          ' 連線
12          conn.Open()                               '開啟資料庫
13          Dim SelectCmd As String
14          Dim i As Integer
15          SelectCmd = "select * from 學生資料表"
16          Dim Cmd As SqlCommand = New SqlCommand(SelectCmd, conn)
17          Dim reader As SqlDataReader
18          reader = Cmd.ExecuteReader()
19          '顯示資料表欄位的所有資料
20          While reader.Read()
21              For i = 0 To reader.FieldCount - 1
22                  TextBox1.Text &= reader.Item(i) & vbTab
23              Next i
24              TextBox1.Text &= vbNewLine
25          End While
26          conn.Close()                              '關閉資料庫
27      End Sub
28  End Class
```

❖圖14-7

如果利用直接指定法直接在Item屬性中輸入欄位名稱，則以上行號20~25必須改為
以下程式即可。

```
While reader.Read()
        TextBox1.Text &= reader.Item("學號") & vbTab
        TextBox1.Text &= reader.Item("姓名") & vbTab
        TextBox1.Text &= reader.Item("系碼") & vbTab
        TextBox1.Text &= vbNewLine
End While
```

2. GetName(i)方法

完成上面的程式碼之後，您是否會發現：只會顯示出所有的紀錄，但是卻無法即時
了解每一筆紀錄中，每一個欄位所代表的意義呢？因此，我們必須要把每一筆紀錄
的每一個欄位名稱顯示出來，當作抬頭名稱。

格式 ▶▶　利用欄位註標取得欄位名稱。

```
For i = 0 To Reader.FieldCount - 1
    TextBox1.Text &= reader.GetName(i) & vbTab
Next i
```

說明 ▶▶

GetName(i)是用來取得資料表中的每一筆紀錄的欄位名稱。

完整的執行結果：

程式碼：ch14-4.2B.sln

```
01  Imports System.Data
02  Imports System.Data.SqlClient
03  Public Class Form1
04      Private Sub Button1_Click(……) Handles Button1.Click
05          Dim Source As String                    '宣告連線的字串
06          Source = "server=localhost;"            '伺服器
07          Source += "database=ch14_DB;"           '資料庫
08          Source += "user id=sa;"                 '登入的帳號
09          Source += "password=123456"             '密碼
10          Dim conn As SqlConnection               '宣告連線的物件
11          conn = New SqlConnection(Source)        '連線
12          conn.Open()                             '開啟資料庫
13          Dim SelectCmd As String
14          Dim i As Integer
15          SelectCmd = "select * from 學生資料表"
16          Dim Cmd As SqlCommand = New SqlCommand(SelectCmd, conn)
17          Dim reader As SqlDataReader
18          reader = Cmd.ExecuteReader()
19          '顯示資料表欄位名稱
20          For i = 0 To reader.FieldCount - 1
21              TextBox1.Text &= reader.GetName(i) & vbTab
22          Next i
23          TextBox1.Text &= vbNewLine
24          '顯示資料表欄位的所有資料
25          While reader.Read()
26              For i = 0 To reader.FieldCount - 1
27                  TextBox1.Text &= reader.Item(i) & vbTab
28              Next i
29              TextBox1.Text &= vbNewLine
30          End While

31          conn.Close()            '關閉資料庫
32      End Sub
33  End Class
```

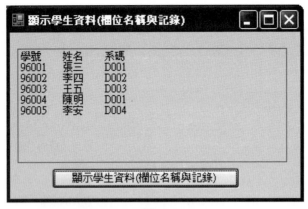

❖ 圖14-8

14-4-3 　使用DataSet物件讀取資料

　　DataSet物件是System.Data命名空間中很重要的物件，可說是ADO.NET中的主角。您可以把它想像成一個記憶體中的資料庫暫存區，其主要的功能是取得資料庫中的資料之後，再顯示在瀏覽器上。DataSet物件採用離線存取資料庫的方式，但是，DataSet物件本身並沒有存取資料庫的能力，因此它需要依賴其他的物件（例如：SqlConnection物件、SqlCommand物件，或是OldDbDataAdapter物件）提供資料給它。其中，以「OldDbDataAdapter」物件跟DataSet之間的關係最為密切。其程式流程如圖14-9：

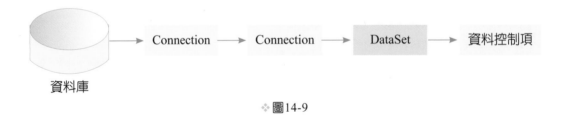

❖ 圖14-9

連結DataAdapter物件的步驟

步驟1▶▶ 宣告並建立DataSet與DataAdapter兩個物件。

步驟2▶▶ 利用DataAdapter物件直接執行SQL語法。

步驟3▶▶ 最後使用DataAdapter物件的Fill方法將查詢資料的結果放到DataSet物件中。此時，DataSet物件中馬上自動產生一個DataTable物件，該DataTable物件會以資料表的方式存放查詢資料的結果。所以，只要透過DataTable物件，即可取得SQL命令所查詢的資料。如下語法產生名稱為「學生資料表」的DataTable物件。

```
Dim DataSet物件 As DataSet = new DataSet()
Dim DataAdapter物件 As SqlDataAdapter
Selectcmd = "Select * from Stu_Data"    '查詢學生資料表
DataAdapter 物件= New SqlDataAdapter(SelectCmd, conn)
DataAdapter物件.Fill(DataSet物件, "學生表")
```

上述程式在DataSet物件中產生了「學生表」的Table物件。

程式碼：ch14-4.3.sln

```
01  Imports System.Data
02  Imports System.Data.SqlClient
03  Public Class Form1
04      Private Sub Button1_Click(……) Handles Button1.Click
05          Dim Source As String                    '宣告連線的字串
06          Source = "server=localhost;"            '伺服器
07          Source += "database=ch14_DB;"           '資料庫
08          Source += "user id=sa;"                 '登入的帳號
09          Source += "password=123456"             '密碼
10          Dim conn As SqlConnection               '宣告連線的物件
11          conn = New SqlConnection(Source)        '連線
12          conn.Open()                             '開啟資料庫
13          ' 開啟資料庫
14          Dim SelectCmd As String
15          SelectCmd = "select 學號,姓名,系名 from 學生資料表,科系代碼表 where 學
生資料表.系碼=科系代碼表.系碼"
16          '宣告物件
17          Dim DtApter As SqlDataAdapter
18          Dim DtSet As DataSet
19          DtApter = New SqlDataAdapter(SelectCmd, conn)
20          DtSet = New DataSet
21          '讀取資料表
22          DtApter.Fill(DtSet, "學生資料表")
23          DataGridView1.DataSource = DtSet.Tables("學生資料表")
24          conn.Close()                            ' 關閉資料庫
25      End Sub
26  End Class
```

顯示結果▶▶

DataGridView
控制項

❖圖14-11

CHAPTER 15

SQL Server

資訊系統之專題製作

● **本章學習目標**

1. 讓大專授課老師瞭解如何指導學生實作專題製作。
2. 讓讀者瞭解一個資訊人員如何經過一連串的規劃、分析、設計、製作及維護來開發一套資訊系統。
3. 讓讀者瞭解開發一套數位學習系統之資料庫設定的方法與步驟。

● **本章內容**

前言

由於資訊化時代的到來，使得各行各業對資訊人才的需求急速增加，因此，目前全國大專院校已有超過一百多間學校都設立有「資訊系所」，其中包括：資訊管理與資訊工程等相關系所。而如此多所學校，每年產出上萬位資訊人員，如何在這麼競爭的環境中取得優勢，那就必須要將在校所學的「理論」加以「實務化」，如此，才能與外界的企業環境整合。因此，在本章中將帶領各位從「理論派」轉換為「理論派+實務派」，如此，才能在畢業之後，在工作職場上百戰百勝。

15-1
如何指導學生實務專題製作
●●●●●

在大專院校裡，資管系、資工系及相關科系的學生在學習「程式設計」、「資料庫系統」、「系統分析與設計」或「軟體工程」等課程的同時，老師往往會要求在期末時必須要將本學期所學習的理論，實際應用到實務資訊系統的開發。如此可以讓學生所學，真正「學以致用」。因此，在整個資訊系統的開發過程中，必須要牽涉到許多元素，包括：軟硬體設備、人員的互動、系統分析的藍圖，以及資料庫設計及正規化等等。其中，牽涉到「技術層面」、「管理層面」及「團隊合作層面」等三個層面，相輔相成，缺一不可。

因此，學生在開發資訊系統的過程中，不僅可以深入體會上課時所學習的理論之重要性，更能將所學的理論加以實務化。

15-1-1 專題準備工作

任何專案的進行都必須要經過計劃、執行及考核，而資訊系統的開發也不例外。因此，授課老師要讓學生在學期末時開發一套可用的資訊系統，就必須要在學期初時做好準備工作：

一、各組學生人數的分配

為了顧及指導老師與學生的互動時間及品質，每一位老師所指導的組別不適合太多；各組人數最好控制在3~5人，並且每一個人的工作職責也要有所規定，否則整個專案開發工作可能會落在一個人身上。

二、開發工具的選用

1. 資料庫管理系統（DBMS）

(1) 大型DBMS：SQL Server、Oracle

(2) 小型DBMS：Access

2. 程式語言

(1) JAVA類：JSP

(2) 微軟系列有：ASP、ASP.NET

(3) 其他類：PHP

在開發系統時，必須考慮到「專案管理小組」之程式設計師成員所熟悉的開發語言，否則還必須重新訓練，不只費時，又沒有效率。而在一個資訊系統的環境中，可能會有多種不同的作業系統，因此，在開發資訊系統時也必須考慮到語言是否有跨平台使用的功能，否則，必須要同時撰寫好幾套系統。例如：JAVA具有跨平台的功能。

三、專題的進行方式（見第15-1-2節「專題進行方式」）

四、時程的規劃（見第15-1-3節「專題時程規劃」）

五、提供大小適中的參考專案題目（見第15-1-8節「專題參考範例」）

六、期末專題評分標準

各組的成員都必須報告在整個資訊系統開發過程中的貢獻程度。例如：5人中，哪些同學是負責系統分析與資料庫設計（2人）、軟體開發工作（2人）及文件製作（1人）等等，老師可以針對每一個人的貢獻程度來給分。

15-1-2　專題進行方式

專題的進行方式，教師可以依課程的長短來作決定。一般而言，建議授課老師以下三種不同課程長度的專題進行方式：

一、一學期課程

1. 調查規劃（產出：完整系統建議書）

2. 系統分析（繪出DFD圖）

3. 系統設計（資料庫設計）

二、一學年課程

1. 調查規劃（產出：完整系統建議書）

2. 系統分析（產出：軟體需求規格書）

3. 系統設計（雛型介面設計）

4. 系統製作（局部撰寫程式）

三、畢業專題（大三～大四）

1. 調查規劃（產出：完整系統建議書）

2. 系統分析（產出：軟體需求規格書）

3. 系統設計（產出：軟體設計規格書）

4. 系統製作（產出：可用的資訊系統）

5. 完整系統文件的製作

15-1-3　專題時程規劃

一、一學期課程

1. 調查規劃（產出：完整系統建議書）

2. 系統分析（繪出DFD圖）

3. 系統設計（資料庫設計）

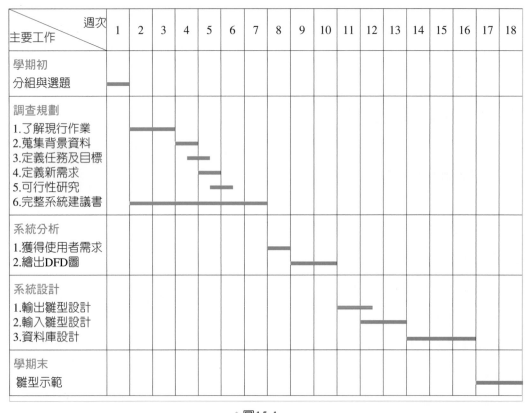

❖圖15-1

15-1-4　專題分組

專題的分組，通常在第一天上課的時候就必須要完成。其分組工作有兩項原則：

一、人數控制

各組中的人數最好控制在3~5人。

二、背景（專長）

各組中的成員最好背景專長是可以互補的。

1. 領導能力　➜　統籌整個專題的進度
2. 溝通能力　➜　了解使用者的需求，並設計系統分析藍圖
3. 資料庫能力 ➜　依照藍圖設計資料庫及正規化為最佳化
4. 程式能力　➜　依照藍圖與正規化表格來撰寫程式碼
5. 文件能力　➜　編輯文件及製作相關系統手冊及操作手冊

15-1-5　專題題目

分組完成之後，接下來的工作就是每一組學生準備選擇自己有興趣的題目。而指導老師也應該先為同學找一些大小適中的專題題目來提供學生挑選或參考（見第15-1-8節「專題參考範例」）。

除此之外，學生在選題目時，必須考慮該系統是否有真正的使用單位，如果有的話，就必須要與使用者有高度的互動，以了解使用者的真正需求。其優點如下：

1. 學習如何與使用者互動。
2. 開發一個有用的資訊系統，以符合業界的需求。
3. 作為個人及團隊的重要「經歷」項目。
4. 在完成之後，使用單位可能還會提供一些「工讀費」。
5. 畢業之後，找工作的重要指標之一。

15-1-6　專題控制與輔導

專題的控制與輔導對指導老師與學生而言，是一項非常花費時間的工作。基本上，指導老師在整個專題製作上是扮演「專案經理」的角色。因此，指導老師與學生每週應有固定的Meeting時間，讓各組的學生報告進度，並且提出相關的問題來與指導老師討論。

指導老師可以針對學生的問題加以回應與指導，並且可以請學生多多觀摩相關的網路或學長姊的作品，讓學生有比較完整的思考方向。

15-1-7 專題成果展示

　　一個資訊系統的開發是由整組成員共同合作，因此，在專題成果展示時，原則上，必須由每一位同學上台報告，說明個人在資訊系統開發過程中所扮演的角色及貢獻的部分，以作為老師評分的依據。

15-1-8 專題參考範例

　　一般而言，可以分為下面幾類：

校務行政系統	服務業
選課管理系統	美髮院資訊系統
排課管理系統	電子商務系統
圖書館管理系統	超市購物系統
線上測驗系統	影帶出租系統
電腦輔助教學系統（數位學習系統；網路教學系統；遠距教學系統）	旅遊諮詢系統
電子公文系統	語言購票系統
知識管理系統	房屋仲介系統
人力資源管理系統	生產管理系統
學生網頁系統	旅館管理系統
人事薪資管理	線上網拍系統
會計系統	租車管理系統
電腦報修系統	決策支援系統
線上諮詢預約系統	選擇投票系統
多媒體題庫系統	餐廳管理系統
財產保管系統	自動轉帳出納系統
庫存管理系統	醫院管理系統
智慧型概念診斷系統	E-mail帳號管理及自動發送系統

15-2 資管系學生畢業專題製作
（以e-Learning之選課系統為例）

15-2-1 研究動機與目的

雖然，目前有一些自由軟體形式的數位學習平台可以使用，但是，如果不符合我們的需求時，那就必須要自行開發e-Learning平台。身為資訊相關科系學生的您，如何去完成整個e-Learning平台的開發，就必須要經過SDLC（軟體開發生命週期）的過程。

首先瞭解何謂數位學習（e-Learning）？筆者將數位學習定義為「透過網路來進行網路學習的一種學習方式」，也因為數位學習屬於遠距教學裡的範圍，因此，數位學習除了線上互動之外，仍然可以有面對面的互動，就像現在空大每個月都還是會有一次面授上課是一樣的，其重點在於何者為主，何者為輔，主輔差別影響非常的大。

國外有些老師採用混合模式，也就是授課老師所開設的課程，在某一時段是採取傳統的教室教學；而另一時段則讓學生透過網路來進行線上學習，也就是所謂的「數位學習」，通常都會先採取教室教學一段時間，後半段待學生對整個課程的認知方面有比較清楚了解之後，再利用網路來進行線上教學、學習及互動。我們可以把此種混合模式想像成「傳統教學＋數位學習模式」。

我們國內的教育，蠻值得大家一起來研究及探討，就是在受正規教育範圍內，亦即中小學甚至到大專院校裡，通常都是採取「網路輔助教學」的方式，也就是說，老師還是一定要在教室內進行教學，而「數位學習平台」則是讓學生課後再複習數位教材、線上測驗、繳交作業及師生互動的學習環境。這種學習模式主要是在彌補課堂教室上課時間不夠的問題，其好處就是可以讓學生獲得更多的資源。比方說，學生可以跟老師進行同步與非同步的互動、閱讀及取得線上數位教材、筆記或大綱等等，這些都是數位學習平台帶給學生的「加值服務」。

綜合上述，「數位學習」就是指老師和學生不必在同一時間、地點出現，而是透過老師把數位教材放置在「數位學習系統」上，讓學生隨時可上網閱讀教材。若課業有問題，可利用E-mail、討論區、聊天室與老師或同學討論。老師透過學習平台來指定作業或線上命題測驗；學生也在線上寫作業並上傳。對於好的作業，並可公開在網路上供其他同學參考。學生可以自行調整學習的時間，學生扮演的角色應化「被動」為「主動」，主動閱讀教材、主動在網路上發問、主動解決問題、主動建構知識等。而老師除了將數位教材放在學習平台上，還可以利用數位學習系統中的檢視器來追蹤學習者的學習紀錄，教師可以利用學習歷程紀錄來檢視學習者的學習狀況，紀錄學生的學習路徑、次數、閱讀時間、學習表現及同儕互評作業，教師也可適時從旁協助，並以更客觀的方式來評量學習者的學習成效，同時即時有效的解決學生的學習困境。

15-2-2 e-Learning調查規劃階段

一、前言

　　了解開發「數位學習平台」可以讓學生得到「加值」的服務之後，我們已經順利完成了初步分析工作。在整個分析過程中，除了與開課老師討論之外，還向教務處蒐集了一些相關資料。現在就依初步分析結果提出簡要報告與建議，請惠予審核，如蒙核准，當立即著手進行新系統開發工作。

二、系統概況

(一) 系統目的

1. 讓「學習者」可以利用課餘時間，來進行線上學習、線上測驗、線上繳交作業、線上互動。

2. 讓「教學者」除了可以讓數位教材上傳到學習平台中；還可以從學習者平台上的學習歷程紀錄加以分析每一位學習者的學習情況；並且還可以在課餘時間與學生進行同步與非同步的互動，以增加學習成效。

(二) 系統功能

　　提供三種不同身分的使用者來使用，並且不同身分的使用者會有不同的管理權限。例如：管理者可以上線設定各課程的授課老師資料；授課老師可以上傳教材與進行線上命題等作業；而學習者可以線上閱讀教材、測驗及繳交作業等。

(三) 主要需求

1. 學習者可以看到個人的學習情況與歷程紀錄；而授課老師需要每一位學習者的學習歷程分析報表。

2. 數位教材必須要以「教學影片」呈現，同步的「視訊會議」系統必須具備高解析度的品質等需求，以提高線上學習意願。

(四) 限制條件

1. 開課的授課老師必須要自行製作數位教材與錄製教學影片。

2. 每一位學習者家中必須要有穩定的網路頻寬與數位攝影機及教材影片播放軟體：如Windows Media Player等設備。

3. 如果同時上線人數超過一百人，則會導致數位教學影片延遲現象。

(五) 作業流程

　　是指輸入資料到輸出結果的整個作業程序。學習者在進行線上學習時（輸入），電腦會自動紀錄每一位學習者的閱讀時間（處理），並讓授課老師可以查詢及列印出每一位學習者的學習情況（輸出結果）。

(六) 問題癥結

1. 學習能力較低的同學，在課堂上聽不懂，無法反覆的學習，導致學習意願低落。

2. 老師在課堂上指定的作業，學生無法即時的繳交，導致學習能力低的同學無法立即完成。

3. 在課餘時間，老師無法掌握學生的學習歷程，如果只從月考成績就決定學生的學習成效是不夠客觀的。

4. 學生與老師在課餘時間，沒有互動的平台。

三、可行性分析

(一) 技術可行性（Technical Feasibility）

　　可利用計算機中心現有的設備與人員，或再增加資訊相關科系的學生支援。

(二) 成本效益可行性（Cost-Benefit Feasibility）

1. 系統開發成本

(1) 系統分析師工作費	60,000元
(2) 程式設計師工作費	50,000元
(3) 系統使用者工作費	30,000元
(4) 電腦設備使用費	50,000元
(5) 相關軟體費用	50,000元
(6) 相關人員加班費	40,000元
(7) 其他雜費	30,000元
合計	310,000元

2. 效益

　　由於「數位學習平台」是給學生「加值」的學習服務，所以效益就必須要看授課老師課程內容的設計與教學策略的運用來決定了。

(三) 經費可行性（Cost-Benefit Feasibility）

　　與成本效益可行性的「成本」相同。

(四) 時限可行性（Feasibility）

　　假設數位學習系統的開發時間為半年，可以使用五年。

(五) 法規可行性（Feasibility）

　　「數位學習平台」是給學生「加值」的學習服務，沒有違反學生學習權的法規。

四、開發經費與時程

(一) 開發經費

與成本效益可行性的「成本」相同。

(二) 開發時程

工作項目	2月	3月	4月	5月	6月	7月
系統分析	▬▬▬▬	▬▬▬▬				
系統設計			▬▬▬▬	▬▬▬		
系統建置					▬▬▬▬	▬▬▬▬

五、建議

(一) 經過初步分析的結果，電腦化之後，可以提高學生的學習興趣及成效。

(二) 建議早日實施數位化學習。

15-2-3　e-Learning系統分析階段

注意 系統分析可以利用您們「系統分析」課程的方法來撰寫

在完成e-Learning調查規劃階段之後，接下來，就是要再確認使用者需求、建立系統範圍、建立資料流程圖（DFD）等步驟。

一、確認使用者需求

即「資料的蒐集」。因為，系統分析師在規劃一個資訊系統時，若不先瞭解系統的特性與周遭環境，則設計出來的系統將會產生一些文不對題的荒謬結果。例如：以「e-Learning數位學習」為例，同樣都是線上學習，學校中的學生與公司企業中的員工便截然不同，兩者之間是無法互通的。因此，系統分析師要規劃一套資訊系統時，應先蒐集系統的相關背景資料，熟悉系統中每一個執行動作所牽涉到的背景資料，進而瞭解系統本身情況。

一般而言，資料來源可分為兩方面來蒐集：

1. 外界環境：學校、公司企業、顧客及相關資訊業者。

2. 內部環境：學校或公司內部的各種報表、法令、規章等。

事實上，我們所蒐集的資料，有些對於系統分析工作並無意義，因此，系統分析師必須要將資料的內容加以整理與過濾，以確保資料的品質。

(一) 蒐集哪些相關資料

　　一個電腦化資訊系統的運作一定要經過固定的流程，也就是說，它是由輸入（原始資料）再經過處理程序（轉換）之後，再產生輸出（結果）。因此，我們就必須要蒐集與這整個流程相關的各種資料，否則會產生GIGO（Garbage In Garbage Out）的現象。需蒐集的資料包括如下：

1. 系統輸出格式：指學生的個人成績單與學習歷程紀錄表。

2. 系統輸入格式：指學生個人基本資料表、選課單。

3. 系統處理程序：指學習者在進行線上學習及測驗時（輸入），電腦會自動紀錄每一位學習者的閱讀時間與成績（處理），並讓授課老師可以查詢及列印出每一位學習者的學習情況（輸出結果）。

4. 交易處理資料的數量：指學習者與其他使用者的總人數。

5. 尖峰與離峰時間的作業流量情況。

    (1) 尖峰時間流量是指同時上線的學生人數。

    (2) 離峰時間流量是指平常非同步上線的學生人數。

6. 管理者對本系統的政策：指學校的校長、院長及主任是否支持本系統。

7. 例外處理方式與控制方法：指當系統同時上線人數超過一百人，則會導致數位教學影片延遲現象，處理機制或停電時是否有不斷電系統（UPS）等等。

8. 各部門與系統的關係：系統是否只有資訊科系的師生在使用，而其他科系是否也有意願使用數位學習平台等等。

9. 系統的未來發展情況：系統除了用在學生課餘時間的「加值」服務之外，未來是否要推廣到學生的重補修學分或學分先修班等等。

10.系統的資料內容、格式與專有名詞：指數位學習平台中的數位教材格式是否要符合XML格式，以便平台與平台之間資料的交換等相關的議題。

11.其他相關資料等。

(二) 問卷調查

　　指針對每次調查的目標，所設計一連串與系統有關的問題。一般來說，問卷調查適合於大型企業或公眾資訊系統的設計，因為它所涉及的作業範圍或對象太廣，系統分析師無法逐一親自調查，故利用問卷方式來收集使用者需求較為可行。如表15-1「數位學習問卷調查表」所示。

❖表15-1 數位學習問卷調查表

親愛的同學您好：

學校爲了推動「校務e化」，目前正積極開發e-Learning數位學習系統，來讓同學們可以利用課餘時間進行線上學習。而爲了讓規劃工作能夠更順利地進行，特別設計本份問卷，請各位同學抽空回答下列問題。目的在了解您的學習意見，俾爲日後辦理數位學習有所助益。您所填答的資料絕對保密，請安心作答。非常謝謝您的幫忙！

雄雄數位學習研究室　啓

1. 性別：□女　□男

2. 年齡：□15　□16　□17　□18歲以上

3. 家中是否有網路：□沒有 □有

4. 學習電腦的時間有多久：□1年以下 □1-3年 □4-6年 □7年以上

5. 接觸網路的時間有多久：□1年以下 □1-3年 □4-6年 □7年以上

6. 你目前就讀的科系：□資管系　□企管系　□工管系　□其他_____

7. 曾經有利用過e-Learning學習嗎？□沒有 □有

8. 如果你有利用e-Learning線上學習，最吸引你再度線上學習的原因？

　　_____

9. 你認爲e-Learning系統必須要提供哪些服務？(可複選)

　　□觀看教學影片 □線上練習 □線上作業 □線上互動

　　□其他_____

10. 其他建議事項：

二、建立資料流程圖（DFD）

　　一般資料流程圖可分為「高層次圖」（High-Level Diagram）與「低層次圖」（Low-Level Diagram）兩種。而在做初步分析時的目的是可行性研究，只需繪製「高層次圖」。在「高層次圖」之資料流程圖又分為下列兩種：

1. 環境背景圖（Context Diagram），又稱為概圖。

2. 主要功能圖或零階層圖（Level-0 Diagram）。

(一) 環境背景圖

環境背景圖是資料流程圖的一種,在調查階段,有的人利用它進行功能需求分析。

1. 環境背景圖的組成元件

(1) 外界實體

與系統有訊息交換或資料傳遞的人、組織、甚至其他已存在的系統。例如:學生、老師等資料來源。

(2) 處理功能

環境背景圖是一個單一處理的資料流程圖,因此它只包含一個處理,利用這個單一處理表示整個新的系統,並且內含新系統的名稱。

(3) 外部資料流

即來自系統外面的輸入資料流,例如:選課;或者輸出至系統外面的輸出資料流,例如:選課表或成績單等。

(4) 外部資料儲存所

即新系統所使用的外部檔案,這種外部檔案可能是其他組織單位所建立的。

2. 環境背景圖的繪製方法:

環境背景圖又稱為概圖,主要功能在定義與系統有關的外部實體(Terminator)及系統與這些外部實體的介面(Interface)間的關係。其繪製步驟如下:

(1) 確定欲建立的系統

在圖中畫一個圓圈(即轉換處理符號),用以表示欲建立的系統,並且將欲建立系統的名稱寫在圓圈中。假設欲建構一個「數位學習系統」,如圖15-2「數位學習系統之概圖」所示。

❖圖15-2　數位學習系統之概圖

(2) 確定並繪出與系統相關的外界實體。

假設與「數位學習系統」相關的外界實體有學生、授課老師及系統管理者,如圖15-3「數位學習系統之概圖」所示。

❖圖15-3　數位學習系統之概圖

(3) 繪製系統與外界實體間輸入與輸出之資料流。

　　假設與「數位學習系統」相關的外界實體有學生、授課老師及系統管理者，並
註明資料流名稱。如圖15-4「數位學習系統之概圖」所示。

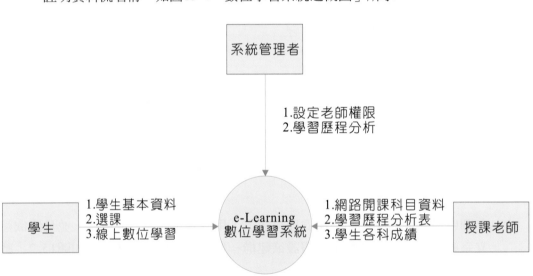

❖圖15-4　數位學習系統之概圖

(4) 倘若新系統為即時系統，另外必須增加控制流。

(二) 建立主要功能圖

1. 主要功能圖的組成

　　主要功能圖為環境背景圖的延伸，它將原本單一處理的環境背景圖，經過功能分解，產生包含數個功能處理的資料流程圖，其中每個主要功能利用一個圓圈表示，它的組成元件與資料流程圖相同，因為它是資料流程圖的最上層。

2. 主要功能圖的繪製方法

(1) 劃分系統的主要功能單元

　　按系統的功能特性，將系統分解成一個以上的主要功能單元，每一單元以一轉換圖形表示之，並按作業順序，由左而右，由上而下依次繪製各種圖號，並賦予每個功能名稱及編號。例如：編訂1.0、2.0、3.0等編號。如圖15-5「數位學習系統之圖0」所示。

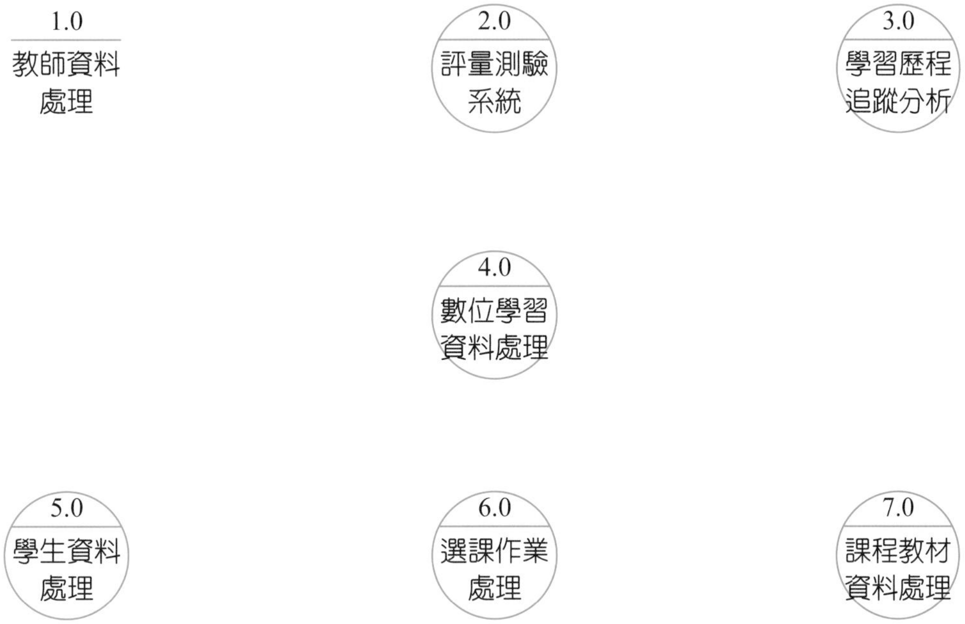

❖ 圖15-5　數位學習系統之圖0

(2) 確定每一功能單元與外界實體間的輸出入關係,並賦予資料流名稱

　　每一功能單元從哪些外界實體輸入什麼表單,同時應輸出什麼表單到哪些外界
實體,均應詳列於箭頭線上。如圖15-6「數位學習系統之圖0」所示。

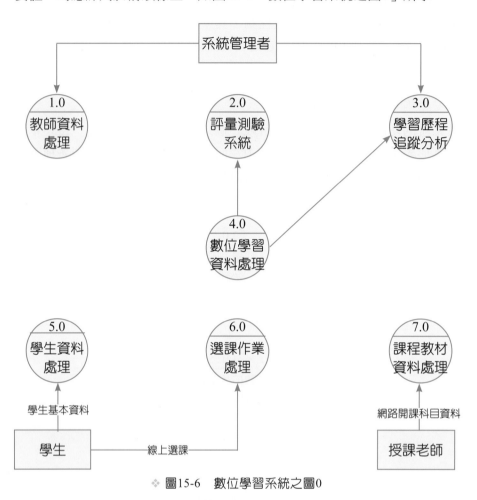

❖ 圖15-6　數位學習系統之圖0

(3) 確定每一功能單元需使用的資料儲存檔案

詳列每一功能單元所需存取的資料儲存檔案名稱及其存取資料項目。資料儲存檔案是以三邊長方形表示之,存取之資料項目名稱則應詳列於箭頭線上。如圖15-7「數位學習系統之圖0」所示。

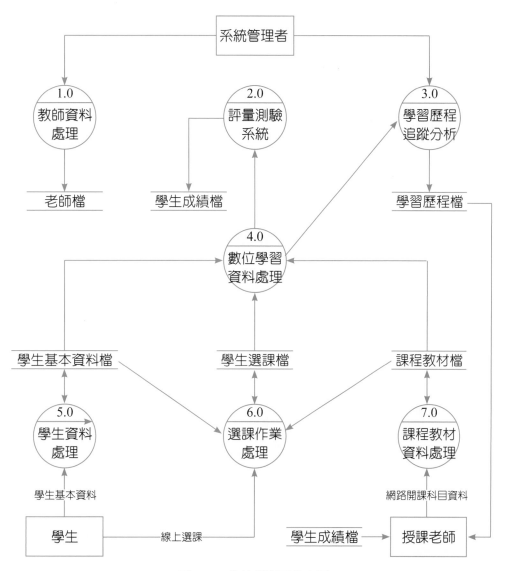

❖ 圖15-7 數位學習系統之圖0

15-2-4　e-Learning資料庫的設計

一、設計選課系統的E-R圖

　　首先，我們需要了解情境中的每一個實體。第二就是設定實體與實體之間的關係（Relationship）。第三就是決定實體的屬性（Attribute）。第四就是決定各個實體的鍵值（Key）。最後決定實體之間的基數性。其說明如下所示：

1. 以使用者觀點決定資料庫相關的實體（Entity）

2. 設定實體與實體之間的關係（Relationship）

3. 決定實體的屬性（Attribute）

4. 決定各個實體的鍵值（Key）

5. 決定實體之間的基數性（Cardinality）

範例▶▶

　　　　情境一：假設每一位學生必須要選修一門以上的課程，也可以不選某一課程；而每一門課程可以被多位學生來選修。

　　　　情境二：假設每一門科系包含許多學生，並且每一位學生只能歸屬於某一科系。

　　　　請依照以上情境來建立學生及課程之教務資料庫系統E-R圖。

解答▶▶　1. 分析

　　　　(1) 以使用者觀點決定資料庫相關的實體（Entity）

　　　　　　例如：學生及課程三個實體。

　　　　(2) 設定實體與實體之間的關係（Relationship）

　　　　　　例如：學生與課程有「選課」關係。

　　　　(3) 決定實體的屬性（Attribute）

　　　　　　例如：學生的屬性有學號、姓名、班級。課程屬性則有課程編號、課程名稱及學分數。

　　　　(4) 決定各個實體的鍵值（Key）

　　　　　　例如：可用學生的學號來辨認學生這個實體。

　　　　(5) 決定實體之間的基數性（Cardinality）

2. E-R圖

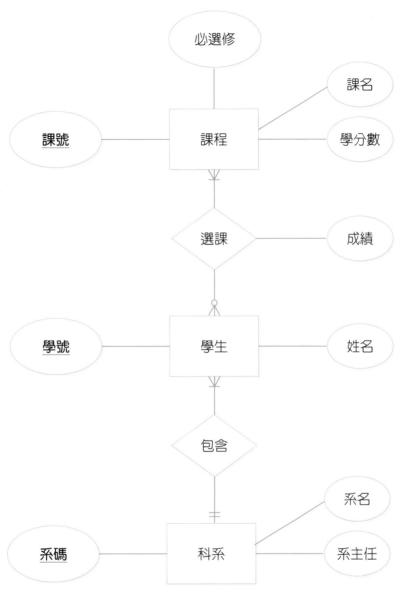

❖圖15-8 數位學習系統之選課系統的E-R圖

二、將E-R圖轉換成對應表格

課程資料表 (**課號**,課名,學分數,必選修)

選課資料表 (**學號,課號**,成績)

學生資料表 (**學號**,姓名,系碼)

科系代碼表 (**系碼**,系名,系主任)

15-2-5 e-Learning系統製作階段

一、系統架構圖

開發數位學習平台,其實就是一種「動態教學網頁」與「資料庫系統」結合的應用。其數位學習系統中,包括了「網頁程式」與「資料庫」兩個部分,提供了幾乎傳統教學中所有的學習功能。例如:選課、教材、測驗、作業、討論、聲音、影像等。這些龐大而重要的學習元素資料,就儲存在資料庫中。因此,我們必須要再撰寫「網頁程式」來讓學生在任何時間、任何地點進行線上學習,其架構圖如圖15-9所示。

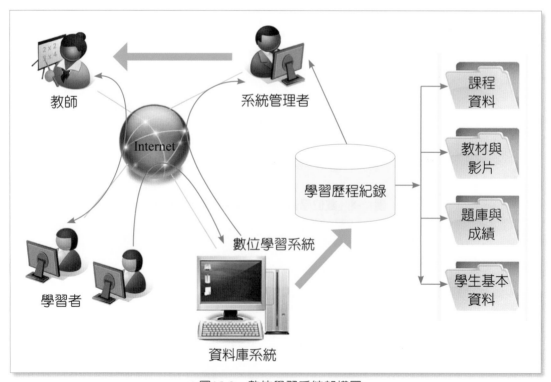

❖圖15-9 數位學習系統架構圖

二、系統製作（以e-Learning之選課系統為例）

學生選課作業是一項非常繁雜的工作，早期的人工作業必須耗費相當多的人力資源，工作者也必須負擔龐大的工作量。自從個人電腦普及之後，才逐漸把人工作業方式轉變成資訊管理方式。然而，工作量及時間是否能隨著電腦化的來臨而縮減呢？這是我們在這資訊化時代的重要課題。

範 例 1

首先，我們利用SQL建立四個資料表，分別為：學生資料表、科系代碼表、選課資料表及課程資料表，並且建立資料庫關聯圖，如圖15-10所示：

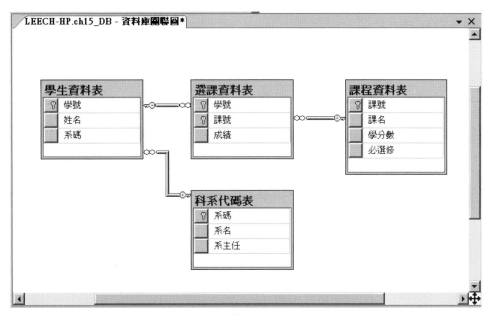

❖圖15-10

一、學生資料表

	學號	姓名	系碼
1	S0001	一心	D001
2	S0002	二聖	D001
3	S0003	三多	D002
4	S0004	四雄	D003

❖圖15-11

二、科系代碼表

	系碼	系名	系主任
1	D001	資管系	林主任
2	D002	資工系	陳主任
3	D003	工管系	王主任
4	D004	企管系	李主任
5	D005	幼保系	黃主任

❖ 圖15-12

三、選課資料表

	學號	課號	成績
1	S0001	C001	67
2	S0001	C002	85
3	S0001	C003	100
4	S0002	C004	89
5	S0003	C002	90

❖ 圖15-13

四、課程資料表

	課號	課名	學分數	必選修
1	C001	程式設計	4	必
2	C002	資料庫	4	必
3	C003	資料結構	3	必
4	C004	系統分析	4	必
5	C005	計算機概論	3	必
6	C006	數位學習	3	選
7	C007	知識管理	3	選
8	C008	計算機概論	3	必

❖ 圖15-14

步驟1▶▶ 在VB 2010的設計環境中，再加入四個表單（Form2~Form5），並且將From5的Name屬性值改為「MainForm」、IsMdiContainer屬性值改為「True」及Text屬性值改為「學生選課系統」，完成之後如圖15-15所示：

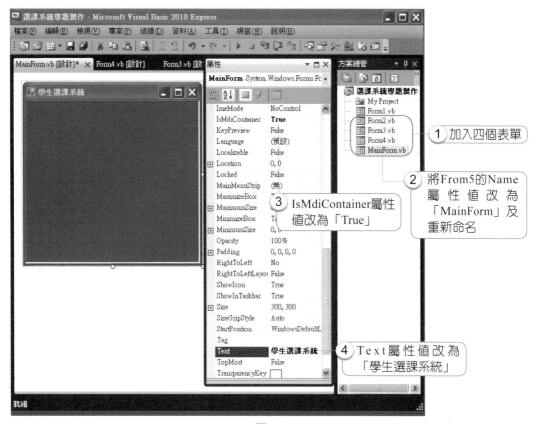

❖ 圖15-15

步驟2 ►► 加入功能表及工具列編輯器到MainForm主表單中。如圖15-16所示：

❖ 圖15-16

步驟3▶▶　在功能表中加入三個選項，分別為「設定科系代碼」、「課程管理」及「學生管理與選課作業」。如圖15-17所示：

❖圖15-17

步驟4▶▶　設定「啟動表單」方法為選取「專案／選課系統專題製作　屬性」之後，接著點選「應用程式」標籤，再選取啟動表單為「MainForm」。如圖15-18所示：

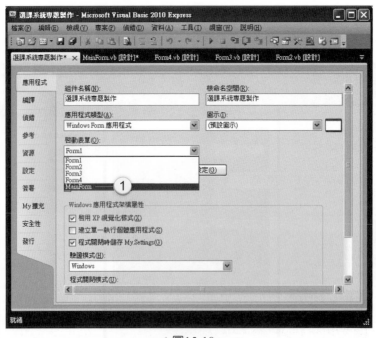

❖圖15-18

步驟5▶▶ 撰寫主表單（MainForm）呼叫子表單（Form1~Form3）的程式碼。如圖
15-19所示：

❖ 圖15-19

步驟6▶▶ 測試執行畫面。如圖15-20所示：

❖ 圖15-20

步驟7▶▶ 設計「設定科系代碼介面」及程式碼

1. 表單設計：

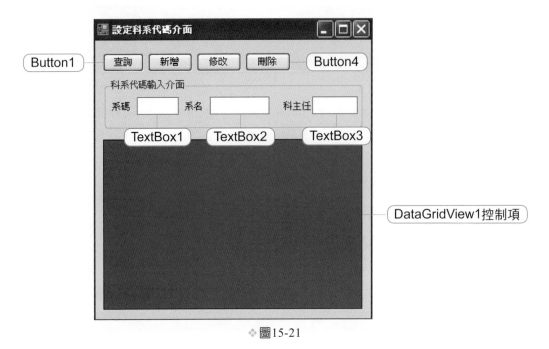

❖圖15-21

2. 程式設計：完整程式碼在附書光碟中：《選課系統專題製作.sln》。

3. 執行結果：

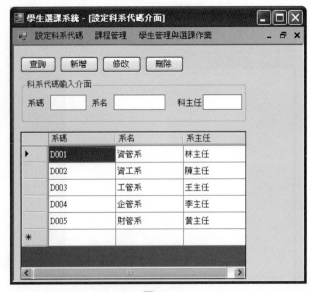

❖圖15-22

步驟8 ▶▶ 設計「課程管理介面」及程式碼

　　　1. 表單設計：

❖圖15-23

　　　2. 程式設計：完整程式碼在附書光碟中：《選課系統專題製作.sln》

　　　3. 執行結果：

❖圖15-24

步驟9 ▶▶ 設計「學生管理」及程式碼

1. 表單設計：

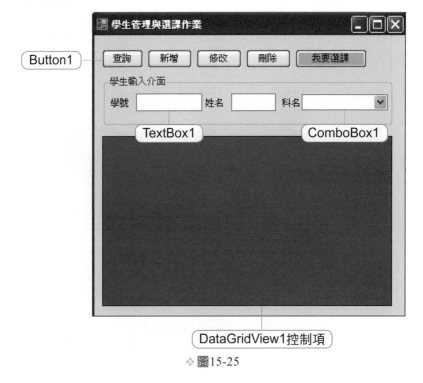

❖ 圖15-25

2. 程式設計：完整程式碼在附書光碟中：《選課系統專題製作.sln》

3. 執行結果：

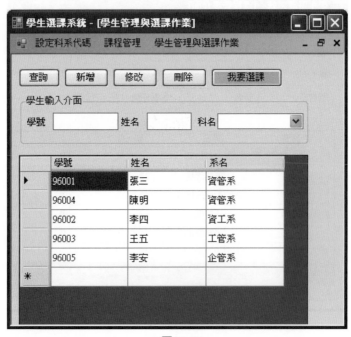

❖ 圖15-26

步驟10 ▶▶ 設計「選課作業」及程式碼

1. 表單設計：

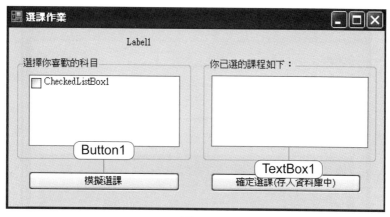

❖圖15-27

2. 程式設計：完整程式碼在附書光碟中：《選課系統專題製作.sln》

3. 執行結果：

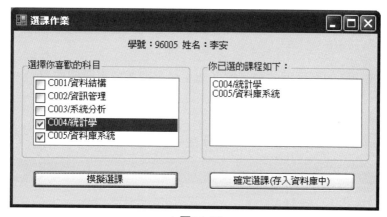

❖圖15-28

步驟11 ▶▶ 查看SQL Server資料庫中的選課紀錄。如圖15-29所示：

❖圖15-29

範例 2

承範例1，再加入一個表單，用來查詢學生的選課紀錄。

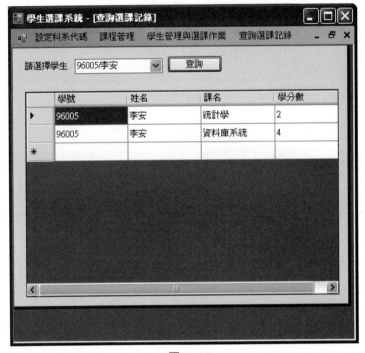

❖圖15-30

解答▶▶ 在附書光碟的範例程式中，檔名為：《選課系統專題製作.sln》

範例 3

承範例1，再加入一個表單，用來讓學生可以進行「退選」作業。

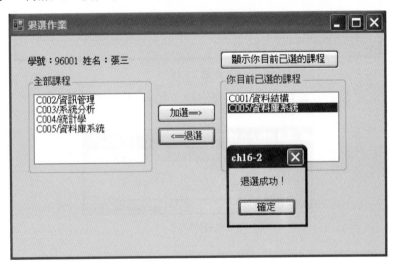

❖圖15-31

解答▶▶ 在附書光碟的範例程式中，檔名為：《選課系統專題製作.sln》

15-3
學生選課系統之實作

15-3-1 選課系統專題製作（使用VB 2010）單機版

學生選課作業是一項非常繁雜的工作。早期的人工作業必須耗費相當多的人力資源，工作者也必須負擔龐大的工作量。自從個人電腦普及之後，才逐漸把人工作業方式轉變成資訊管理方式。然而，工作量及時間是否能隨著電腦化的來臨而縮減呢？這是我們在這個資訊化時代中相當重要課題。

15-3-2 選課系統專題製作（使用Visual C# 2010）單機版

《請參考附書光碟的範例程式》

15-3-3 選課系統專題製作（使用ASP.NET 3.5 for VB）網路版

《請參考附書光碟的範例程式》

註：請先安裝「Microsoft Visual Web Developer 2008 Express版」。

15-3-4 選課系統專題製作（使用ASP.NET 3.5 for C#）網路版

《請參考附書光碟的範例程式》

15-4
線上撰寫SQL指令介面

一般而言，我們要撰寫SQL指令來查詢資料表中的紀錄，必須要先開啟資料庫管理系統（DBMS），例如：Access或SQL Server，才能在SQL的編輯環境中撰寫指令。如果使用者想透過線上進行SQL指令撰寫，則必須要有一個「線上撰寫SQL指令介面」的進行。因此，在本單元中，將介紹如何設計一個介面來進行「線上撰寫SQL指令」。

實作▶▶ 請利用Visual Web Developer（以下簡稱VWD）2008設計一個可以讓使用者直接撰寫的SQL指令介面。

步驟1▶▶ 請先安裝「Microsoft Visual Web Developer 2008 Express版」。

步驟2▶▶ 找附書光碟中的ch15/03_選課系統專題製作（使用ASP.NET 3.5 for VB）網路版/線上撰寫SQL指令介面。

步驟3 ▶▶ 開啟檔案。

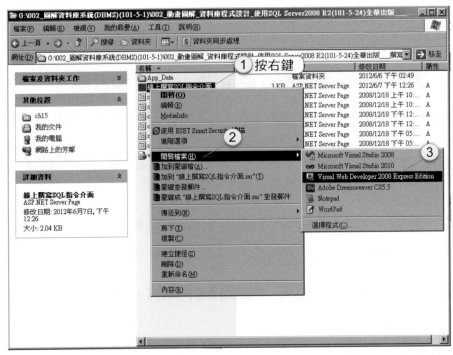

步驟4 ▶▶ 執行程式。

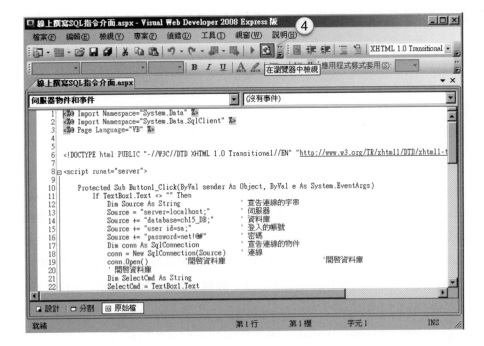

步驟5►► 撰寫SQL指令。

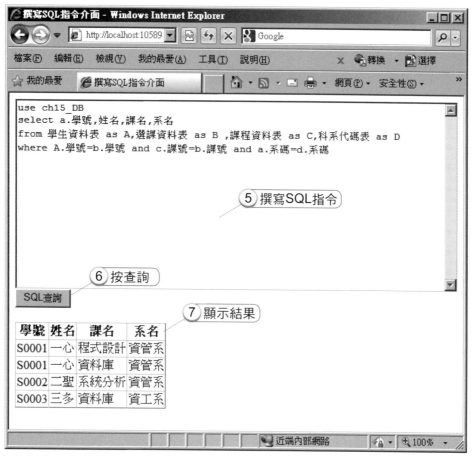

《請參考附書光碟的範例程式》

APPENDIX A

SQL Server 2008 的基本操作

本章學習目標

1. 讓讀者瞭解SQL Server 2008中，大型資料庫管理系統的基本操作。

2. 讓讀者瞭解在SQL Server 2008中，建立資料紀錄的兩種方式：人工與自動輸入。

本章內容

A-1 啟動與建立資料庫SQL Server 2008 ●●●●●

在您安裝SQL Server 2008軟體之後,接下來,我們就可以啟動它。

步驟1▶▶ 請在您的螢幕畫面上執行「開始/程式集/Microsoft SQL Server 2008/「SQL Server Management Studio」來啟動SQL Server 2008。

步驟2▶▶ 在啟動軟體之後,就會出現「連接到伺服器」的對話方塊,如圖A-1所示:

❖圖A-1

步驟3▶▶ 在成功連接上之後,我們可以在「SQL Server Management Studio」對話方塊中,建立第一個SQL Server 2008資料庫。如下圖所示:

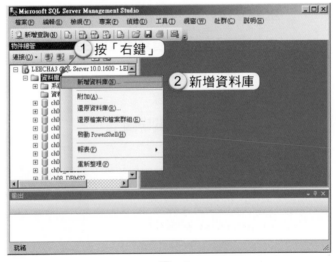

❖圖A-2

❖ 圖A-3

步驟4▶▶ 剛才建立的第一個SQL Server 2008資料庫。

❖ 圖A-4

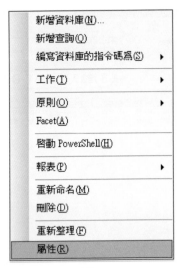

❖圖A-5

注意 此時在chA1_DBMS資料庫中按右鍵,並點選「屬性」後,如上圖A-5,請在左邊選取頁面中選取「檔案」,就會自動出現兩種類型的檔案名稱:

1. chA1_DBMS.mdf

2. chA1_DBMS_log.ldf

預設會儲存在「C:\Program Files\Microsoft SQL Server\MSSQL10.MSSQLSERVER\MSSQL\DATA」目錄下。

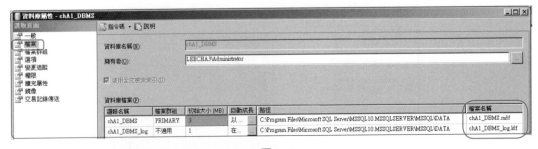

❖圖A-6

❖圖A-7

A-2

建立資料表

接下來，您可以開啟剛才建立的「chA1_DBMS.mdf」資料庫檔案，以建立資料表來實際存放資料。而資料庫設計的好壞將會直接影響到整個資料庫的存取效率及空間。因此，在建立資料表之前，必須要注意以下幾點原則：

1. 有相關的欄位才能放到同一個資料表中。

2. 資料表之間，除了「關聯欄位」之外，不要重複存放相同欄位的資料。

3. 每一個欄位必須要給予適當的資料類型。例如：姓名是屬於文字類型，成績則是整數類型。

4. 每一個資料表中的欄位個數不宜過多，如果欄位個數過多，並且有太多的重複現象時，可以分割成多個資料表，而各個資料表之後再透過「關聯欄位」來建立關聯。一般而言，資料表分割的原則如下：

   (1) 單一資料表中有過多的重複欄位值。

   (2) 某欄位值與該資料表的主鍵無關。

利用SQL Server 2008建立資料表

步驟1▶▶ 請在「物件總管」對話方塊中，先利用滑鼠將「chA1_DBMS」資料庫展開，再到「資料表」上按右鍵，並點選「新增資料表」。如圖A-8所示：

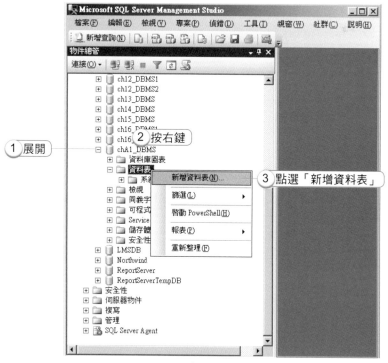

❖圖A-8

步驟2▶▶ 結果會出現下面的資料表欄位設計環境。

❖圖A-9

A-2-1 新增欄位

延續上一節的內容，我們將建立一個「學生資料表」，其所需要的欄位名稱及相關摘要說明如表A-1所示。

❖表A-1　學生資料表各項欄位名稱及說明

欄位名稱	資料型態	欄位大小	必須有資料	索引
學號	nchar	8	否	是
姓名	nchar	4	是	
班級	nchar	10	是	
電話	nchar	10	是	

在「學生資料表」的需求建立之後，接著就可以依序新增這些欄位，其步驟如下。

步驟1▶▶ 在資料表中設定欄位名稱、資料類型、欄位大小以及相關的屬性值。

❖圖A-10

步驟2▶▶ 當我們設計「學生資料表」的欄位名稱時,必須要先知道哪一個欄位值是唯一的(不能重複或NULL空的),來當作主鍵。設定主鍵的方法如下:

滑鼠移到學號欄位的左邊按一下左鍵後,該列便會出現反白區,再將滑鼠移到上面的工具列上點選主索引的工具鈕。

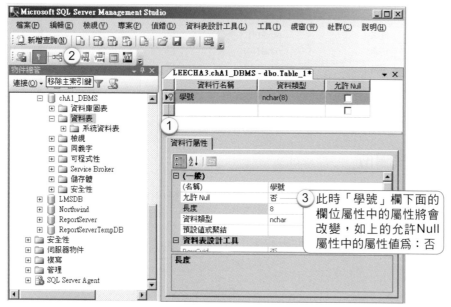

❖圖A-11

步驟3▶▶ 完成「學生資料表」的欄位名稱、資料類型及欄位屬性值的設定後，當然要把資料表儲存起來，預設的資料表名稱為「Table_1」，我們現在把資料表名稱改為我們所需要的「學生資料表」。

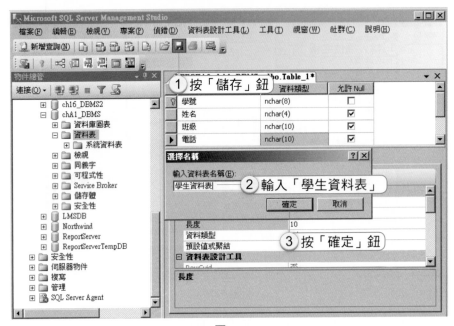

❖ 圖A-12

步驟4▶▶ 完成了資料表定義之後，如圖A-13所示：

❖ 圖A-13

A-2-2 刪除欄位

我們在規劃資料表的過程中，經常會發生「建立不必要的欄位」的情況，此時，我們可以將它們加以刪除。其說明如下：

步驟1▶▶ 先點選欲修改的「學生資料表」，在其上按滑鼠的「右鍵」，再按「設計」即可。

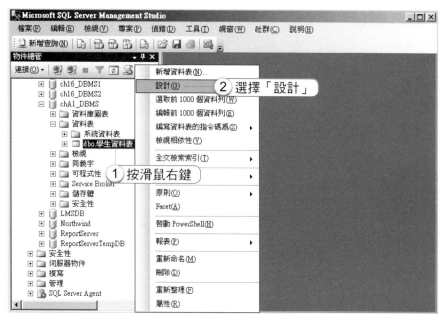

❖圖A-14

步驟2▶▶ 先選取欲刪除的「欄位」，此時按下滑鼠的右鍵，即可開啟如圖A-15所示的
快顯功能表，接著點選「刪除資料行」即可刪除該欄位了。

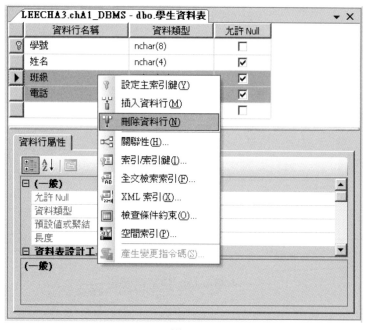

❖圖A-15

A-2-3 插入欄位

由於我們在初步規劃資料表的過程中，學生的班級是填入全名，但是可能未能符合實際的需求，因此，我們在上一節中已經加以刪除。但是，卻也缺少了學生所就讀的「科系代碼表」，並且，為了未來要建立關聯式資料庫，因此，我們需要插入一個外鍵「系碼」欄位名稱。如圖A-16所示。

❖圖A-16

同上述的步驟，再建立一個「科系代碼表」，如圖A-17所示。

欄位名稱	資料型態	欄位大小	允許Null	主索引鍵
系碼	nchar	4	否	是
系名	nchar	10	是	
系主任	nchar	10	是	

❖圖A-17　科系代碼表

A-3
建立資料紀錄

在完成建立資料庫及資料表之後,此時「學生資料表」中還沒有任何的紀錄。一般而言,要新增紀錄到資料表中有兩種方法:

1. 人工輸入(① 直接輸入到資料表中、② 利用應用程式介面輸入)。
2. 自動輸入(利用外部資料匯入)。

A-3-1 人工輸入

人工輸入資料到資料表中,一般而言,又可分為兩種方式:

一、直接輸入到資料表中

步驟1▶▶ 開啟剛才建立的「學生資料表」,如圖A-18所示。

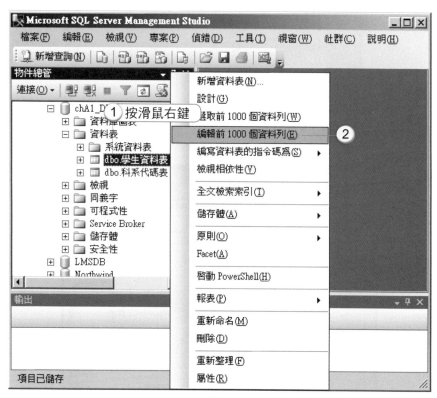

❖圖A-18

步驟2▶▶ 輸入資料。

學號	姓名	系碼
S0001	張三	D001
S0002	李四	D002
S0003	王五	D003
S0004	李安	D001
NULL	NULL	NULL

LEECHA3.chA1_DBMS - dbo.學生資料表

❖圖A-19

說明：「系碼」的對照表如圖A-20所示。

系碼	系名	系主任
D001	資管系	林主任
D002	資工系	陳主任
D003	工管系	王主任
D004	企管系	李主任
D005	幼保系	黃主任
D006	電子系	吳任任
NULL	NULL	NULL

LEECHA3.chA1_DBMS - dbo.科系代碼表

❖圖A-20

二、利用應用程式介面輸入

❖圖A-21

說明：上面的應用程式是利用VB 2010所設計的。

A-3-2 自動輸入

如何將Excel檔案匯入到SQL Server資料庫中,其步驟如下所示:

步驟1▸▸ 先準備一個「學生資料表」的Excel檔案,其內容如下。

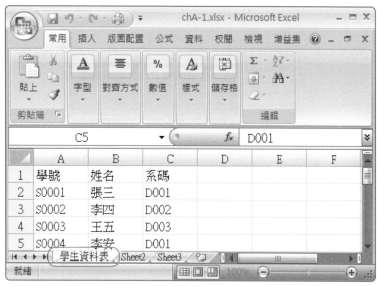

❖ 圖A-22

步驟2▸▸ 在SQL Server 2008建立一個空白的資料庫「chA1-TEST」,並進行「匯入資料」工作。

❖ 圖A-23

步驟3▶▶ 匯入Excel檔案。

　1. 匯入資料來源。

❖圖A-24

❖圖A-25

說明：請匯入chA1\chA-1.xlsx檔案（在附書光碟中）。

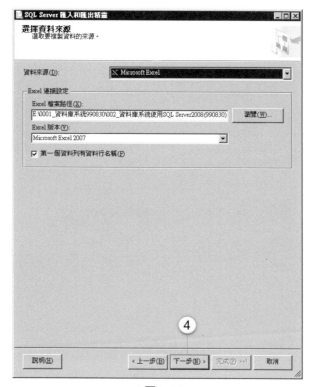

❖圖A-26

2. 選擇匯入的目的地。

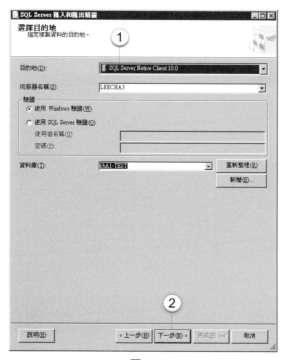

❖圖A-27

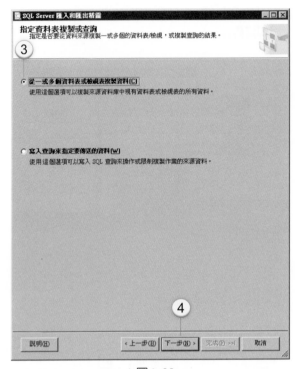

❖ 圖A-28

❖ 圖A-29

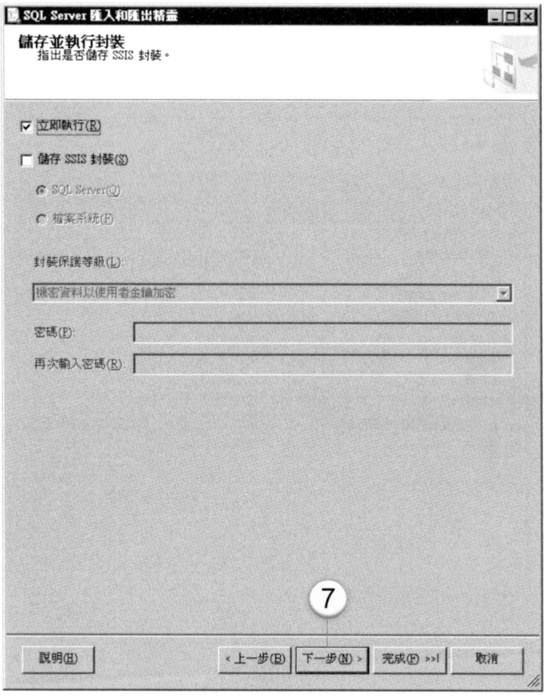
SQL Server 匯入和匯出精靈
儲存並執行封裝
指出是否儲存 SSIS 封裝。
立即執行(R)
儲存 SSIS 封裝(S)
SQL Server(Q)
檔案系統(F)
封裝保護等級(L):
機密資料以使用者金鑰加密
密碼(P):
再次輸入密碼(R):
7
說明(H)
< 上一步(B)
下一步(N) >
完成(F) >>|
取消

❖ 圖A-30

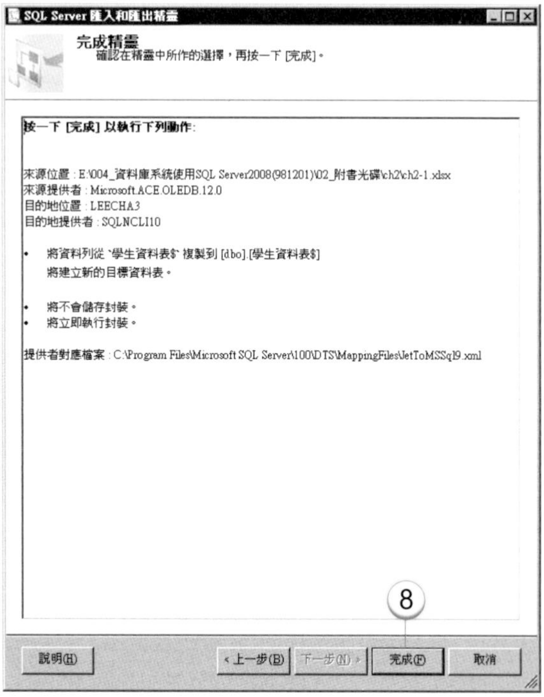
SQL Server 匯入和匯出精靈
完成精靈
確認在精靈中所作的選擇，再按一下 [完成]。
按一下 [完成] 以執行下列動作:
來源位置 : E:\004_資料庫系統使用SQL Server2008(981201)\02_附書光碟\ch2\ch2-1.xlsx
來源提供者 : Microsoft.ACE.OLEDB.12.0
目的地位置 : LEECHA3
目的地提供者 : SQLNCLI10
將資料列從 `學生資料表$` 複製到 [dbo].[學生資料表$]
將建立新的目標資料表。
將不會儲存封裝。
將立即執行封裝。
提供者對應檔案 : C:\Program Files\Microsoft SQL Server\100\DTS\MappingFiles\JetToMSSql9.xml
8
說明(H)
< 上一步(B)
下一步(N) >
完成(F)
取消

❖ 圖A-31

❖圖A-32

步驟4▶▶ 完成匯入動作,並開啟SQL Server資料庫中的「學生資料表」。

❖圖A-33

A-4 建立資料庫關聯圖

在前面單元中，已經建立兩個資料表，分別是「學生資料表」與「科系代碼表」，因此，在本單元中，我們將利用SQL Server中的「資料庫圖表」來建立「資料庫關聯圖」。其步驟如下所示：

步驟1►► 新增資料庫圖表。

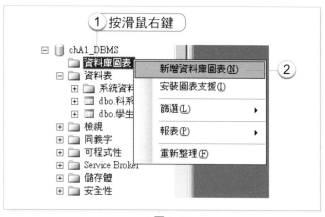

❖圖A-34

步驟2►► 加入資料表。

❖圖A-35

請選取欲建立關聯圖所需要的資料表之後，再按「加入」鈕。如下所示：

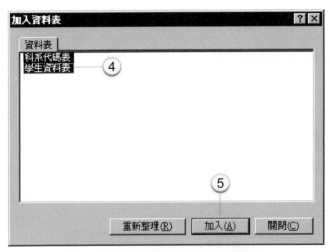

❖ 圖A-36

步驟3▶▶ 建立「資料庫關聯圖」。

❖ 圖A-37

❖ 圖A-38

❖ 圖A-39

❖ 圖A-40

APPENDIX **B**

SQL Server

Access與
SQL Server整合

本章內容

B-1 安裝SQL Server 2008

B-2 匯入與匯出資料庫

B-3 利用SQL Server 2008撰寫T-SQL

前言

　　一般而言，Access資料庫管理系統非常適合學生在學校學習。但是，當我們在製作畢業專題時，如果此專題是為某一中大型企業所設計的資訊系統，此時若繼續使用Access來當作應用程式的後端資料庫，可能無法符合實際上的需求，因為在一個中大型企業中，每一筆交易處理資料量可能非常的龐大；同時，如果此公司分佈在全國各據點時，那就必須要使用「分散式資料庫」的架構。因此，我們勢必要將原來設計的小型Access資料庫管理系統中的資料庫匯入到大型SQL Server了。

B-1
安裝SQL Server 2008

　　Microsoft SQL Server 2008 Express是微軟公司所提供免費的資料庫管理系統軟體。

一、如何取得SQL Server 2008 Express

1. 讀者可以由以下的網址免費下載。

   http://www.microsoft.com/express/Download/

❖ 圖B-1

2. 找Microsoft SQL Server 2008專業書中隨書附贈的「Microsoft SQL Server 2008 180天 評估版」光碟取得。

二、如何安裝SQL Server 2008

請參考SQL Server 2008專門書籍的介紹。

B-2
匯入與匯出資料庫 ●●●●

一、在SQL Server中匯入Access的資料庫檔案（.accdb）

步驟1▶▶ 依序點按「開始／程式集／Microsoft SQL Server 2008／SQL Server Management Studio」。首先您必須要先利用Access建立一個資料庫，如圖 B-2所示：

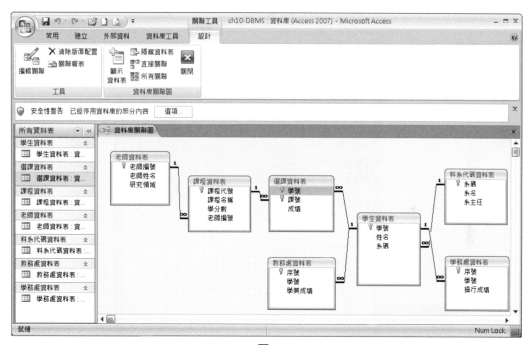

❖ 圖B-2

步驟2 ▸▸ 在SQL Server 2008「新增資料庫」，如圖B-3所示：

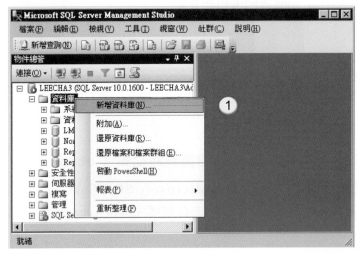

❖ 圖B-3

步驟3 ▸▸ 將新增的資料庫命名為：AccessImportDB。

❖ 圖B-4

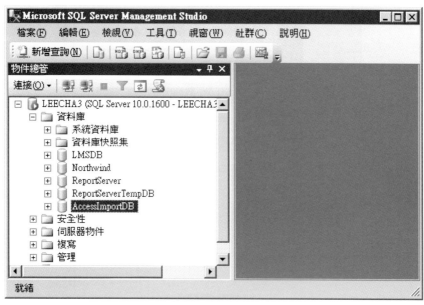

❖圖B-5

步驟4▶▶ 將Access匯入，如圖B-6所示：

❖圖B-6

❖ 圖B-7

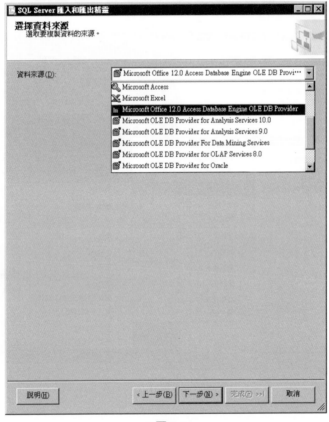

❖ 圖B-8

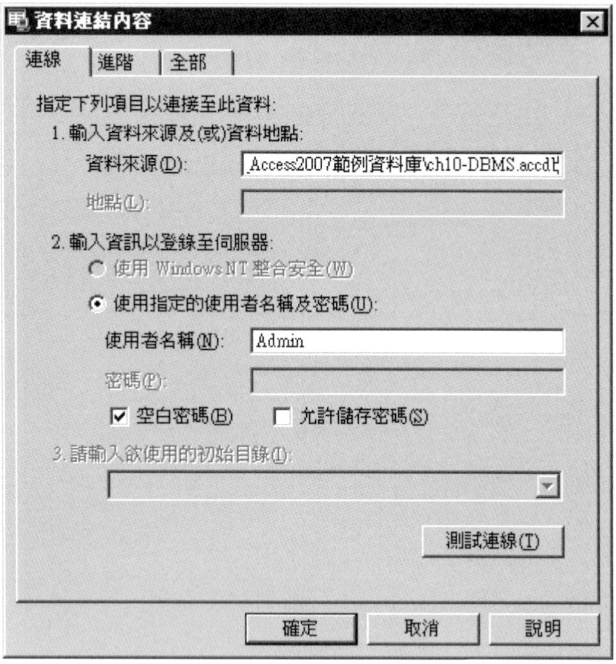
資料連結內容
連線
進階
全部
指定下列項目以連接至此資料:
1. 輸入資料來源及(或)資料地點:
資料來源(D):
Access2007範例資料庫\ch10-DBMS.accdb
地點(L):
2. 輸入資訊以登錄至伺服器:
使用 Windows NT 整合安全(W)
使用指定的使用者名稱及密碼(U):
使用者名稱(N):
Admin
密碼(P):
空白密碼(B)
允許儲存密碼(S)
3. 請輸入欲使用的初始目錄(I):
測試連線(T)
確定
取消
說明

❖ 圖B-9

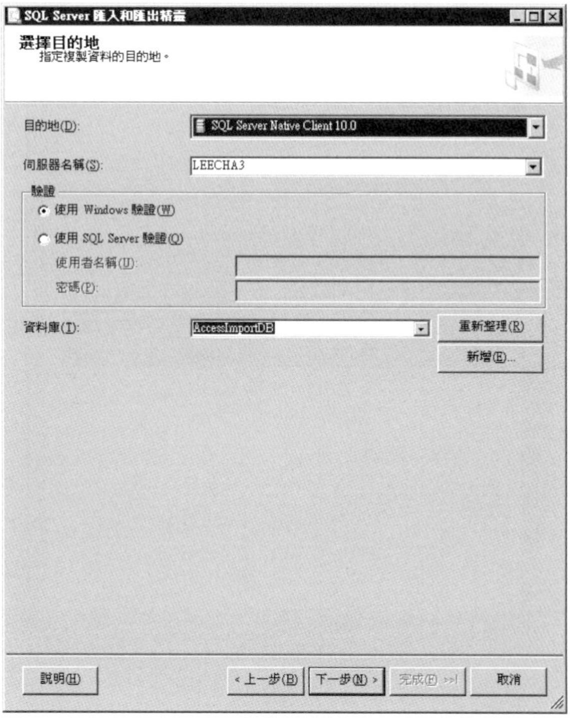
SQL Server 匯入和匯出精靈
選擇目的地
指定複製資料的目的地。
目的地(D):
SQL Server Native Client 10.0
伺服器名稱(S):
LEECHA3
驗證
使用 Windows 驗證(W)
使用 SQL Server 驗證(Q)
使用者名稱(U):
密碼(P):
資料庫(T):
AccessImportDB
重新整理(R)
新增(E)...
說明(H)
< 上一步(B)
下一步(N) >
完成(F) >>|
取消

❖ 圖B-10

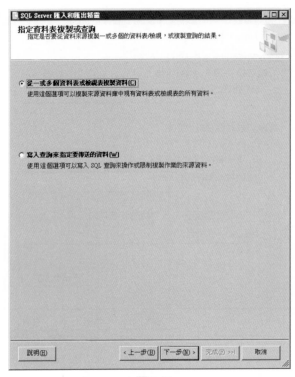

❖ 圖B-11

❖ 圖B-12

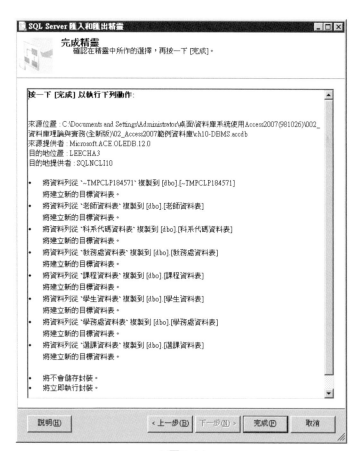

❖圖B-13

❖圖B-14

❖ 圖B-15

❖ 圖B-16

二、從SQL Server中匯出資料表到Access內

步驟1▶▶ 先利用Access建立一個空白的資料庫（SQLServerExportAccess.accdb）。

步驟2▶▶ 在SQL Server Management Studio管理環境中，匯出（AccessImportDB），
如圖B-17所示：

❖圖B-17

步驟3▶▶ 選擇欲匯出的「資料來源」。

❖圖B-18

步驟4▶▶ 選擇目的地。

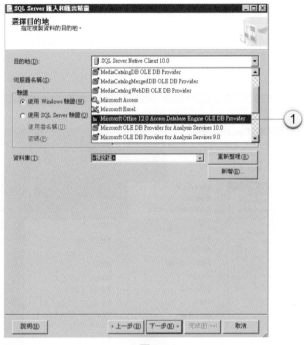

❖ 圖B-19

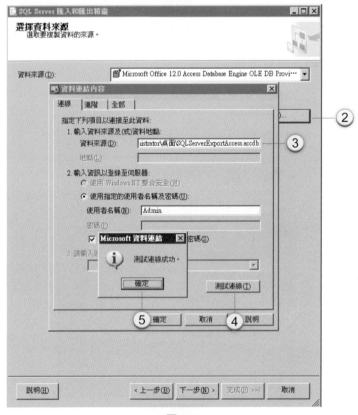

❖ 圖B-20

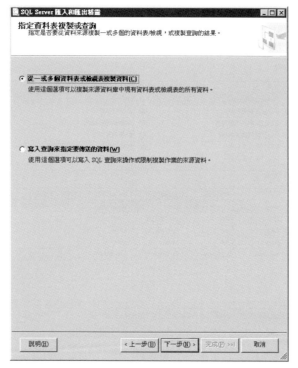

❖ 圖B-21

❖ 圖B-22

❖ 圖B-23

❖ 圖B-24

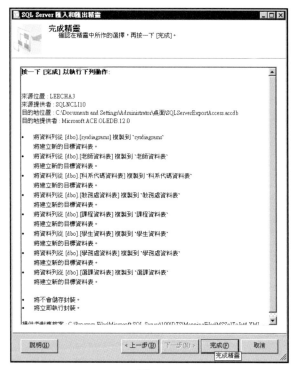

❖圖B-25

❖圖B-26

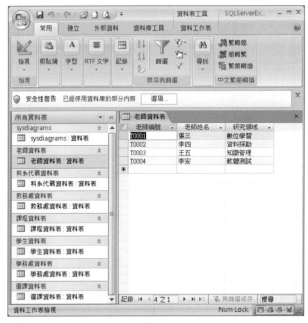

❖ 圖B-27

三、從SQL Server中某一資料庫匯出資料表到另一資料庫中

步驟1▶▶ 先利用SQL Server Management Studio建立一個空白的資料庫（Temp_ DB.mdf）。

步驟2▶▶ 再從SQL Server Management Studio管理環境中，匯入已經有資料表的 （DBMS1.mdf），如圖B-28所示：

❖ 圖B-28

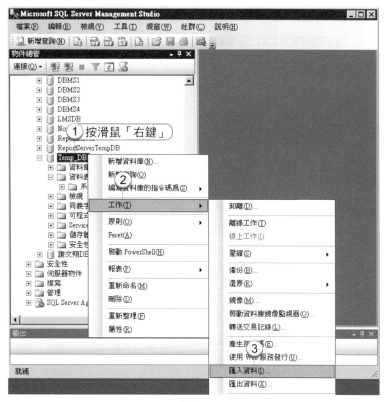

❖ 圖B-29

步驟3▶▶ 選擇「來源資料庫名稱」。

❖ 圖B-30

步驟4▸▸| 選擇「目的地資料庫名稱」。

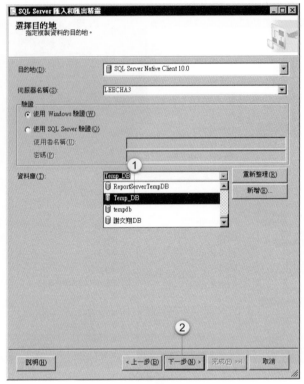

❖ 圖B-31

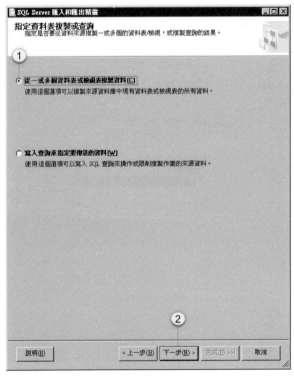

❖ 圖B-32

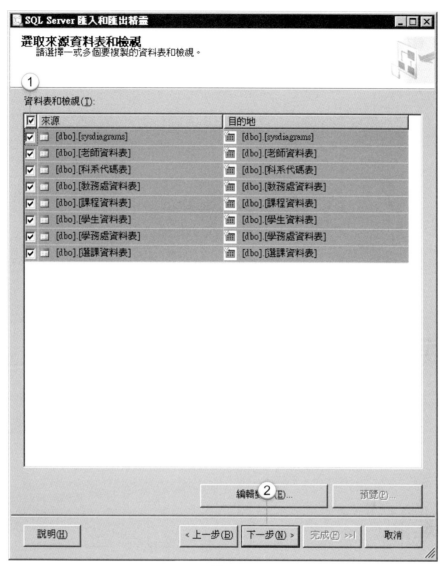

❖圖B-33

❖圖B-34

❖圖B-35

B-3
利用SQL Server 2008撰寫T-SQL

● ● ● ● ●

步驟1▸▸ 執行SQL Server Management Studio。

啟動「開始／程式集／Microsoft SQL Server 2008／SQL Server Management Studio」，此時就會出現「連接到伺服器」對話方塊。如圖B-36所示：

❖圖B-36

此時，再按「連接(C)」鈕，即可連接到SQL Server 2008資料庫管理系統了。

步驟2▶▶ 開啟chA1_DBMS資料庫。

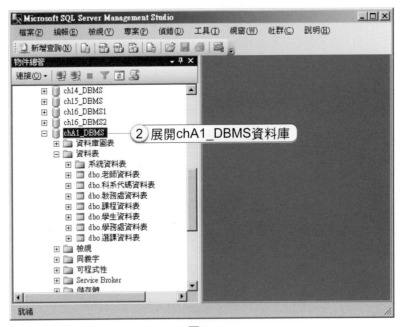

❖圖B-37

步驟3▶▶ 建立方案總管。

　　　1. 建立方案總管：檔案／新增／專案。

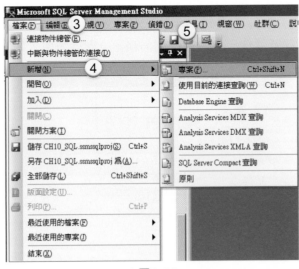

❖圖B-38

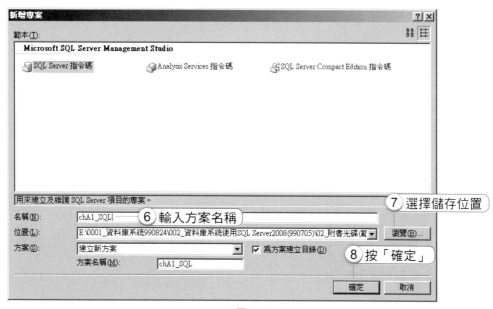

❖圖B-39

步驟4▶▶ 撰寫及儲存T-SQL。

1. 新增查詢

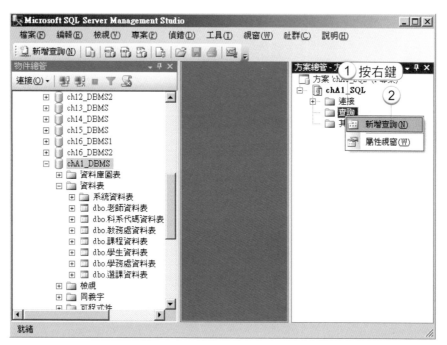

❖圖B-40

2. 撰寫T-SQL

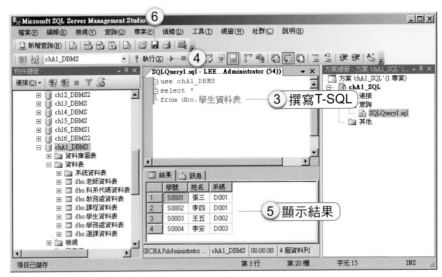

❖圖B-41

3. 儲存T-SQL：檔案／全部儲存

APPENDIX C

SQL Server

VB與SQL Express 資料庫結合

前言

ADO.NET是程式語言與資料庫存取間一個非常重要的媒介。因此，我們可以利用VB 2010、C# 2010、ASP.NET 4.0及J#等程式語言來撰寫應用程式，再透過ADO.NET，就可以輕易的存取資料庫的資料了。

因此，當我們安裝完成Visual Studio 2010或Visual Basic 2010 Express Edition軟體時，它預設就會自動安裝SQL Express 2008版本，而此版本是屬於SQL Server 2008的精簡版，所以，它也包括SQL Server常用的功能。例如：建立資料庫、資料表（含欄位名稱、資料型態及大小）、檢視表、預存程序等。接下來，我們可以透過VB整合開發環境中的「資料庫總管」（Visual Basic 2010 Express Edition版本）或稱「伺服器總管」（Visual Studio 2010版本）來連接到SQL Server 2008或SQL Express 2008的資料庫了。

C-1 新增SQL Express 2008資料庫　　●●●●●

步驟1▶▶ 首先，利用VB新增一個Windows Form應用程式的專案，專案名稱為「MyDB」。

❖ 圖C-1

步驟2▸▸ 接下來，請執行VB功能表上的「專案／加入新項目」，此時，請在「加入新項目」的對話方塊中，選擇「服務架構資料庫」，並命名資料庫的名稱為「MySQLDB.mdf」。

❖圖C-2

步驟3▸▸ 此時，請您選擇「資料集」的資料庫模型後，再按「下一步」，最後再按「完成」鈕即可。

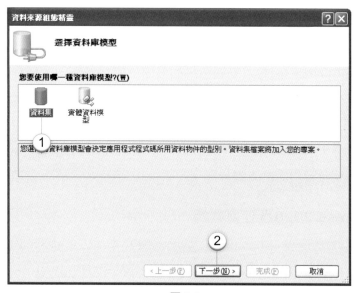

❖圖C-3

在完成以上的步驟之後，VB的整合開發環境中的「方案總管」就會自動加入「MySQLDB.mdf」資料庫了。

❖圖C-4

建立資料表

接下來，您可以開啟剛才建立的「MySQLDB.mdf」資料庫檔案，以建立資料表來實際存放資料。而資料庫設計的好壞將會直接影響到整個資料庫的存取效率及空間。因此，在建立資料表之前，必須要注意以下幾點原則：

1. 有相關的欄位才能放到同一個資料表中。

2. 資料表之間，除了「關聯欄位」之外，不要重複存放相同欄位的資料。

3. 每一個欄位必須要給予適當的資料類型。例如：姓名是屬於文字類型，成績則是整數類型。

4. 每一個資料表中的欄位個數不宜過多，如果欄位個數過多，並且有太多的重複現象時，可以分割成多個資料表，而各個資料表之後再透過「關聯欄位」來建立關聯。一般而言，資料表分割的原則如下：

   (1) 單一資料表中有過多的重複欄位值。

   (2) 某欄位值與該資料表的主鍵無關。

利用SQL Express 2008建立資料表

步驟1▶▶ 請執行VB功能表上的「檢視／伺服器總管」（Visual Studio 2010版本）或「檢視／其他視窗／資料庫總管」（Visual Basic 2010 Express Edition版本），此時，請在「伺服器總管」的對話方塊中，點選「資料連接」左邊的「+」，再點選「MySQLDB.mdf」左邊的「+」，即可展開「MySQLDB.mdf」資料庫的維護環境。

❖圖C-5

步驟2▸▸ 接下來,我們就開始在「MySQLDB.mdf」資料庫中,加入新的資料表。如圖 C-6所示。

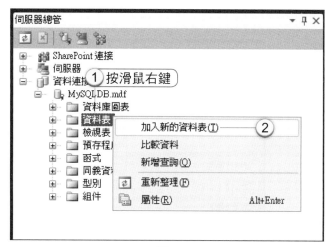

❖圖C-6

步驟3▸▸ 結果會出現下面的資料表欄位設計環境。

dbo.Table2: 資料表…DB\MYSQLDB.MDF) ×	Form1.vb [設計]	
資料行名稱	資料型別	允許 Null
▶		☐

❖圖C-7

一、新增欄位

延續上一節的內容，我們將建立一個「學生資料表」，其所需要的欄位名稱及相關摘要說明如圖C-8所示：

欄位名稱	資料型態	欄位大小	允許Null	主索引鍵
學號	nchar	8	否	是
姓名	nchar	4	是	
班級	nchar	10	是	
電話	nchar	10	是	

❖圖C-8 學生資料表

在「學生資料表」的需求建立之後，接著就可以依序新增這些欄位，其步驟如下：

步驟1▶▶ 在資料表中設定欄位名稱、資料類型、欄位大小及相關的屬性值。

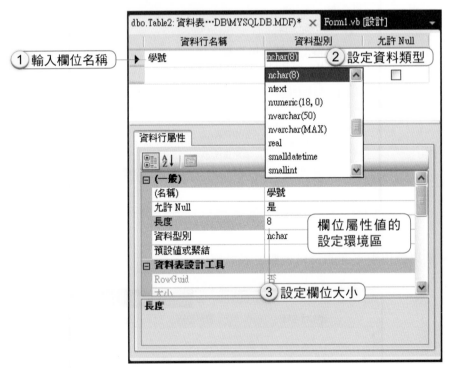

❖圖C-9

步驟2▶▶ 當我們設計「學生資料表」的欄位名稱時，必須要先知道哪一個欄位值是唯一的（不能重複或NULL空的），用它來當作主鍵。設定主鍵的方法如下：滑鼠移到學號欄位的左邊按一下左鍵後，該列便會出現反白區，再將滑鼠移到上面的工具列上點選主索引的工具鈕。

❖圖C-10

步驟3▶▶ 完成「學生資料表」的欄位名稱、資料類型及欄位屬性值的設定後，當然要把資料表儲存起來，預設的資料表名稱為「Table_1」，我們現在把資料表名稱改為我們所需要的「學生資料表」的名稱。

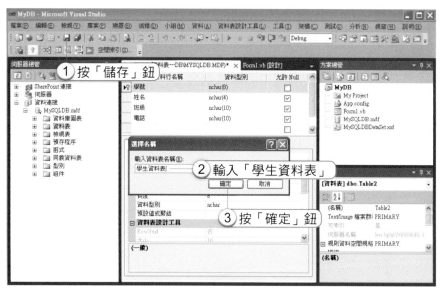

❖圖C-11

步驟4▶▶ 完成了資料表定義之後，如下圖所示：

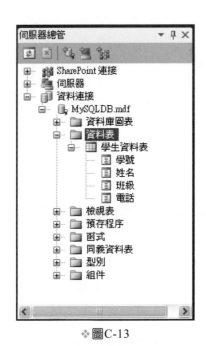

❖圖C-12

❖圖C-13

二、刪除欄位

　　如果我們在規劃資料表的過程中，經常會發生「建立不必要的欄位」的情況，此時，我們可以將它加以刪除。其說明如下：

步驟1▶▶ 先點選欲修改的「學生資料表」，在其上按滑鼠的「右鍵」，再按「開啟資料表定義」鈕即可。

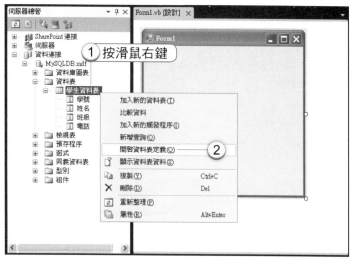

❖ 圖C-14

步驟2▶▶ 先選取欲刪除的「欄位」，此時按下滑鼠的右鍵，即可開啟如圖C-15所示的
快顯功能表。接著點選「刪除資料行」即可刪除該欄位了。

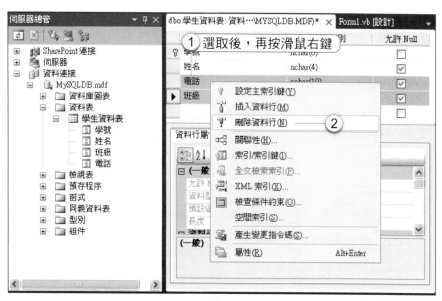

❖ 圖C-15

注意 當我們順利的刪除資料行之後，再按「儲存」鈕時，卻無法儲存。如圖C-16所示。

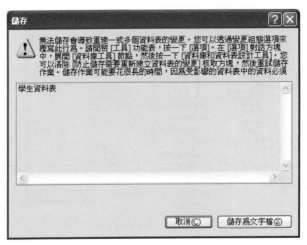

❖圖C-16

解決方法▶▶

　　請執行VB功能表上的「工具／選項」，此時，請在「選項」對話方塊中，先
點選下方處的「顯示所有設定」，再點選「資料庫工具／資料庫和資料表設
計工具」之後，請再將「防止儲存需要重新建立資料表的變更」選項取消勾
選，此時，我們就可以順利修改資料表中的欄位了。

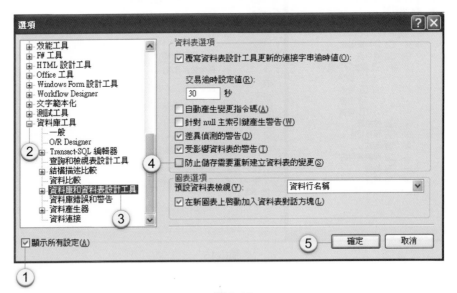

❖圖C-17

三、插入欄位

由於我們在初步規劃資料表的過程中，學生的班級是填入全名，但是可能未能符合實際的需求，因此，我們在上一節中已經加以刪除，但是卻也缺少了學生所就讀的「科系代碼表」。並且，我們為了未來要建立關聯式資料庫，因此，我們加插入一個外鍵「系碼」欄位名稱。如圖C-18所示：

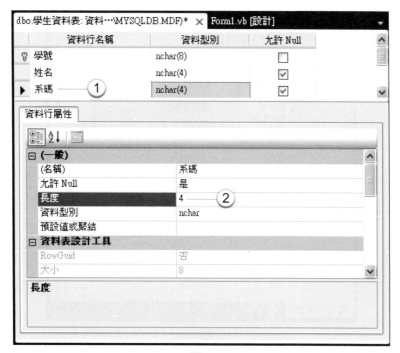

❖圖C-18

同樣的步驟，再建立一個「科系代碼表」，如圖C-19所示：

欄位名稱	資料型態	欄位大小	允許Null	主索引鍵
系碼	nchar	4	否	是
系名	nchar	10	是	
系主任	nchar	10	是	

❖圖C-19　科系代碼表

四、建立資料庫關聯圖

　　在前面單元中，已經建立兩個資料表，分別是「學生資料表」與「科系代碼表」，因此，在本單元中，我們將利用SQL Server Express 2008中的「資料庫圖表」來建立「資料庫關聯圖」。其步驟如下所示：

步驟1▶▶　新增資料庫圖表。

❖圖C-20

步驟2▶▶　加入資料表。

　　　　請在「加入資料表」對話方塊中，選取欲建立關聯圖所需要的資料表，再按「加入」鈕。如下所示：

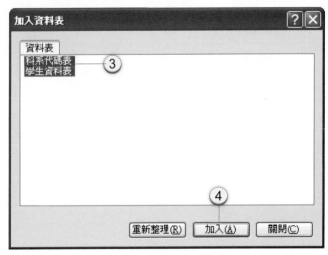

❖圖C-21

步驟3▶▶ 建立「資料庫關聯圖」。

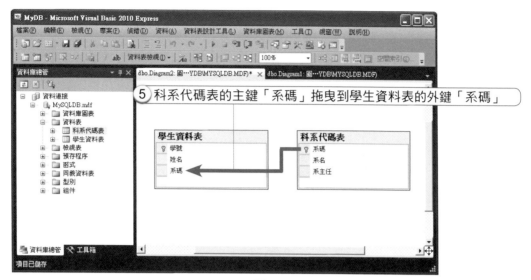

❖ 圖C-22

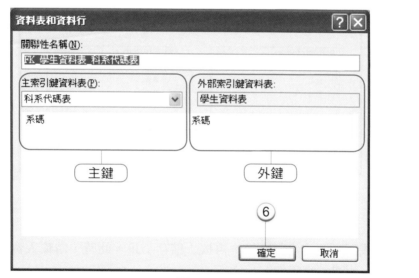

❖ 圖C-23

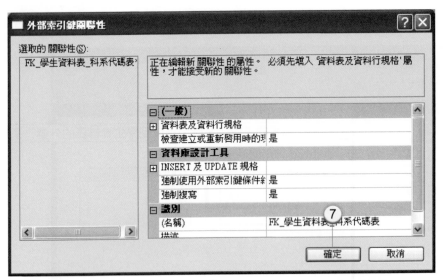

❖圖C-24

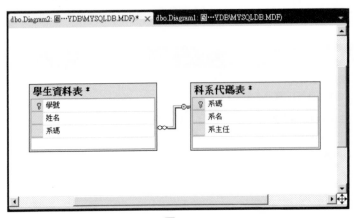

❖圖C-25

步驟4▶▶ 儲存「資料庫關聯圖」。

在完成關聯圖的建立之後,再按「儲存」鈕,此時,請輸入資料庫關聯圖的
名稱,如圖C-26所示。

❖圖C-26

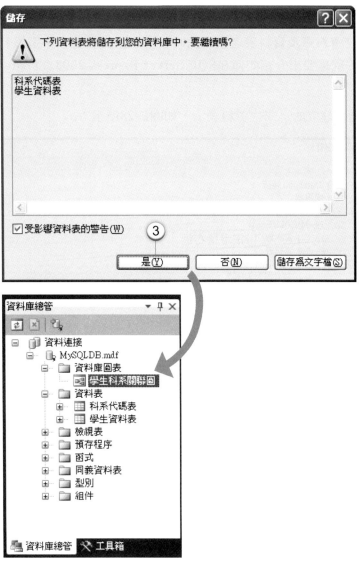

❖圖C-27

五、新增紀錄到資料表中

在完成建立資料庫及資料表之後，此時，「學生資料表」中還沒有任何的紀錄。因此，接下來，就是要來介紹如何在SQL Server Express 2008資料庫中新增紀錄到資料表中。

步驟1▶▶ 開啟剛才建立的「學生資料表」，如圖C-28所示：

❖圖C-28

步驟2▶▶ 輸入五筆紀錄，如圖C-29所示：

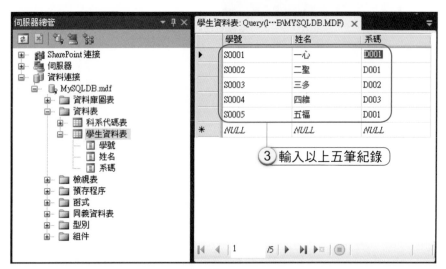

❖圖C-29

步驟3 ►► 相同的步驟，再輸入三筆紀錄到「科系代碼表」中。如圖C-30所示：

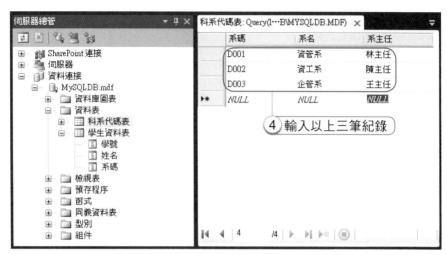

❖ 圖C-30

六、連接已存在的資料庫

在我們利用VB的整合開發建立完成資料庫及資料表之後，如果下一次再開啟時，則預設為關閉狀態。因此，我們就必須要再重新「連接至資料庫」。

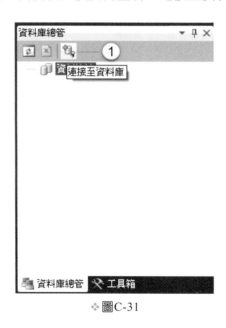

❖ 圖C-31

❖ 圖C-32

❖ 圖C-33

七、如何利用VB連接資料庫

　　如果我們要利用VB 2010來存取資料庫時，必須要用到ADO.NET物件。而如何使用ADO.NET內的物件呢？非常簡單，您只要在撰寫程式前面先引用（Imports）ADO. NET的命名空間（Namespace），如此，編譯器在編譯您的程式時，才可以知道您所用的物件必須從哪一個命名空間載入。因此，我們就可以非常輕易的使用我們的VB 2010來存取資料庫。

引用（Imports）ADO.NET的命名空間（Namespace）的方法

```
Imports 命名空間的物件名稱
```

1. 引用System.Data.OleDb命名空間（適用Access、Excel、FoxPro等資料庫）

   當VB 2010所連結的資料庫為Access、Excel、FoxPro時，須在每一支程式開頭撰寫如下兩行程式。

```
Imports System.Data
Imports System.Data.OleDb
```

   說明：表示要引用ADO.NET基礎物件以及引用OLE DB資料來源的物件。

2. 若您要連結的資料庫來源是SQL Server 7.0以上版本，則您必須將System.Data.Oledb改成System.Data.SqlClient這個命名空間（Namepace），所以，當VB 2010所連結的資料庫為SQL Server 7.0以上版本的資料庫，須在每一支程式開頭撰寫如下兩行程式：

```
Imports System.Data
Imports System.Data.SqlClient
```

   說明：表示要引用ADO.NET基礎物件以及引用SQL Server資料來源的物件。

3. VB與資料庫標準連結方式，基本上，有以下五個步驟：

   <以SQL Server為例>

   步驟1▶▶　引用命名空間

```
Imports System.Data
Imports System.Data. SqlClient
```

   步驟2▶▶　設定資料庫名稱與帳號及密碼

```
Dim Source as String              ' 宣告連線的字串
Source  = "server=localhost;"     ' 伺服器
Source += "database=資料庫名稱;"    ' 資料庫
Source += "user id=sa;"           ' 登入的帳號
Source += "password=12345"        ' 密碼
```

步驟3▶▶　宣告及建立Connection物件

```
Dim conn As SqlConnection          ' 宣告連線的物件
conn = New SqlConnection(Source)   ' 連線
```

步驟4▶▶　使用Open方法來開啟資料庫

```
conn.Open()          '開啟資料庫
```

步驟5▶▶　使用Close方法來關閉資料庫

```
conn.Close()          '關閉資料庫
```

C-3 利用VB連接三個不同的資料庫環境

一、VB與Access 2003/2007/2010

格式▶▶

```
Imports System.Data

Imports System.Data.OleDb

Dim Source as String                    '宣告連線的字串

'Access 2003 版本

Source = "Provider=Microsoft.Jet.OLEDB.4.0;Data Source=" & 資料庫路徑

'Access 2007 版本或 'Access 2010 版本

Source = "Provider=Microsoft.ACE.OLEDB.12.0;Data Source=" & 資料庫路徑

Dim conn As OleDbConnection             '宣告連線的物件

conn = New OleDbConnection(Source)      '連線

conn.Open()                             '開啟資料庫

程式區段

---------------

---------------

---------------

conn.Close()                            '關閉資料庫
```

範例 ▶▶

```vb
Imports System.Data
Imports System.Data.OleDb
Public Class Form1
    Private Sub Button1_Click(……) Handles Button1.Click
      'Access 2003版本
      ' Dim dbpath As String = "DBMS.mdb"          '宣告資料庫所在的路徑變數
      ' Dim Source As String                        '宣告連線的字串
      ' Source="Provider=Microsoft.Jet.OLEDB.4.0;Data Source=" & dbpath
      'Access 2007版本或Access 2010版本
        Dim dbpath As String = "DBMS.accdb"         '宣告資料庫所在的路徑變數
        Dim Source As String                        '宣告連線的字串
        Source="Provider=Microsoft.ACE.OLEDB.12.0;Data Source=" & dbpath
        Dim conn As OleDbConnection                 '宣告連線的物件
        conn = New OleDbConnection(Source)          '連線
        conn.Open()                                 '開啟資料庫
        MsgBox("成功連結到Access資料庫")
        conn.Close()                                '關閉資料庫
    End Sub
End Class
```

二、VB與SQL Server 2008為例

格式 ▶▶

```vb
Imports System.Data
Imports System.Data. SqlClient
Dim Source as String                    '宣告連線的字串
Source   = "server= 主機名稱 ;"          '伺服器
Source += "database= 資料庫名稱 ;"       '資料庫
Source += "user id= 帳號 ;"              '登入的帳號
Source += "password= 密碼 "              '密碼
Dim conn As SqlConnection               '宣告連線的物件
conn = New SqlConnection(Source)        '連線
conn.Open()                             '開啟資料庫
```

```
程式區段
--------------
--------------
--------------
conn.Close()          '關閉資料庫
```

範例▶▶

```
Imports System.Data
Imports System.Data.SqlClient
Public Class Form1
Private Sub Button1_Click(……) Handles Button1.Click
    Dim Source As String              ' 宣告連線的字串
    Source = "server=localhost;"      ' 伺服器
    Source += "database=DBMS;"        ' 資料庫
    Source += "user id=sa;"           ' 登入的帳號
    Source += "password=12345"        ' 密碼
    Dim conn As SqlConnection         ' 宣告連線的物件
    conn = New SqlConnection(Source)  ' 連線
    conn.Open()                       ' 開啟資料庫
    MsgBox("成功連結到SQL Server的伺服器")
    conn.Close()                      ' 關閉資料庫
End Sub
End Class
```

三、VB與SQL Express 2008

格式▶▶

```
Imports System.Data
Imports System.Data. SqlClient
Dim Source as String                                          '宣告連線的字串
    Source = "Data Source=.\SQLEXPRESS;"                      '伺服器
    Source += "AttachDbFilename=|DataDirectory|\ 資料庫名稱 .mdf;" '資料庫路徑與名稱
    Source += "Integrated Security=True;"                     '登入的帳號認證
    Source += "User Instance=True"                            '新使用者執行
```

```
Dim conn As SqlConnection              '宣告連線的物件
conn = New SqlConnection(Source)       '連線
conn.Open()                            '開啟資料庫
程式區段
---------------

---------------

---------------
conn.Close()                           '關閉資料庫
```

範例 ▸▸

```
Imports System.Data
Imports System.Data.SqlClient
Public Class Form1
Private Sub Button1_Click(……) Handles Button1.Click
    Dim Source As String                    ' 宣告連線的字串
    Source="Data Source=.\SQLEXPRESS;"      ' 伺服器
    Source+="AttachDbFilename=|DataDirectory|\ch14_DB.mdf;" ' 資料庫
    路徑與名稱
    Source +="Integrated Security=True;"    ' 登入的帳號認證
    Source += "User Instance=True"          ' 新使用者執行
    Dim conn As SqlConnection               ' 宣告連線的物件
    conn = New SqlConnection(Source)        ' 連線
    conn.Open()                             '開啟資料庫
    MsgBox("成功連結到SQL Express的伺服器")
    conn.Close()                            '關閉資料庫
    End Sub
End Class
```

NOTE

國家圖書館出版品預行編目資料

動畫圖解資料庫程式設計 / 李春雄編著. --
初版. --新北市：全華圖書，2012.12
　　面　；　公分
　ISBN 978-957-21-8819-4(平裝附光碟片)
　1. 資料庫管理系統　2. SQL(電腦程式語言)
312.7565　　　　　　　　　101026712

動畫圖解資料庫程式設計(使用 SQL Server 實作)

作者 / 李春雄

執行編輯 / 李慧茹

發行人 / 陳本源

出版者 / 全華圖書股份有限公司

郵政帳號 / 0100836-1 號

印刷者 / 宏懋打字印刷股份有限公司

圖書編號 / 06212007

初版一刷 / 2013 年 2 月

定價 / 新台幣 680 元

ISBN / 978-957-21-8819-4

全華圖書 / www.chwa.com.tw

全華網路書店 Open Tech / www.opentech.com.tw

若您對書籍內容、排版印刷有任何問題，歡迎來信指導 book@chwa.com.tw

臺北總公司(北區營業處)
地址：23671 新北市土城區忠義路 21 號
電話：(02) 2262-5666
傳真：(02) 6637-3695、6637-3696

中區營業處
地址：40256 臺中市南區樹義一巷 26 號
電話：(04) 2261-8485
傳真：(04) 3600-9806

南區營業處
地址：80769 高雄市三民區應安街 12 號
電話：(07) 381-1377
傳真：(07) 862-5562

歡迎加入 全華會員

● 會員獨享
會員享購書折扣、紅利積點、生日禮金、不定期優惠活動⋯等。

● 如何加入會員
填安讀者回函卡直接傳真 (02) 2262-0900 或寄回，將由專人協助登入會員資料，待收到
E-MAIL 通知後即可成為會員。

如何購買　全華書籍

1. 網路購書
全華網路書店「http://www.opentech.com.tw」，加入會員購書更便利，並享有紅利積點
回饋等各式優惠。

2. 全華門市、全省書局
歡迎至全華門市（新北市土城區忠義路 21 號）或全省各大書局、連鎖書店選購。

3. 來電訂購
(1) 訂購專線：(02) 2262-5666 轉 321-324
(2) 傳真專線：(02) 6637-3696
(3) 郵局劃撥（帳號：0100836-1　戶名：全華圖書股份有限公司）
※ 購書未滿一千元者，酌收運費 70 元。

OpenTech.com.tw 全華網路書店

全華網路書店 www.opentech.com.tw
E-mail: service@chwa.com.tw

※ 本會員制如有變更則以最新修訂制度為準，造成不便請見諒。